高等职业教育土木建筑类专业新形态教材

平法识图与钢筋算量

（第2版）

主　编　马　涛　刘　芳
副主编　徐丽丽　郭文娟　石林林
　　　　尹晓静　王小华　朱冬飞

北京理工大学出版社
BEIJING INSTITUTE OF TECHNOLOGY PRESS

内 容 提 要

本书按照高等院校人才培养目标及专业教学改革的需要，依据平法施工图最新制图规则进行编写。全书共分为七章，主要内容包括概述、梁平法识图与钢筋算量、柱平法识图与钢筋算量、板平法识图与钢筋算量、剪力墙平法识图与钢筋算量、基础平法识图与钢筋算量、楼梯平法识图与钢筋算量等。

本书可作为高等院校土木工程类相关专业的教材，也可供建筑工程施工现场相关技术和管理人员工作时参考。

图书在版编目（CIP）数据

平法识图与钢筋算量 / 马涛，刘芳主编.--2版
.--北京：北京理工大学出版社，2021.7（2021.8重印）
ISBN 978-7-5763-0062-8

Ⅰ.①平…　Ⅱ.①马…②刘…　Ⅲ.①钢筋混凝土结构－建筑构图－识图－高等学校－教材②钢筋混凝土结构－结构计算－高等学校－教材　Ⅳ.①TU375

中国版本图书馆CIP数据核字（2021）第138346号

出版发行 / 北京理工大学出版社有限责任公司
社　　址 / 北京市海淀区中关村南大街5号
邮　　编 / 100081
电　　话 /（010）68914775（总编室）
（010）82562903（教材售后服务热线）
（010）68944723（其他图书服务热线）
网　　址 / http://www.bitpress.com.cn
经　　销 / 全国各地新华书店
印　　刷 / 北京紫瑞利印刷有限公司
开　　本 / 787毫米×1092毫米　1/16
印　　张 / 14.5
字　　数 / 388千字
版　　次 / 2021年7月第2版　2021年8月第2次印刷
定　　价 / 42.00元

责任编辑 / 江　立
文案编辑 / 江　立
责任校对 / 周瑞红
责任印制 / 边心超

图书出现印装质量问题，请拨打售后服务热线，本社负责调换

第2版前言

混凝土结构施工图平面整体表示方法，简称平法，是我国目前现行的具体工程结构施工图绘制的主要方法。平法的表达形式概括来讲，是将结构构件的尺寸和配筋等，按照平面整体表示方法制图规则，整体直接表达在各类构件的结构平面布置图上，再与标准构造详图相配合，即构成一套新型完整的结构设计。按平法绘制的施工图一般由各类结构构件的平法施工图和标准构造详图两大部分组成，但对于复杂的工业与民用建筑，还需要增加模板、基坑、留洞和预埋件等平面图和必要的详图。

本书第1版自出版发行以来，经相关高等院校教学使用，得到了广大师生的认可和喜爱，编者倍感荣幸。为了更好地反映平法识图与钢筋算量实际，编者结合近年来高等教育教学改革动态，依据新国家标准图集及相关标准规范对本书进行了修订。修订时不仅根据读者、师生的反馈，对原教材中存在的问题进行了修正；而且参阅有关标准、规程、书籍，对教材体系进行了改善、修正与补充。

本书由内蒙古建筑职业技术学院马涛、广西交通职业技术学院刘芳担任主编，广西交通职业技术学院徐丽丽、内蒙古建筑职业技术学院郭文娟、江苏商贸职业学院石林林、内蒙古建筑职业技术学院尹晓静、武汉工程职业技术学院王小华、广东碧桂园职业学院朱冬飞担任副主编；具体编写分工为：马涛、朱冬飞共同编写第一章和第三章，刘芳、徐丽丽共同编写第二章和第五章，郭文娟、尹晓静共同编写第六章，石林林编写第七章，王小华编写第四章。

本书修订过程中，参阅了国内同行的多部著作，部分高等院校的老师提出了很多宝贵意见供我们参考，在此表示衷心的感谢！

本书虽经反复讨论修改，但限于编者的学识及专业水平和实践经验，修订后的图书仍难免存在疏漏和不妥之处，恳请广大读者指正。

编　者

第1版前言

混凝土结构施工图平面整体表示方法，简称平法，是我国目前现行的具体工程结构施工图绘制的主要方法。平法的表达形式概括来讲，是把结构构件的尺寸和配筋等，按照平面整体表示方法制图规则，整体直接表达在各类构件的结构平面布置图上，再与标准构造详图相配合，即构成一套新型完整的结构设计。按平法绘制的施工图，一般是由各类结构构件的平法施工图和标准构造详图两大部分组成，但对于复杂的工业与民用建筑，还需增加模板、基坑、留洞和预埋件等平面图和必要的详图。平法是我国对混凝土结构施工图设计表示方法所进行的一项重大改革，是国家级科技成果重点推广项目，其推广及应用具有重要意义与作用。

本书根据新国家标准设计图集《混凝土结构施工图平面整体表示方法制图规则和构造详图》（16G101—1、2、3）和《混凝土结构施工钢筋排布规则与构造详图》（12G901—1、2、3）编写。本书内容丰富，难度适中，图文并茂，语言通俗，注重理论联系实际，每章前的知识目标和能力目标以及每章后的本章小结和习题，能够加深学生对本章内容的理解与巩固，使学生更扎实地掌握知识。

本书由内蒙古建筑职业技术学院马涛、昆明工业职业技术学院熊飞、西安欧亚学院人居环境学院关宏洁担任主编，由内蒙古建筑职业技术学院尹晓静、青岛恒星科技学院李倩如、昆明工业职业技术学院曹绍江、任晓杰担任副主编。具体编写分工为：马涛编写第一章、第三章，熊飞编写第六章，关宏洁编写第四章，尹晓静编写第二章，李倩如编写第七章，曹绍江、任晓杰共同编写第五章。

本书编写过程中，参阅了国内同行的多部著作，部分高等院校的老师也提出了很多宝贵的意见供我们参考，在此表示衷心的感谢！

由于编写时间仓促，编者的经验和水平有限，书中难免存在不妥和错误之处，恳请读者和专家批评指正。

编　者

目录

第一章　概　　述

知识目标

通过本章的学习，了解平法的意义与作用、平法图集与其他图集的区别、平法标准设计系列国标图集简介；熟悉钢筋的品种及钢筋选用、钢筋的锚固形式及钢筋连接方式；掌握钢筋工程量的计算原理、混凝土结构的环境类别、混凝土的保护层厚度的确定。

能力目标

具备区别平法施工图与传统结构施工图的能力；具备理解钢筋计算时混凝土保护层厚度、钢筋锚固长度如何确定的能力；具备理解钢筋连接方法，箍筋、拉筋弯钩构造的能力。

第一节　平法简介

混凝土结构施工图平面整体表示方法，简称平法，是我国目前现行的具体工程结构施工图设计的主要方法。平法的表达形式，概括来讲，是将结构构件的尺寸和配筋等，按照平面整体表示方法制图规则，整体直接表达在各类构件的结构平面布置图上，再与标准构造详图相配合，即构成一套新型完整的结构设计。按平法绘制的施工图，一般是由各类结构构件的平法施工图和标准构造详图两大部分组成。但对于复杂的工业建筑与民用建筑，还需增加模板、基坑、留洞和预埋件等平面图和必要的详图。

一、平法的意义与作用

平法是我国对混凝土结构施工图设计表示方法所进行的一项重大改革，是国家级科技成果重点推广项目，其推广及应用具有重要的意义与作用。

建筑工程施工图纸可分为建筑施工图和结构施工图两大部分。自从实行了平法设计，结构施工图的数量大量减少，一个工程的图纸由过去的百十来张变成了二三十张，不但画图的工作量减少了，而且结构设计的后期计算(例如，每根钢筋形状和尺寸的具体计算、工程钢筋表的绘制等)也被免去了，这使得结构设计减少了大量枯燥无味的工作，极大地解放了结构设计师的生产力，加快了结构设计的步伐。而且，由于使用了平法这一标准的设计方法来规范设计师的行为，在一定程度上提高了结构设计的质量。对于施工企业来讲，实施平法后，施工人员到工地需要携带的图纸少了，而且缩短了对结构施工图的阅读时间。

平法制图规则不仅是结构设计师完成柱、墙、梁平法施工图的设计依据，而且也是施工、监理人员准确理解和实施平法结构施工图的依据。

二、平法图集与其他图集的区别

传统意义上的标准图集，都是“构件类”标准图集。例如，预制混凝土板图集、预制混凝土拱形屋架图集等，该类图集对每一个具体的构件，除标明了其工程的做法外，还给出了明确的工程量，如混凝土体积、各种钢筋的用量及预埋铁件的用量等。

平法的实质是将结构设计师的创造性劳动与重复性劳动区分开来。一方面，将结构设计中的重复性部分，做成标准化的节点构造；另一方面，将结构设计中的创造性部分，使用标准化的设计表示法——“平法”来进行设计，从而达到简化设计的目的。所以，每一本平法标准图集，一半的篇幅是平法的表示方法制图规则，另一半的篇幅是标准节点构造详图。

使用平法绘制施工图后，尽管结构设计工作得到了简化，图纸大大减少，设计的速度也得到了提高，达到了改革的目的，但也给施工和造价编制工作提出了更高的要求。传统的施工图纸一般都有构件大样图和钢筋表，施工人员只需照表下料、按图绑扎就可以完成施工任务。而且，钢筋表中还给出了钢筋质量的汇总数值，从而使工程造价编制工作变得较为简单。采用平法制图规则绘制的施工图，各构件的详图需要根据平法施工图上的标注，结合平法标准图集给出的标准构造详图进行想象；钢筋工程量更是需要施工或造价编制人员根据平法施工图想象出每根钢筋的形状和尺寸，并逐一计算出其长度和质量。

三、平法标准设计系列国标图集简介

现行的常用平法标准设计系列国标图集主要有以下几项：

(1)国家建筑标准设计图集 16G101—1：《混凝土结构施工图平面整体表示方法制图规则和构造详图(现浇混凝土框架、剪力墙、梁、板)》。

(2)国家建筑标准设计图集 16G101—2：《混凝土结构施工图平面整体表示方法制图规则和构造详图(现浇混凝土板式楼梯)》。

(3)国家建筑标准设计图集 16G101—3：《混凝土结构施工图平面整体表示方法制图规则和构造详图(独立基础、条形基础、筏形基础、桩基础)》。

现行的与 G101 系列平法图集配套使用的图集主要有以下几项：

(1)国家建筑标准设计图集 11G902—1：《G101 系列图集常用构造三维节点详图(框架结构、剪力墙结构、框架-剪力墙结构)》。此图集内容包括现浇钢筋混凝土框架、剪力墙结构、框架-剪力墙结构常用节点构造及钢筋施工原则，其配套软件提供相应节点的三维图示。此图集适用于非抗震及抗震设防烈度不大于 9 度地区的现浇钢筋混凝土框架结构、剪力墙结构、框架-剪力墙结构，可指导施工人员进行钢筋施工排布设计、钢筋翻样计算和现场安装绑扎，确保施工时钢筋排布规则有序，使实际施工建造满足规范规定和设计要求。

(2)国家建筑标准设计图集 18G901—1：《混凝土结构施工钢筋排布规则与构造详图(现浇混凝土框架、剪力墙、梁、板)》。此图集是对 16G101－1 图集构造内容在施工时钢筋排布构造的深化设计。其适用于一般非抗震设计和抗震烈度为 6、7、8、9 度地区的现浇钢筋混凝土框架、剪力墙、框架-剪力墙、框支剪力墙、筒体等结构的梁、柱、墙、板；适用于非抗震设计地区的现浇板柱-框架结构的梁、柱、板；适用于非抗震设计和抗震设防烈度为 6、7、8 度地区的板柱-剪力墙结构的梁、柱、墙、板。图集可指导施工人员进行钢筋施工排布设计、钢筋翻样计算和现场安装绑扎，从而确保施工时钢筋排布规范有序，使实际施工建造满足规范规定和设计要求，并可辅助设计人员进行合理的构造方案选择，实现设计构造与施工建造的有机衔接，全面保证工程设计与施工质量。

(3)国家建筑标准设计图集 18G901—2：《混凝土结构施工钢筋排布规则与构造详图(现浇混

凝土板式楼梯)》。此图集是对16G101—2图集构造内容、施工时钢筋排布构造的深化设计。图集可指导施工中进行现浇混凝土板式楼梯的钢筋施工排布设计、钢筋翻样计算和现场安装绑扎，从而确保施工时钢筋排布规范有序，使实际施工建造满足规范规定和设计要求。

(4)国家建筑标准设计图集18G901—3：《混凝土结构施工钢筋排布规则与构造详图(独立基础、条形基础、筏形基础及桩基础)》。此图集内容包括现浇钢筋混凝土独立基础、条形基础、筏形基础及桩基础施工钢筋的排布规则与构造详图，是对16G101－3图集的构造内容、施工时的钢筋排布构造的深化设计。

本书主要以16G101和18G901系列图集为依据进行阐述。

四、平法施工图应注意的问题

为确保施工人员准确无误地按平法施工图进行施工，在具体工程施工图中必须写明以下与平法施工图密切相关的内容：

(1)注明所选用平法标准图的图集号，如16G101—1、16G101—2等，以免图集升版后在施工中用错版本。

(2)写明混凝土结构的设计使用年限。

(3)写明抗震设防烈度及抗震等级，以明确选用相应抗震等级的标准构造详图。

(4)写明各类构件在不同部位所选用的混凝土的强度等级和钢筋级别，以确定相应纵向受拉钢筋的最小锚固长度及最小搭接长度等。当采用机械锚固形式时，设计者应指定机械锚固的具体形式、必要的构件尺寸以及质量要求。

(5)当标准构造详图有多种可选择的构造做法时，应写明在何部位选用何种构造做法，当未写明时，则为设计人员自动授权施工人员可以任选一种构造做法进行施工。例如，筏形基础板边缘侧面封边构造(16G101－3第93页)、KZ边柱和角柱柱顶纵向钢筋构造(16G101—1第67页)、封闭箍筋及拉筋弯钩构造(16G101－1第62页)、无支承板端部封边构造(16G101—1第103页)等。

某些节点要求设计者必须写明在何部位选用何种构造做法，例如：筏形基础次梁(基础底板)底部钢筋在边支座的锚固要求(16G101—3第85、89、93页)(需注明“设计按铰接时”或“充分利用钢筋的抗拉强度时”)、板的上部钢筋在端支座的构造(16G101—1第99、100、105、106页)、地下室外墙与顶板的连接(16G101—1第82页)、剪力墙上柱QZ纵筋构造(16G101—1第65页)、剪力墙水平分布钢筋计入约束边缘构件体积配箍率的构造做法(计入时，16G101—1第76页)等。

(6)写明柱(包括墙柱)纵筋、墙身分布筋、梁上部贯通筋等在具体工程中需接长时所采用的连接形式及有关要求。必要时，还应注明对接头的性能要求。轴心受拉及小偏心受拉构件的纵向受力钢筋不得采用绑扎搭接，设计者应在平法施工图中注明其平面位置及层数。

(7)写明结构不同部位所处的环境类别，且对混凝土保护层厚度有特殊要求时应予以说明。

(8)当采用防水混凝土时，应注明抗渗等级；应注明施工缝、变形缝、后浇带、预埋件等采用的防水构造类型。

(9)注明上部结构的嵌固部位位置；框架柱嵌固部位不在地下室顶板，但仍需考虑地下室顶板对上部结构实际存在嵌固作用时，也应注明。

(10)设置后浇带时，注明后浇带的位置、浇筑时间和后浇混凝土的强度等级以及其他特殊要求。

(11)当柱、墙或梁与填充墙需要拉结时，其构造详图应由设计者根据墙体材料和规范要求选用相关国家建筑标准设计图集或自行绘制。

(12)当选用ATa、ATb、ATc、CTa或CTb型楼梯时，设计者应根据具体工程情况给出楼梯的抗震等级。当选用ATa、ATb、CTa或CTb型楼梯时，可选用图集中滑动支座的做法。当采用与16G101－2图集不同的构造做法时，由设计者另行处理。

(13)16G101－2 图集不包括楼梯与栏杆连接的预埋件详图，设计中应注明楼梯与栏杆连接的预埋件详见建筑设计图或相应的国家建筑标准设计图集。

(14)对钢筋的混凝土保护层厚度、钢筋搭接和锚固长度，除在结构施工图中另有注明者外，按 16G101－3 图集标准构造详图中的有关构造规定执行。

(15)16G101－3 图集基础自身的钢筋当采用绑扎搭接连接时标为 l_l；基础自身钢筋的锚固标为 l_a、l_{ab}。设计者可根据具体工程的实际情况，将基础自身的钢筋连接与锚固按抗震设计处理，对本图集的标准构造做相应变更。

(16)当具体工程需要对图集的标准构造详图做局部变更时，应注明变更的具体内容。

(17)当具体工程中有特殊要求时，应在施工图中另加说明。

第二节　钢筋计算基本知识

一、钢筋的品种

《混凝土结构设计规范(2015 年版)》(GB 50010—2010)对混凝土结构用钢作了调整。目前，钢筋混凝土结构用钢筋共分为 4 个级别 7 种钢筋，分别是 HPB300 级、HRB335 级、HRB400 级、RRB400 级、HRBF400 级、HRB500 级、HRBF500 级。其中，HPB300 级钢筋为光圆钢筋，其余钢筋均为变形钢筋；HRB335 级、HRB400 级、HRB500 级钢筋分别是指强度级别为 335 MPa、400 MPa、500 MPa 的普通热轧带肋钢筋；RRB400 级钢筋是指强度级别为 400 MPa 的余热处理带肋钢筋；HRBF400 级、HRBF500 级钢筋分别是指强度级别为 400 MPa、500 MPa 的细晶粒热轧带肋钢筋。

1. 普通热轧钢筋

用加热钢坯轧成的条形成品钢筋称为热轧钢筋。它是建筑工程中用量最大的钢材品种之一，主要用于钢筋混凝土和预应力混凝土结构的配筋。混凝土用热轧钢筋要求有较高的强度，有一定的塑性和韧性，可焊性好。

热轧钢筋按其轧制外形可分为热轧光圆钢筋和热轧带肋钢筋。热轧带肋钢筋通常为圆形横截面，且表面通常带有两条纵肋和沿长度方向均匀分布的横肋。按其肋纹的形状可分为等高肋和月牙肋两种(图 1-1)。月牙肋的纵、横肋不相交，而等高肋的纵、横肋相交。月牙肋钢筋具有生产简便、强度高、应力集中、敏感性小、疲劳性能好等特点，但其与混凝土的黏结锚固性能略低于等高肋钢筋。

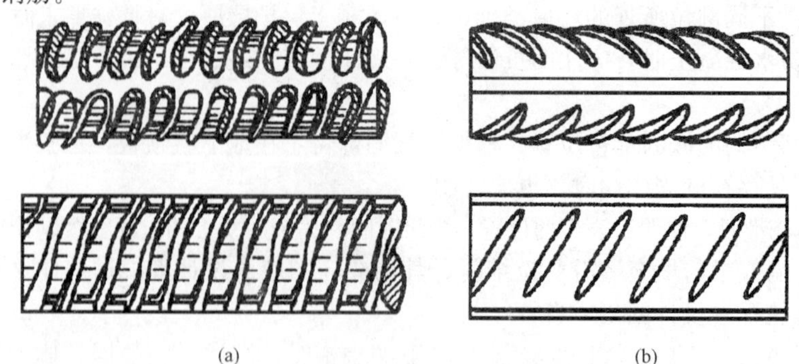

图 1-1　热轧带肋钢筋外形

(a)等高肋；(b)月牙肋

热轧钢筋牌号的构成及其含义见表1-1，热轧钢筋的力学性能见表1-2。

表1-1　热轧钢筋牌号的构成及其含义

名称	牌号	牌号组成	符号
热轧光圆钢筋	HPB300	由HPB+屈服强度特征值构成	HPB——热轧光圆钢筋的英文(Hot rolled Plain Bars)缩写
普通热轧钢筋	HRB400	由HRB+屈服强度特征值构成	HRB——热轧带肋钢筋的英文(Hot rolled Ribbed Bars)缩写。 E——“地震”的英文(Earthquake)首位字母
	HRB500		
	HRB600		
	HRB400E	由HRB+屈服强度特征值+E构成	
	HRB500E		
细晶粒热轧钢筋	HRBF400	由HRBF+屈服强度特征值构成	HRBF——在热轧带助钢筋的英文缩写后加“细”的英文(Fine)首位字母。 E——“地震”的英文(Earthquake)首位字母
	HRBF500		
	HRBF400E	由HRBF+屈服强度特征值+E构成	
	HRBF500E		

表1-2　热轧钢筋牌号的力学性能

牌号	下屈服强度R_{eL}/MPa	抗拉强度R_m/MPa	公称直径d/mm	冷弯	
	不小于			弯曲角度	弯曲直径
HPB300	300	420	6～22	180°	d
HRB400 HRBF400 HRB400E HRBF400E	400	540	6～25	180°	$4d$
			28～40	180°	$5d$
			>40～50	180°	$6d$
HRB500 HRBF500 HRB500E HRBF500E	500	630	6～25	180°	$6d$
			28～40	180°	$7d$
			>40～50	180°	$8d$
HRB600	600	730	6～25	180°	$6d$
			28～40	180°	$7d$
			>40～50	180°	$8d$

2. 冷轧带肋钢筋

热轧圆盘条经冷轧后，在其表面带有沿长度方向均匀分布的横肋的钢筋称为冷轧带肋钢筋。

(1)冷轧带肋钢筋表面横肋应符合下列规定：

1)二面肋和三面肋钢筋横肋呈月牙形，四面肋钢筋横肋的纵截面应为月牙状并且不应与横肋相交。

2)横肋沿钢筋横截面周圈上均匀分布，其中二面肋钢筋一面肋的倾角应与另一面反向，三面肋钢筋有一面肋的倾角应与另两面反向。四面肋钢筋两相邻面横肋的倾角应与另两面横肋方向相反。

3)二面肋和三面肋钢筋横肋中心线和钢筋纵轴线夹角为40°～60°，四面肋钢筋横肋轴线与钢筋轴线的夹角应为40°～70°，对于两排肋之间的角度可以为35°～75°。

4)二面肋和三面肋钢筋横肋两侧面和钢筋表面斜角 α 不得小于45°，四面肋钢筋横肋两侧面和钢筋表面斜角 α 不得小于40°，横肋与钢筋表面呈弧形相交。

(2)冷轧带肋钢筋按延性高低分为两类：

冷轧带肋钢筋　　　　　　CRB

高延性冷轧带肋钢筋　　　CRB＋抗拉强度特征值＋H

C、R、B、H分别为冷轧(Cold rolled)、带肋(Ribbed)、钢筋(Bar)、高延性(High elongation)四个词的英文首位字母。

(3)冷轧带肋钢筋分为CRB550、CRB650、CRB800、CRB600H、CRB680H、CRB800H六个牌号。CRB550、CRB600H为普通钢筋混凝土用钢筋；CRB650、CRB800、CRB8OOH为预应力混凝土用钢筋；CRB680H既可作为普通钢筋混凝土用钢筋，也可作为预应力混凝土用钢筋使用。

(4)CRB550、CRB600H、CRB680H钢筋的公称直径为4～12 mm，CRB650、CRB800、CRB800H钢筋的公称直径为4 mm、5 mm、6 mm。

(5)冷轧带肋钢筋的力学性能和工艺性能应符合表1-3的规定。当进行弯曲试验时，受弯曲部位表面不得产生裂纹。

表1-3　冷轧带肋钢筋的力学性能和工艺性能

分类	牌号	规定塑性延伸强度 $R_{P0.2}$/MPa 不小于	抗拉强度 R_m/MPa 不小于	$R_m/R_{P0.2}$ 不小于	断后伸长率/% 不小于		弯曲试验① 180°	反复弯曲次数	应力松弛 初始应力相当于公称抗拉强度的70%
					A	A_{100mm}			1 000 h/% 不大于
普通钢筋混凝土用	CRB550	500	550	1.05	11.0	—	$D=3d$	—	—
	CRB600H	540	600	1.05	14.0	—	$D=3d$	—	—
	CRB680H②	600	680	1.05	14.0	—	$D=3d$	4	5
预应力混凝土用	CRB650	585	650	1.05	—	4.0	—	3	8
	CRB800	720	800	1.05	—	4.0	—	3	8
	CRB800H	720	800	1.05	—	7.0	—	4	5

注：①D为弯心直径，d为钢筋公称直径。

②当该牌号钢筋作为普通钢筋混凝土用钢筋使用时，对反复弯曲和应力松弛不做要求；当该牌号钢筋作为预应力混凝土用钢筋使用时，应进行反复弯曲试验代替180°弯曲试验，并检测松弛率。

与冷拔低碳钢丝相比，冷轧带肋钢筋具有强度高、塑性好、与混凝土黏结牢固、节约钢材、质量稳定等特点。

冷轧带肋钢筋克服了冷拉钢筋、冷拔钢筋握裹力低的缺点，而且具有与冷拉、冷拔相近的强度，因此，其在中、小型预应力混凝土结构构件和普通混凝土结构构件中得到了广泛的应用。

3. 预应力钢筋

预应力混凝土结构所用钢材一般为预应力钢丝、钢绞线和预应力螺纹钢筋。钢绞线是由多根高强度钢丝交织在一起而形成的，分为3股和7股两种，多用于后张法大型构件。预应力钢丝主要是消除应力钢丝。其外形有光面、螺旋肋、三面刻痕三种。

(1)预应力钢丝。预应力钢丝是用优质高碳钢盘条经过表面准备、拉丝及稳定化处理而成的钢丝总称。预应力钢丝根据深加工要求不同和表面形状不同可分为以下几类：

1)冷拉钢丝。冷拉钢丝是用盘条通过拔丝模拔轧辊经冷加工而成，以盘卷供货的钢丝。这种钢丝可用于制造铁路轨枕、压力水管、电杆等预应力混凝土先张法构件。

2)消除应力钢丝(普通松弛型)。消除应力钢丝(普通松弛型)是冷拔后经高速旋转的矫直辊筒矫直，并经回火处理的钢丝。钢丝经矫直回火后，可消除钢丝冷拔中产生的残余应力，提高钢丝的比例极限、屈强比和弹性模量，并改善塑性；同时获得良好的伸直性。

3)消除应力钢丝(低松弛型)。消除应力钢丝(低松弛型)是冷拔后在张力状态下(在塑性变形下)经回火处理的钢丝。这种钢丝不仅使弹性极限和屈服强度得到提高，而且使应力松弛率大大降低，因此特别适用于抗裂要求高的工程，同时减少钢材用量，经济效益显著。这种钢丝已逐步在建筑、桥梁、市政、水利等大型工程中得到应用。

4)三面刻痕钢丝。三面刻痕钢丝是用冷轧或冷拔方法使钢丝表面产生规则间隔的凹痕或凸纹的钢丝，如图 1-2 所示。这种钢丝的性能与矫直回火钢丝基本相同，但由于钢丝表面凹痕或凸纹可增加与混凝土的握裹黏结力，故可用于先张法预应力混凝土构件。

5)螺旋肋钢丝。螺旋肋钢丝是通过专用拔丝模冷拔方法使钢丝表面沿长度方向上产生规则间隔的肋条的钢丝，如图 1-3 所示。钢丝表面螺旋肋可增加与混凝土的握裹力。这种钢丝可用于先张法预应力混凝土构件。

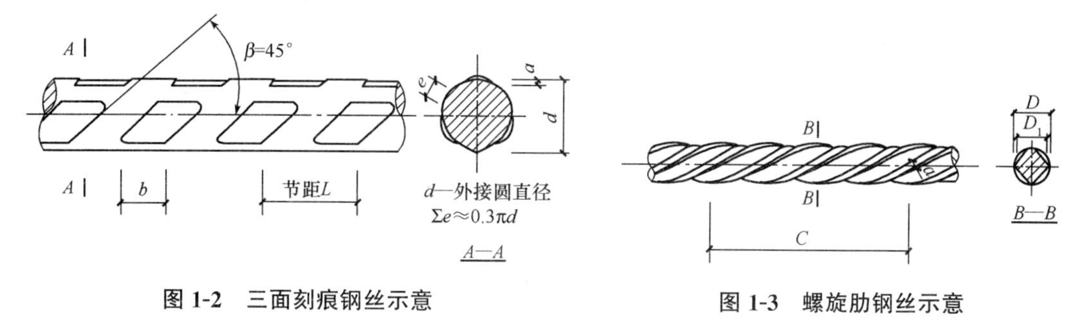

图 1-2　三面刻痕钢丝示意　　**图 1-3　螺旋肋钢丝示意**

(2)钢绞线。钢绞线是由多根冷拉钢丝在绞线机上呈螺旋形绞合，并经连续的稳定化处理而成的总称。钢绞线的整根破断力大，柔性好，施工方便，在土木工程中的应用非常广泛。钢绞线根据加工要求不同可分为标准型钢绞线、刻痕钢绞线和模拔钢绞线。

1)标准型钢绞线。标准型钢绞线即消除应力钢绞线，是由冷拉光圆钢丝捻制成的钢绞线，标准型钢绞线力学性能优异、质量稳定、价格适中，是我国土木建筑工程中用途最广、用量最大的一种预应力筋。

2)刻痕钢绞线。刻痕钢绞线是由刻痕钢丝捻制成的钢绞线，可增加钢绞线与混凝土的握裹力。其力学性能与标准型钢绞线相同。

3)模拔钢绞线。模拔钢绞线是在捻制成形后，再经模拔处理制成。这种钢绞线内的各根钢丝为面接触，使钢绞线的密度提高约 18%。在截面面积相同时，该钢绞线的外径较小，可减少孔道直径；在相同直径的孔道内，可使钢绞线的数量增加，而且它与锚具的接触面较大，易于锚固。

4. 钢筋的选用

钢筋混凝土结构和预应力混凝土结构的钢筋，应按照以下规定采用：

(1)普通钢筋。普通钢筋是指用于钢筋混凝土结构中的钢筋和预应力混凝土结构中的非预应力钢筋。普通钢筋的常用直径有 6 mm、8 mm、10 mm、12 mm、14 mm、16 mm、18 mm、20 mm、22 mm、25 mm、28 mm 等。

1)纵向受力普通钢筋宜采用 HRB400 级、HRB500 级、HRBF400 级、HRBF500 级钢筋，也可采用 HPB300 级、HRB335 级、RRB400 级钢筋。

2)梁、柱纵向受力普通钢筋应采用 HRB400 级、HRB500 级、HRBF400 级、HRBF500 级钢筋。

3)箍筋宜采用 HRB400 级、HRBF400 级、HPB300 级、HRB500 级、HRBF500 级钢筋，也可采用 HRB335 级钢筋。

(2)预应力钢筋。预应力筋宜采用预应力钢丝、钢绞线和预应力螺纹钢筋。

二、钢筋算量

钢筋工程量的计算原理是先计算钢筋的总长度，再以总长度乘以单根长度理论质量得到总质量。用公式则表示为

钢筋的总质量=单根钢筋长度×总根数×单根钢筋长度理论质量/1 000

单根钢筋长度=净长度+锚固长度+(搭接长度)+弯钩长度

表 1-4 为钢筋的公称直径、公称截面面积及理论质量。

表 1-4　钢筋的公称直径、公称截面面积及理论质量

公称直径/mm	不同根数钢筋的公称截面面积/mm²									单根钢筋理论质量/(kg·m⁻¹)
	1	2	3	4	5	6	7	8	9	
6	28.3	57	85	113	142	170	198	226	255	0.222
8	50.3	101	151	201	252	302	352	402	453	0.395
10	78.5	157	236	314	393	471	550	628	707	0.617
12	113.1	226	339	452	565	678	791	904	1 017	0.888
14	153.9	308	461	615	769	923	1 077	1 231	1 385	1.21
16	201.1	402	603	804	1 005	1 206	1 407	1 608	1 809	1.58
18	254.5	509	763	1 017	1 272	1 527	1 781	2 036	2 290	2.00(2.11)
20	314.2	628	942	1 256	1 570	1 884	2 199	2 513	2 827	2.47
22	380.1	760	1 140	1 520	1 900	2 281	2 661	3 041	3 421	2.98
25	490.9	982	1 473	1 964	2 454	2 945	3 436	3 927	4 418	3.85(4.10)
28	615.8	1 232	1 847	2 463	3 079	3 695	4 310	4 926	5 542	4.83
32	804.2	1 609	2 413	3 217	4 021	4 826	5 630	6 434	7 238	6.31(6.65)
36	1 017.9	2 036	3 054	4 072	5 089	6 107	7 125	8 143	9 161	7.99
40	1 256.6	2 513	3 770	5 027	6 283	7 540	8 796	1 0053	11 310	9.87(10.34)
50	1 963.5	3 928	5 892	7 856	9 820	11 784	13 748	15 712	17 676	15.42(16.28)

影响节点锚固和搭接长度的因素主要有混凝土强度等级、抗震等级和钢筋种类三个方面。

钢筋工程量计算原理如图 1-4 所示。

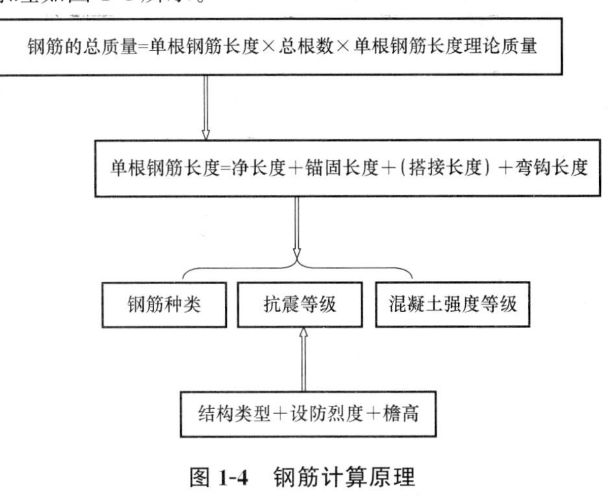

图 1-4　钢筋计算原理

1. 混凝土结构的环境类别

影响混凝土结构耐久性最重要的因素就是环境，环境类别应根据其对混凝土结构耐久性的影响而确定。混凝土结构环境类别的划分主要是为了方便混凝土结构正常使用极限状态的验算和耐久性设计，环境类别见表 1-5。

表 1-5　混凝土结构的环境类别

环境类别	条件
一	室内干燥环境；无侵蚀性静水浸没环境
二 a	室内潮湿环境；非严寒和非寒冷地区的露天环境；非严寒和非寒冷地区与无侵蚀性的水或土壤直接接触的环境；严寒或寒冷地区的冰冻线以下与无侵蚀性的水或土壤直接接触的环境
二 b	干湿交替环境；水位频繁变动环境；严寒地区和寒冷地区的露天环境；严寒地区和寒冷地区冰冻线以上与无侵蚀性的水或土壤直接接触的环境
三 a	严寒地区和寒冷地区冬季水位变动区环境；受除冰盐影响的环境；海风环境
三 b	盐渍土环境；受除冰盐作用环境；海岸环境
四	海水环境
五	受人为或自然的侵蚀性物质影响的环境

注：1. 室内潮湿环境是指构件表面经常处于结露或湿润状态的环境。
2. 严寒或寒冷地区的划分应符合现行国家标准《民用建筑热工设计规范》(GB 50176—2016)的有关规定。
3. 海岸环境和海风环境宜根据当地情况，考虑主导风向及结构所处迎风、背风部位等因素的影响，由调查研究和工程经验确定。
4. 受除冰盐影响环境是指受到除冰盐盐雾影响的环境；受除冰盐作用环境是指被除冰盐溶液溅射的环境及使用除冰盐地区的洗车房、停车楼等建筑。
5. 暴露的环境是指混凝土结构表面所处的环境。

在实际工程施工图中，如果用到环境类别，则一般由设计单位在施工图中直接标明，无须由施工单位、监理单位等进行判定。

2. 混凝土的保护层厚度

钢筋的混凝土保护层厚度是指最外层钢筋外边缘至混凝土表面的距离。如图 1-5 所示，梁的钢筋保护层的厚度是指箍筋外表面至梁表面的距离。混凝土保护层的最小厚度见表 1-6。

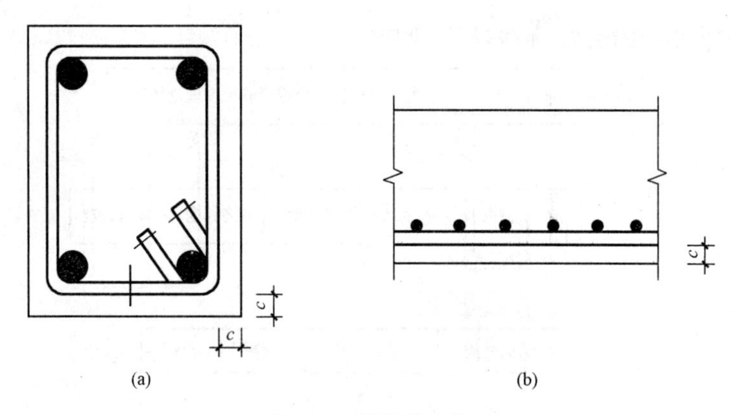

图 1-5　保护层示意

(a)梁保护层示意；(b)板保护层示意

表 1-6　混凝土保护层的最小厚度　　mm

环境类别	板、墙、壳	梁、柱、杆
一	15	20
二 a	20	25
二 b	25	35
三 a	30	40
三 b	40	50
注：1. 环境类别规定详见表 1-4； 2. 混凝土强度等级不大于 C25 时，表中保护层厚度数值应增加 5 mm； 3. 钢筋混凝土基础宜设置混凝土垫层，基础中钢筋的混凝土保护层厚度应从垫层顶面算起，且不应小于 40 mm。		

(1)混凝土柱中钢筋的混凝土保护层厚度应同时满足以下规定(图 1-6)：

1)混凝土柱箍筋的外表面至混凝土外表面的距离不小于混凝土保护层的最小厚度 c，如图 1-6(a)所示。

2)混凝土柱纵向受力钢筋的混凝土保护层厚度不应小于纵向受力钢筋公称直径 d。

3)当柱复合箍筋中采用拉筋，且拉筋同时勾住柱主筋及箍筋时，拉筋顶端外表面至混凝土外表面的距离不小于混凝土保护层的最小厚度 c，如图 1-6(b)所示。

4)当采用拉筋紧贴箍筋勾住纵筋做法时，箍筋的外表面及拉筋顶端至混凝土外表面的距离不小于混凝土保护层的最小厚度 c，如图 1-6(c)所示。

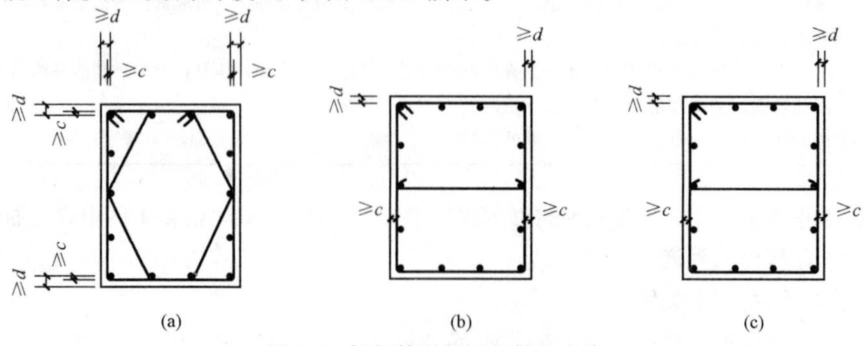

图 1-6　柱钢筋混凝土保护层示意

(2)混凝土梁中钢筋的混凝土保护层厚度应同时满足以下规定(图 1-7)：

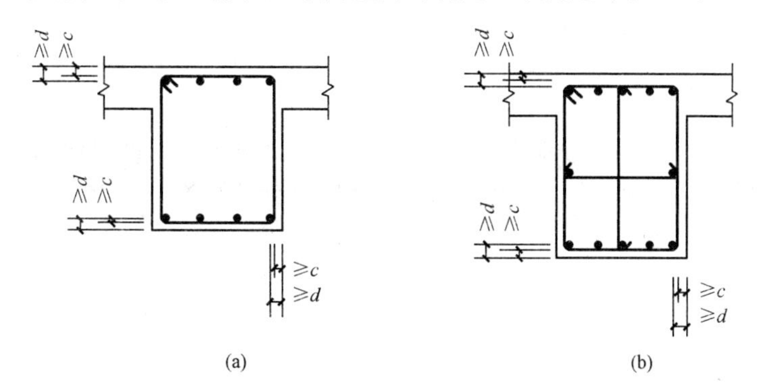

图 1-7　梁钢筋混凝土保护层厚度示意

1)箍筋的外表面及拉筋顶端至混凝土外表面的厚度不小于混凝土保护层的最小厚度 c。

2)纵向受力钢筋的外表面至混凝土外表面的厚度不应小于纵向受力钢筋公称直径 d。

3)框架梁钢筋的设置同时应满足与之相连的次梁、楼(屋)面板的钢筋保护层的要求。

(3)混凝土剪力墙中钢筋的混凝土保护层厚度(图 1-8)。剪力墙中水平分布钢筋(水平分布钢筋位于外侧)的保护层厚度不应小于水平分布钢筋的公称直径 d，且不小于混凝土保护层最小厚度 c；拉筋顶端至混凝土外表面的厚度不小于混凝土保护层最小厚度 c。

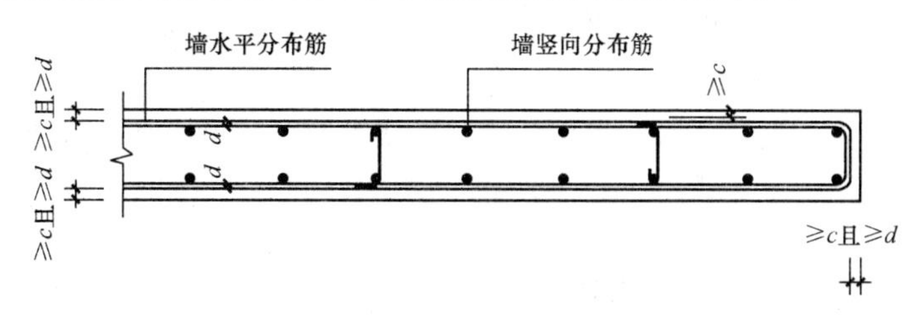

图 1-8　剪力墙钢筋混凝土保护层示意

三、钢筋的锚固

钢筋的锚固是指通过混凝土中钢筋埋置段或机械措施将钢筋所受的力传递给混凝土，使钢筋锚固于混凝土而不滑出，包括直钢筋的锚固、带弯钩或弯折钢筋的锚固，以及采用机械措施的锚固等。

1. 锚固设计原理

锚固设计原理取决于锚固极限状态。锚固极限状态有以下两种：

(1)强度极限状态。钢筋与混凝土之间的黏结应力达到黏结强度。直钢筋在混凝土中的锚固、搭接和延伸要考虑这种状态。

(2)刚度极限状态。钢筋与混凝土之间的相对滑移增长过快的状态，带弯钩钢筋和弯折钢筋在混凝土中锚固时要考虑这种状态。

达到锚固极限状态时所需要的钢筋最小锚固长度，称为临界锚固长度 l_a^{cr}。设达到锚固极限状态时钢筋应力为 ζf_y，平均黏结强度为 τ_u，则由钢筋拔出力与锚固力(图 1-9)的平衡条件可得：

$$\frac{\pi d^2}{4}\zeta f_y=\pi d l_a^{cr}\tau_u$$

即
$$l_a^{cr}=\frac{\zeta f_y}{4\tau_u}d \tag{1-1}$$

式中 d——锚固钢筋的直径；

f_y——钢筋的屈服强度；

ζ——锚固极限状态时钢筋应力与屈服强度的比值(对于强度极限状态，$\zeta=1$；对于刚度极限状态，ζ为滑移速率变化点的钢筋应力与屈服强度的比值)。

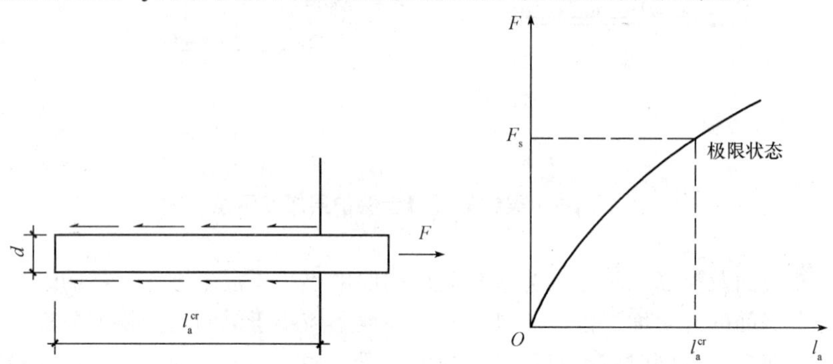

图 1-9 钢筋锚固力与拔出力的平衡

2. 受拉钢筋的锚固长度

如前所述，钢筋的黏结强度 τ_u 与混凝土保护层厚度、横向钢筋数量、钢筋外形等因素有关，且与混凝土的轴心抗拉强度 f_t 大致成正比。我国钢筋强度不断提高，结构形式的多样性也使锚固条件有了很大的变化，根据近年来系统试验研究及可靠度分析的结果并参考国外标准，《混凝土结构设计规范(2015 年版)》(GB 50010—2010)中给出了以简单计算确定受拉钢筋锚固长度的方法，即工程中实际的受拉钢筋锚固长度 l_a 为基本锚固长度 l_{ab}乘以锚固长度修正系数 ζ_a。

(1)受拉钢筋基本锚固长度 l_{ab}。普通钢筋基本锚固长度应按下式计算：

$$l_{ab}=\alpha\frac{f_y}{f_t}d \tag{1-2}$$

式中 f_y——钢筋的抗拉强度设计值；

f_t——混凝土轴心抗拉强度设计值，当混凝土强度等级超过 C60 时，按 C60 取值；

d——锚固钢筋的直径；

α——锚固钢筋的外形系数，按表 1-7 取用。

表 1-7 锚固钢筋的外形系数

钢筋类型	光圆钢筋	带肋钢筋	螺旋肋钢丝	三股钢绞线	七股钢绞线
α	0.16	0.14	0.13	0.16	0.17
注：光圆钢筋末端应做 180°弯钩，弯后平直段长度不小于 3d，但作受压钢筋时可不做弯钩。					

混凝土和普通钢筋的强度设计值分别见表 1-8 和表 1-9。

表 1-8 混凝土轴心抗压[f_c]、轴心抗拉[f_t]强度设计值 N/mm²

强度种类	混凝土强度等级													
	C15	C20	C25	C30	C35	C40	C45	C50	C55	C60	C65	C70	C75	C80
f_c	7.2	9.6	11.9	14.3	16.7	19.1	21.1	23.1	25.3	27.5	29.7	31.8	33.8	35.9
f_t	0.91	1.10	1.27	1.43	1.57	1.71	1.80	1.89	1.96	2.04	2.09	2.14	2.18	2.22

表 1-9　普通钢筋强度设计值　　N/mm²

牌号	抗拉强度设计值 f_y	抗压强度设计值 f'_y
HPB300	270	270
HRB335	300	300
HRB400、HRBF400、RRB400	360	360
HRB500、HRBF500	435	435

(2)受拉钢筋的锚固长度 l_a。受拉钢筋的锚固长度应根据锚固条件按下式计算：

$$l_a=\zeta_a l_{ab} \tag{1-3}$$

式中　ζ_a——锚固长度修正系数。当锚固条件多于一项时 ζ_a 可按连乘计算。

为保证可靠锚固，在任何情况下受拉钢筋的锚固长度都不能小于 $0.6l_{ab}$ 及 200 mm。梁柱节点中纵向受拉钢筋锚固还应符合相关规定。

纵向受拉普通钢筋的锚固长度修正系数 ζ_a 应按下列规定取用：当带肋钢筋的公称直径大于 25 mm 时取 1.10；环氧树脂涂层带肋钢筋取 1.25；施工过程中易受扰动的钢筋取 1.10；当纵向受力钢筋的实际配筋面积大于其设计计算面积时，修正系数取计算面积与实际面积的比值，但对有抗震设防要求及直接承受动力荷载的结构构件不应考虑此项修正；锚固钢筋的保护层厚度为 $3d$ 时修正系数可取 0.80，保护层厚度不小于 $5d$ 时修正系数可取 0.70，中间按内插取值(d 为锚固钢筋的直径)。

(3)纵向受拉钢筋抗震锚固长度 l_{aE}。纵向受拉钢筋的抗震锚固长度 l_{aE}应按下式计算：

$$l_{aE}=\zeta_{aE} l_a \tag{1-4}$$

式中　ζ_{aE}——纵向受拉钢筋抗震锚固长度修正系数，对一、二级抗震等级取 1.15，对三级抗震等级取 1.05，对四级抗震等级取 1.00。

为了方便施工和造价人员查用，16G101 系列图集给出了受拉钢筋的锚固长度，见表 1-10～表 1-13。

表 1-10　受拉钢筋基本锚固长度 l_{ab}

钢筋种类	混凝土强度等级								
	C20	C25	C30	C35	C40	C45	C50	C55	≥C60
HPB300	39d	34d	30d	28d	25d	24d	23d	22d	21d
HRB335、HRBF335	38d	33d	29d	27d	25d	23d	22d	21d	21d
HRB400、HRBF400、RRB400	—	40d	35d	32d	29d	28d	27d	26d	25d
HRB500、HRBF500	—	48d	43d	39d	36d	34d	32d	31d	30d

表 1-11　抗震设计时受拉钢筋基本锚固长度 l_{abE}

钢筋种类		混凝土强度等级								
		C20	C25	C30	C35	C40	C45	C50	C55	≥C60
HPB300	一、二级	45d	39d	35d	32d	29d	28d	26d	25d	24d
	三级	41d	36d	32d	29d	26d	25d	24d	23d	22d
HRB335 HRBF335	一、二级	44d	38d	33d	31d	29d	26d	25d	24d	24d
	三级	40d	35d	31d	28d	26d	24d	23d	22d	22d

续表

钢筋种类		混凝土强度等级								
		C20	C25	C30	C35	C40	C45	C50	C55	≥C60
HRB400 HRBF400	一、二级	—	$46d$	$40d$	$37d$	$33d$	$32d$	$31d$	$30d$	$29d$
	三级	—	$42d$	$37d$	$34d$	$30d$	$29d$	$28d$	$27d$	$26d$
HRB500 HRBF500	一、二级	—	$55d$	$49d$	$45d$	$41d$	$39d$	$37d$	$36d$	$35d$
	三级	—	$50d$	$45d$	$41d$	$38d$	$36d$	$34d$	$33d$	$32d$

注：1. 四级抗震时，$l_{abE}=l_{ab}$。

2. 当锚固钢筋的保护层厚度不大于5d时，锚固钢筋长度范围内应设置横向构造钢筋，其直径不应小于$d/4$(d为锚固钢筋的最大直径)；对梁、柱等构件间距不应大于5d，对板、墙等构件间距不应大于10d，且均不应大于100 mm(d为锚固钢筋的最小直径)。

表 1-12　受拉钢筋锚固长度 l_a

钢筋种类	混凝土强度等级																
	C20	C25		C30		C35		C40		C45		C50		C55		≥C60	
	$d\leqslant25$	$d\leqslant25$	$d>25$	$d\leqslant25$	$d>25$	$d\leqslant25$	$d>25$	$d\leqslant25$	$d>25$	$d\leqslant25$	$d>25$	$d\leqslant25$	$d>25$	$d\leqslant25$	$d>25$	$d\leqslant25$	$d>25$
HPB300	$39d$	$34d$	—	$30d$	—	$28d$	—	$25d$	—	$24d$	—	$23d$	—	$22d$	—	$21d$	—
HRB335 HRBF335	$38d$	$33d$	—	$29d$	—	$27d$	—	$25d$	—	$23d$	—	$22d$		$21d$	—	$21d$	—
HRB400、 HRBF400、 RRB400	—	$40d$	$44d$	$35d$	$39d$	$32d$	$35d$	$29d$	$32d$	$28d$	$31d$	$27d$	$30d$	$26d$	$29d$	$25d$	$28d$
HRB500、 HRBF500	—	$48d$	$53d$	$43d$	$47d$	$39d$	$43d$	$36d$	$40d$	$34d$	$37d$	$32d$	$35d$	$31d$	$34d$	$30d$	$33d$

表 1-13　受拉钢筋抗震锚固长度 l_{aE}

钢筋种类及抗震等级		混凝土强度等级																
		C20	C25		C30		C35		C40		C45		C50		C55		≥C60	
		$d\leqslant25$	$d\leqslant25$	$d>25$	$d\leqslant25$	$d>25$	$d\leqslant25$	$d>25$	$d\leqslant25$	$d>25$	$d\leqslant25$	$d>25$	$d\leqslant25$	$d>25$	$d\leqslant25$	$d>25$	$d\leqslant25$	$d>25$
HPB300	一、二级	$45d$	$39d$	—	$35d$	—	$32d$	—	$29d$	—	$28d$	—	$26d$	—	$25d$	—	$24d$	—
	三级	$41d$	$36d$	—	$32d$	—	$29d$	—	$26d$	—	$25d$	—	$24d$	—	$23d$	—	$22d$	—
HRB335 HRBF335	一、二级	$44d$	$38d$	—	$33d$	—	$31d$	—	$29d$	—	$26d$	—	$25d$	—	$24d$	—	$24d$	—
	三级	$40d$	$35d$	—	$30d$	—	$28d$	—	$26d$	—	$24d$	—	$23d$	—	$22d$	—	$22d$	—
HRB400、 HRBF400	一、二级	—	$46d$	$51d$	$40d$	$45d$	$37d$	$40d$	$33d$	$37d$	$32d$	$36d$	$31d$	$35d$	$30d$	$33d$	$29d$	$32d$
	三级	—	$42d$	$46d$	$37d$	$41d$	$34d$	$37d$	$30d$	$34d$	$29d$	$33d$	$28d$	$32d$	$27d$	$30d$	$26d$	$29d$

续表

钢筋种类及抗震等级		混凝土强度等级																
		C20	C25		C30		C35		C40		C45		C50		C55		≥C60	
		$d \leqslant 25$	$d \leqslant 25$	$d > 25$	$d \leqslant 25$	$d > 25$	$d \leqslant 25$	$d > 25$	$d \leqslant 25$	$d > 25$	$d \leqslant 25$	$d > 25$	$d \leqslant 25$	$d > 25$	$d \leqslant 25$	$d > 25$	$d \leqslant 25$	$d > 25$
HRB500、HRBF500	一、二级	—	$55d$	$61d$	$49d$	$54d$	$45d$	$49d$	$41d$	$46d$	$39d$	$43d$	$37d$	$40d$	$36d$	$39d$	$35d$	$38d$
	三级	—	$50d$	$56d$	$45d$	$49d$	$41d$	$45d$	$38d$	$42d$	$36d$	$39d$	$34d$	$37d$	$33d$	$36d$	$32d$	$35d$

注：1. 当为环氧树脂涂层带肋钢筋时，表中数据尚应乘以 1.25。
2. 当纵向受拉钢筋在施工过程中易受扰动时，表中数据尚应乘以 1.1。
3. 当锚固长度范围内纵向受力钢筋周边保护层厚度为 $3d$、$5d$（d 为锚固钢筋的直径）时，表中数据可分别乘以 0.8、0.7；中间时按内插值。
4. 当纵向受拉普通钢筋锚固长度修正系数（注 1～注 3）多于一项时，可按连乘计算。
5. 受拉钢筋的锚固长度 l_a、l_{aE} 计算值不应小于 200 mm。
6. 四级抗震时，$l_{aE}=l_a$。
7. 当锚固钢筋的保护层厚度不大于 $5d$ 时，锚固钢筋长度范围内应设置横向构造钢筋，其直径不应小于 $d/4$（d 为锚固钢筋的最大直径）；对梁、柱等构件间距不应大于 $5d$，对板、墙等构件间距不应大于 $10d$，且均不应大于 100 mm（d 为锚固钢筋的最小直径）。

3. 钢筋的锚固形式

（1）纵向受拉钢筋的直线锚固。纵向受拉钢筋的直线锚固长度应满足纵向受拉钢筋的抗震锚固长度 l_{aE}，如图 1-10(a)所示。当纵向受拉钢筋为 HPB300 级光圆钢筋时，钢筋末端应做 180°弯钩，钢筋弯折的弯弧内直径不应小于钢筋直径的 2.5 倍，弯钩弯折后平直段长度不应小于钢筋直径的 3 倍，如图 1-10(b)所示。

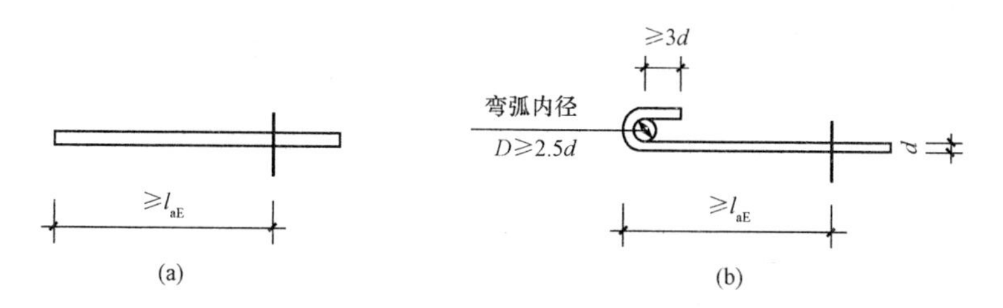

图 1-10　钢筋直线锚固

(a)单肋钢筋；(b)光圆钢筋

（2）纵向受拉钢筋的弯钩锚固。纵向受拉钢筋末端采用弯钩锚固措施时，包括弯钩在内的锚固长度（水平投影长度）不小于 l_{abE} 的 60%，弯钩弯折后直线长度为 $12d$，如图 1-11 所示。纵向受拉钢筋采用 90°弯钩锚固时，当构件的角部钢筋在锚固区处于边缘位置时，角部锚固钢筋的弯折方向应向截面内侧偏斜布置（图 1-12）。

（3）纵向受拉钢筋的锚固板锚固。锚固板是依靠锚固长度范围内钢筋与混凝土的黏结作用和锚固板承压面的承压作用共同承担钢筋规定锚固力的锚固板。锚板锚固包括常用的螺纹连接锚固板（螺栓锚头）和焊端锚板锚固形式，如图 1-13 所示。锚固板的承压净面积不应小于锚固钢筋截面面积的 4 倍，锚固板厚度不应小于锚固钢筋直径。

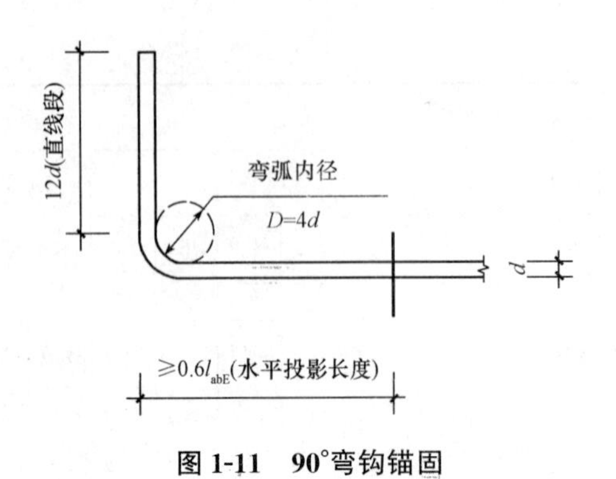

图 1-11　90°弯钩锚固

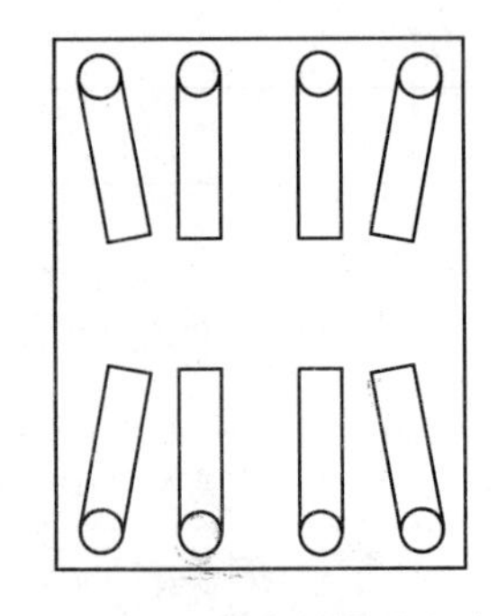

图 1-12　90°弯折锚固角部

注：HRB500（HRBF500）钢筋弯弧内直径取值：当钢筋直径＜28 mm 时，$D=6d$；当钢筋直径≥28 mm 时，$D=7d$。

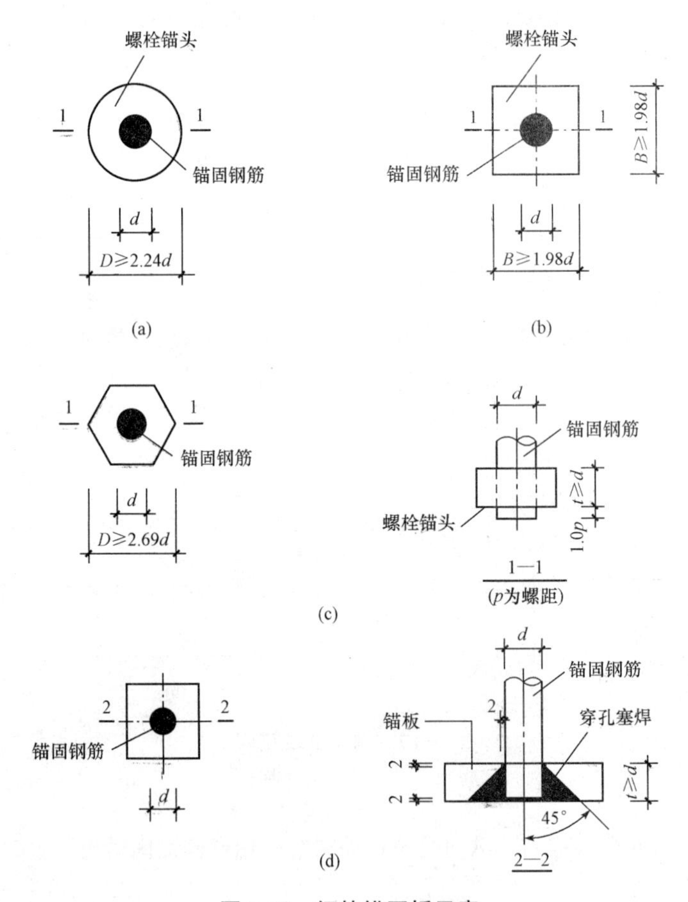

图 1-13　钢筋锚固板示意

(a)圆形锚固板；(b)正方形锚固板；(c)六边形锚固板；(d)焊端锚板

采用锚固板锚固时，锚固区的混凝土强度等级宜满足以下要求：对于 HRB335 级钢筋，锚固区混凝土强度等级不宜低于 C25；对于 HRB400 级钢筋，锚固区混凝土强度等级不宜低于 C30；对于 HRB500 级钢筋，锚固区混凝土强度等级不宜低于 C35。

纵向受拉钢筋采用锚固板锚固时，锚头宜在纵横两个方向错开，其锚固钢筋净间距不宜小

于 $4d$，包括锚固板在内的锚固长度不应小于 $0.6l_{abE}$。

《混凝土结构设计规范（2015 年版）》（GB 50010—2010）规定净间距不宜小于 $4d$，是考虑到“群锚”可能降低锚固效应。但在厚保护层和强约束条件下仍可以保证锚固，故规范用“宜”未用“应”作要求。具体工程可根据锚固区的约束情况对锚固钢筋净间距进行调整。

四、钢筋的连接

钢筋的连接则是指通过混凝土中两根钢筋的连接接头，将一根钢筋所受的力传递给另一根钢筋，包括绑扎搭接、机械连接或焊接。将钢筋从按计算不需要该钢筋的位置延伸一定长度，以保证钢筋发挥正常受力性能，称为延伸。钢筋的锚固、搭接和延伸，实质上是不同条件下的锚固问题。

1. 钢筋连接方式

钢筋连接方式主要有绑扎搭接、机械连接和焊接三种，各自的特点见表 1-14；设置时应遵循以下原则：

（1）接头应尽量设置在受力较小处，应避开结构受力较大的关键部位。抗震设计时避开梁端、柱端箍筋加密区范围，如必须在该区域连接，则应采用机械连接或焊接。

（2）在同一跨度或同一层高内的同一受力钢筋上宜少设连接接头，不宜设置 2 个或 2 个以上接头。

（3）接头位置宜互相错开，在连接范围内，接头钢筋面积百分率应限制在一定范围内。

（4）在钢筋连接区域应采取必要的构造措施，在纵向受力钢筋搭接长度范围内应配置横向构造钢筋或箍筋。

（5）轴心受拉及小偏心受拉杆件（如桁架和拱的拉杆）的纵向受力钢筋不得采用绑扎搭接接头。

（6）当受拉钢筋的直径 $d>25$ mm 及受压钢筋的直径 $d>28$ mm 时，不宜采用绑扎搭接接头。

表 1-14　绑扎搭接、机械链接及焊接的特点

类型	机理	优点	缺点
绑扎搭接	利用钢筋与混凝土之间的黏结锚固作用实现传力	应用广泛，连接形式简单	对于直径较粗的受力钢筋，绑扎搭接长度较长，施工不方便，且连接区域容易发生过宽的裂缝
机械连接	利用钢筋与连接件的机械咬合作用或钢筋墙面的承压作用实现钢筋连接	比较简便、可靠	机械连接接头连接件的混凝土保护层厚度及连接件之间的横向净距将减小
焊接连接	利用热熔融金属实现钢筋连接	节省钢筋，接头成本低	焊接接头往往需人工操作，因而连接质量的确定性较差

2. 钢筋绑扎搭接

（1）轴心受拉及小偏心受拉杆件的纵向受力钢筋不得采用绑扎搭接；其他构件中的钢筋采用绑扎搭接时，受拉钢筋直径不宜大于 25mm，受压钢筋直径不宜大于 28mm。

（2）当纵向受拉钢筋采用绑扎搭接时，接头的设置应符合下列规定：

1）钢筋的绑扎搭接接头应在接头中点和两端用钢丝扎牢。

2)同一构件内的接头宜分批错开。各接头的横向净间距不应小于钢筋直径，且不应小于25 mm。

3)接头连接区段的长度为1.3倍搭接长度，凡接头中点位于该连接区段长度内的接头均应属于同一连接区段；搭接长度可按相互连接的两根钢筋中较小钢筋直径计算，如图1-14所示。

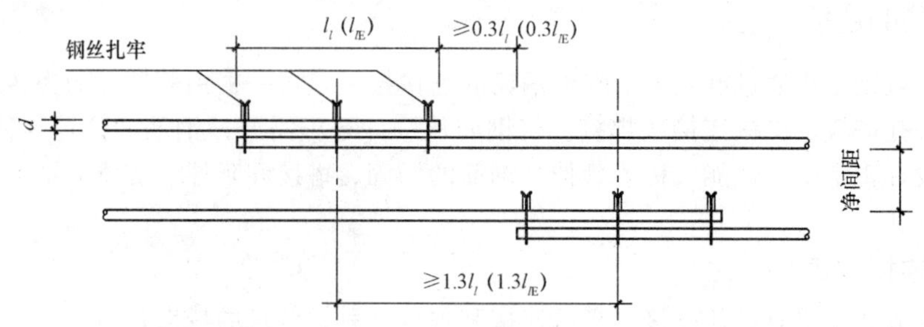

图1-14　非同一连接区纵向钢筋绑扎搭接接头示意

4)纵向受拉钢筋绑扎搭接接头的搭接长度，应根据位于同一连接区段内的钢筋搭按接头面积百分率按下列公式计算，且不应小于300mm。

$$l_l = \xi_l l_a \tag{1-5}$$

式中　l_l——纵向受拉钢筋搭接长度；

ξ_l——纵向受拉钢筋搭接长度修正系数，按表1-15取用。当纵向搭接钢筋接头面积百分率为表1-15的中间值时，修正系数可按内插取值；

l_a——受拉钢筋锚固长度。

表1-15　纵向受拉钢筋搭接长度修正系数ζ_l

搭接接头面积百分率/%	≤25	50	100
ζ_l	1.2	1.4	1.6

纵向受拉钢筋的抗震搭接长度l_{lE}应按下列公式计算：

$$l_{lE} = \xi_l l_{aE} \tag{1-6}$$

式中　l_{lE}——纵向受拉钢筋的抗震搭接长度；

l_{aE}——受拉钢筋抗震锚固长度。

为了方便施工和造价人员查用，16G101系列图集给出了纵向受拉钢筋的搭接长度，见表1-16和表1-17。

5)位于同一连接区段内的受拉钢筋搭接面积百分率：对梁、墙类构件不宜大于25%；对柱类构件不宜大于50%。当工程中确有必要增大受拉钢筋搭接接头面积百分率时，对梁类构件不宜大于50%；对柱、墙构件可根据实际情况适当放宽。

6)同一连接区段纵向受拉钢筋搭接接头面积百分率的计算：同一连接区段内纵向受力钢筋搭接接头面积百分率为该区段内(1.3l_{lE}长度范围内)有搭接接头的纵向受力钢筋截面面积与全部纵向受力钢筋截面面积的比值，如图1-15所示。

7)当搭接连接钢筋的保护层厚度小于$5d$时，框架柱、梁纵向受拉钢筋的抗震搭接长度(l_{lE})范围内应按设计要求配置箍筋(图1-16)，并应符合下列规定：

①箍筋直径不应小于搭接连接钢筋较大直径的1/4；

②受拉钢筋搭接连接区段的箍筋间距不应大于搭接钢筋较小直径的5倍，且不应大于100 mm。

表 1-16　纵向受拉钢筋搭接长度 l_l

钢筋种类及同一区段内搭接钢筋面积百分率		混凝土强度等级																
		C20	C25		C30		C35		C40		C45		C50		C55		C60	
		$d\leqslant25$	$d\leqslant25$	$d>25$	$d\leqslant25$	$d>25$	$d\leqslant25$	$d>25$	$d\leqslant25$	$d>25$	$d\leqslant25$	$d>25$	$d\leqslant25$	$d>25$	$d\leqslant25$	$d>25$	$d\leqslant25$	$d>25$
HPB300	≤25%	47d	41d	—	36d	—	34d	—	30d	—	29d	—	28d	—	26d	—	25d	—
	50%	55d	48d	—	42d	—	39d	—	35d	—	34d	—	32d	—	31d	—	29d	—
	100%	62d	54d	—	48d	—	45d	—	40d	—	38d	—	37d	—	35d	—	34d	—
HRB335 HRBF335	≤25%	46d	40d	—	35d	—	32d	—	30d	—	28d	—	26d	—	25d	—	25d	—
	50%	53d	46d	—	41d	—	38d	—	35d	—	32d	—	31d	—	29d	—	29d	—
	100%	61d	53d	—	46d	—	43d	—	40d	—	37d	—	35d	—	34d	—	34d	—
HRB400 HRBF400 RRB400	≤25%	—	48d	53d	42d	47d	38d	42d	35d	38d	34d	37d	32d	36d	31d	35d	30d	34d
	50%	—	56d	62d	49d	55d	45d	49d	41d	45d	39d	43d	38d	42d	36d	41d	35d	39d
	100%	—	64d	70d	56d	62d	51d	56d	46d	51d	45d	50d	43d	48d	42d	46d	40d	45d
HRB500 HRBF500	≤25%	—	58d	64d	52d	56d	47d	52d	43d	48d	41d	44d	38d	42d	37d	41d	36d	40d
	50%	—	67d	74d	60d	66d	55d	60d	50d	56d	48d	52d	45d	49d	43d	48d	42d	46d
	100%	—	77d	85d	69d	75d	62d	69d	58d	64d	54d	59d	51d	56d	50d	54d	48d	53d

注：1. 表中数值为纵向受拉钢筋绑扎搭接接头的搭接长度。
2. 两根不同直径钢筋搭接时，表中 d 取较细钢筋直径。
3. 当为环氧树脂涂层带肋钢筋时，表中数据尚应乘以 1.25。
4. 当纵向受拉钢筋在施工工程中易受扰动时，表中数据尚应乘以 1.1。
5. 当搭接长度范内纵向受力钢筋周边保护层厚度为 $3d$、$5d$(d 为搭接钢筋的直径)时，表中数据尚可分别乘以 0.8、0.7；中间时按内插值。
6. 当上述修正系数(注 3～注 5)多于一项时，可按连乘计算。
7. 任何情况下，搭接长度不应小于 300 mm。

表 1-17　纵向受拉钢筋抗震搭接长度 l_{lE}

钢筋种类及同一区段内搭接钢筋面积百分率			混凝土强度等级																
			C20	C25		C30		C35		C40		C45		C50		C55		C60	
			$d\leqslant25$	$d\leqslant25$	$d>25$	$d\leqslant25$	$d>25$	$d\leqslant25$	$d>25$	$d\leqslant25$	$d>25$	$d\leqslant25$	$d>25$	$d\leqslant25$	$d>25$	$d\leqslant25$	$d>25$	$d\leqslant25$	$d>25$
一、二级抗震等级	HPB300	≤25%	54d	47d	—	42d	—	38d	—	35d	—	34d	—	31d	—	30d	—	29d	—
		50%	63d	55d	—	49d	—	45d	—	41d	—	39d	—	36d	—	35d	—	34d	—
	HRB335 HRBF335	≤25%	53d	46d	—	40d	—	37d	—	35d	—	31d	—	30d	—	29d	—	29d	—
		50%	62d	53d	—	46d	—	43d	—	41d	—	36d	—	35d	—	34d	—	34d	—
	HRB400 RRB400	≤25%	—	55d	61d	48d	54d	44d	48d	40d	44d	38d	43d	37d	42d	36d	40d	35d	38d
		50%	—	64d	71d	56d	63d	52d	56d	46d	52d	45d	50d	43d	49d	42d	46d	41d	45d
	HRB500 HRBF500	≤25%	—	66d	73d	59d	65d	54d	59d	49d	55d	47d	52d	44d	48d	43d	47d	42d	46d
		50%	—	77d	85d	69d	76d	63d	69d	57d	64d	55d	60d	52d	56d	50d	55d	49d	53d
三级抗震等级	HPB300	≤25%	49d	43d	—	38d	—	35d	—	31d	—	30d	—	29d	—	28d	—	26d	—
		50%	57d	50d	—	45d	—	41d	—	36d	—	35d	—	34d	—	32d	—	31d	—
	HRB335 HRBF335	≤25%	48d	42d	—	36d	—	34d	—	31d	—	29d	—	28d	—	26d	—	26d	—
		50%	56d	49d	—	42d	—	39d	—	36d	—	34d	—	32d	—	31d	—	31d	—
	HRB400 RRB400	≤25%	—	50d	55d	44d	49d	41d	44d	36d	41d	35d	40d	34d	38d	32d	36d	31d	35d
		50%	—	59d	64d	52d	57d	48d	52d	42d	48d	41d	46d	39d	45d	38d	42d	36d	41d
	HRB500 HRBF500	≤25%	—	60d	67d	54d	59d	49d	54d	46d	50d	43d	47d	41d	44d	40d	43d	38d	42d
		50%	—	70d	78d	63d	69d	57d	63d	53d	59d	50d	55d	48d	52d	46d	50d	45d	49d

注：1. 表中数据为纵向受拉钢筋绑扎接头的搭接长度。
2. 两根不同直径钢筋搭接时，表中 d 取较细钢筋直径。
3. 当为环氧树脂涂层带肋钢筋时，表中数据尚应乘以 1.25。
4. 当纵向受拉钢筋在施工工程中易受扰动时，表中数据尚应乘以 1.1。
5. 当搭接长度范内纵向受力钢筋周边保护层厚度为 $3d$、$5d$（d 为搭接钢筋的直径），表中数据尚可分别乘以 0.8、0.7；中间时按内插值。
6. 当上述修正系数(注 3～注 5)多于一项时，可按连乘计算。
7. 任何情况下，搭接长度不应小于 300 mm。
8. 四级抗震等级时，$l_{lE}=l_l$。

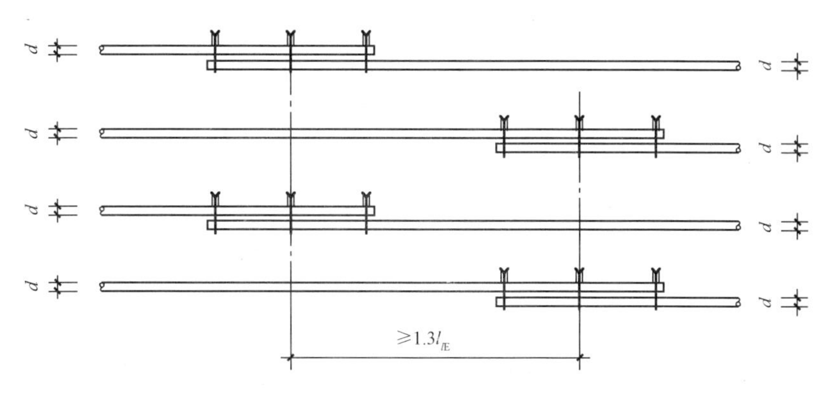

图 1-15　50%绑扎搭接接头示意

（搭接钢筋直径相同）

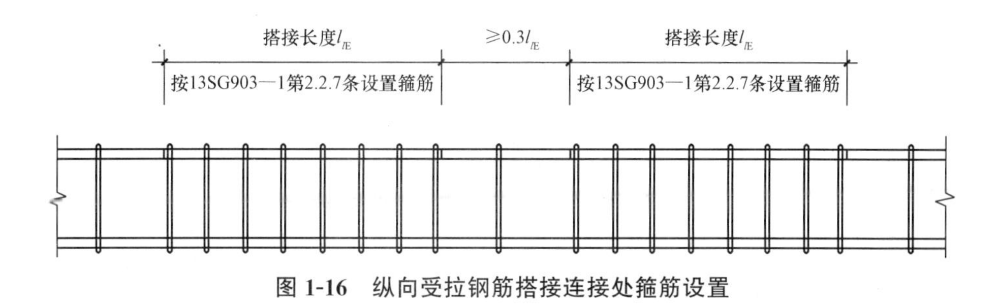

图 1-16　纵向受拉钢筋搭接连接处箍筋设置

3. 钢筋机械连接

(1)加工钢筋机械连接接头的操作人员应经专业培训合格后上岗，钢筋接头的加工应经工艺检验合格后方可进行。接头的加工、安装及质量要求等应符合行业标准《钢筋机械连接技术规程》(JGJ 107—2016)的有关规定。

(2)用于机械连接的钢筋应符合现行国家标准《钢筋混凝土用钢　第 2 部分：热轧带肋钢筋》(GB 1499.2—2018)的规定。

(3)机械连接宜用于直径不小于 16 mm 的受拉钢筋的连接。

(4)纵向受拉钢筋的机械连接接头宜互相错开。钢筋机械连接区段的长度为 35d，d 为连接钢筋的直径。凡接头中心位于该连接区段长度内的机械连接接头均属于同一连接区段。

(5)接头之间的横向净距不宜小于 25 mm，如图 1-17 所示。

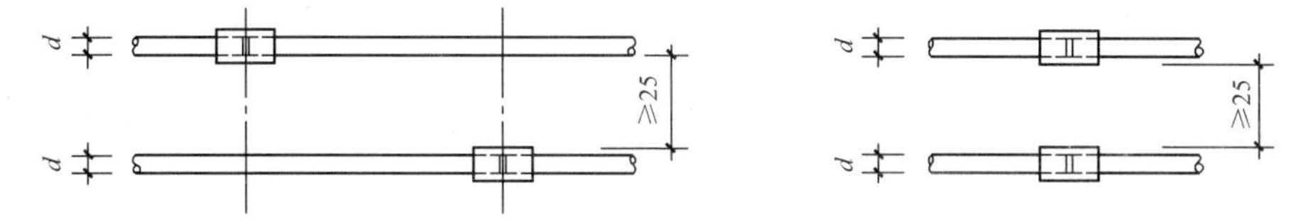

图 1-17　同一连接区段纵向钢筋机械连接接头示意

(6)机械连接接头百分率应满足以下规定，如图 1-18 所示：

1)接头宜设置在构件受力较小处。位于同一连接区段的纵向受拉钢筋接头面积百分率不宜大于 50%。

2)当受具体条件所限，必须在同一连接区内实施 100%钢筋接头的连接时，应采用Ⅰ级接头。

(7)钢筋机械接头处箍筋的间距应满足设计要求。在机械连接接头处的箍筋间距一般应做调整(减小箍筋间距)，使箍筋避开接头套筒，可将其设置在套筒两端以外靠近套筒端部的位置上，如图 1-19 所示。

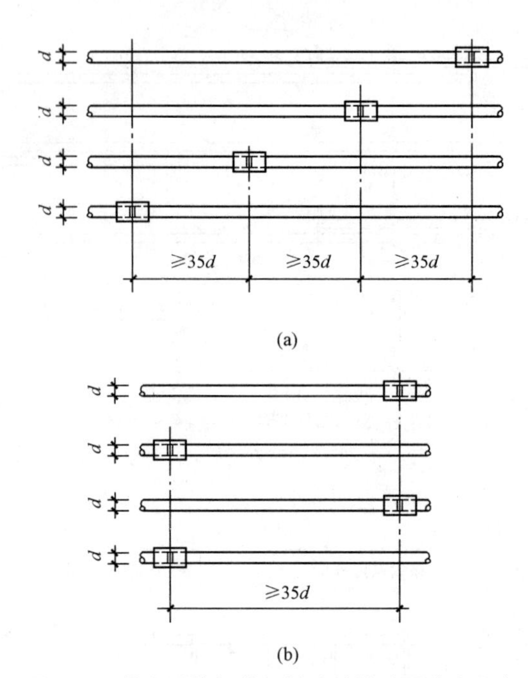

图 1-18　纵向受拉钢筋机械连接接头百分率示意

(a)接头百分率 25%(钢筋直径相同时)；(b)接头百分率 50%(钢筋直径相同时)

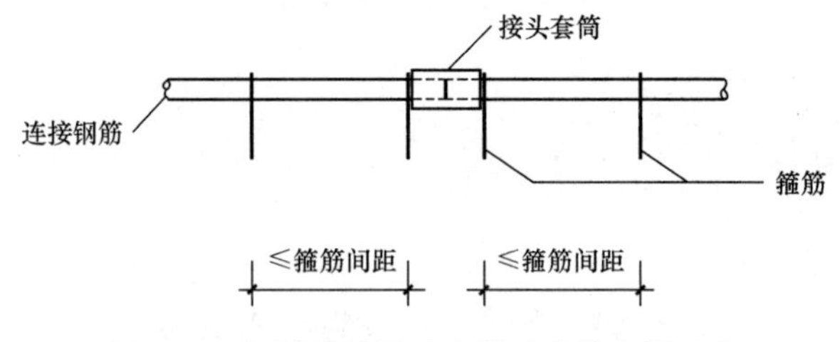

图 1-19　机械连接接头套筒处箍筋布置示意

4. 钢筋焊接连接

(1)从事钢筋焊接施工的焊工应持有钢筋焊工考试合格证，并按照合格证规定的范围上岗操作。

(2)在钢筋工程焊接施工前，参与该工程施焊的焊工应进行现场条件下的焊接工艺试验，经试验合格后，方可进行焊接。

(3)细晶粒热轧带肋钢筋(HRBF)及直径大于 28 mm 的带肋钢筋采用焊接连接时，其焊接参数应经试验确定。

(4)钢筋焊接连接可采用闪光对焊、气压焊、电弧焊、电渣压力焊。各种焊接方法的适用范围及注意事项：

1)钢筋焊接接头的适用范围、工艺要求、焊条及焊筋焊接应符合《钢筋焊接及验收规程》(JGJ 18—2012)的有关规定。

2)电渣压力焊只适用于柱、墙等构件中竖向钢筋的连接；不得用于梁、板、墙等构件中水平钢筋的连接。

3)对带肋钢筋进行闪光对焊、电弧焊和气压焊时，应将钢筋纵肋对纵肋对正后焊接。

4)两根同牌号、不同直径的钢筋的焊接。

①两根同牌号、不同直径的钢筋可采用闪光对焊、电渣压力焊或气压焊。

②采用闪光对焊时，钢筋的直径差不得超过 4 mm；采用气压焊时，钢筋直径差不得超过 7 mm。

③焊接工艺参数可在大小直径钢筋焊接工艺参数之间偏大选用，两根钢筋的轴线应在同一直线上，轴线偏移的允许值应按小直径钢筋计算；对接头强度的要求，应按小直径钢筋计算。

5)两根同直径、不同牌号钢筋的焊接。

①两根同直径、不同牌号的钢筋焊接连接可采用闪光对焊、电弧焊、电渣压力焊或气压焊。

②焊条、焊丝和焊接工艺参数应按较高牌号的钢筋选用，对接头强度的要求，应按较低牌号钢筋强度计算。

五、钢筋的加工

(1)钢筋加工前应将其表面的油渍、漆污和铁锈等清除干净。表面有颗粒状、片状老锈或有损伤的钢筋不得使用。

(2)钢筋宜采用无延伸功能的机械设备进行调直，也可采用冷拉方法调直。调直后的钢筋不应出现缩径，钢筋调直过程中不应损伤带肋钢筋的横肋或缩小原钢筋面积。调直后的钢筋应平直，不应有局部弯折。

1)当采用冷拉方法调直时，HPB300 级光圆钢筋的冷拉率不宜大于 4%；HRB335 级、HRB400 级、HRB500 级、HRBF335 级、HRBF400 级、HRBF500 级及 RRB400 级带肋钢筋的冷拉率不宜大于 1%。钢筋调直过程中不应损伤带肋钢筋的横肋。

2)钢筋冷拉调直后应进行力学性能和重量偏差的检验，其强度应符合有关标准的规定。

(3)钢筋加工宜在常温状态下进行，加工过程不应对钢筋进行加热。钢筋应一次弯折到位，对于弯折过度的钢筋不得回弯。

(4)钢筋弯折(弯钩)的最小弯弧内直径(图 1-20)不应小于表 1-18 的要求。

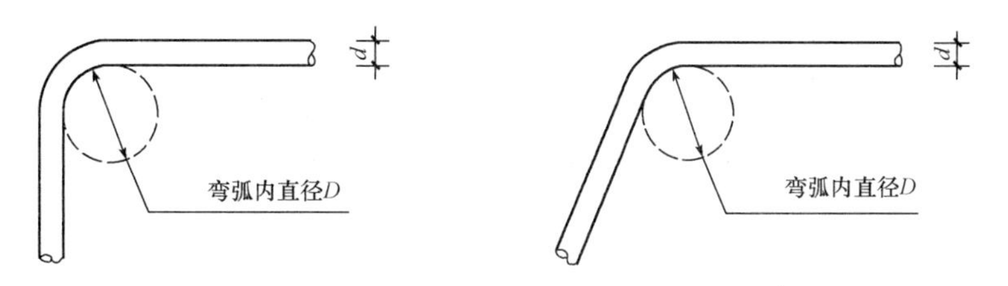

图 1-20　钢筋弯折、弯钩示意

表 1-18　钢筋弯折、弯钩的弯弧内直径最小值 D

钢筋直径 Φ/mm	钢筋牌号			
	HRB300	HRB335　HRBF335	HRB400　HRBF400	HRB500　HRBF500
<25	2.5d	4d	4d	6d
≥28	—	4d	4d	7d

(5)箍筋弯折处弯弧内直径还不应小于纵向受力钢筋直径；箍筋弯折处纵向受力钢筋为搭接时，应按钢筋实际排布情况确定箍筋弯钩内直径。

(6)用于固定梁侧面钢筋(腰筋)位置的拉筋，可预先做成一端 135°、另一端 90°的弯钩，在施工现场将 90°弯折成 135°，如图 1-21 所示。

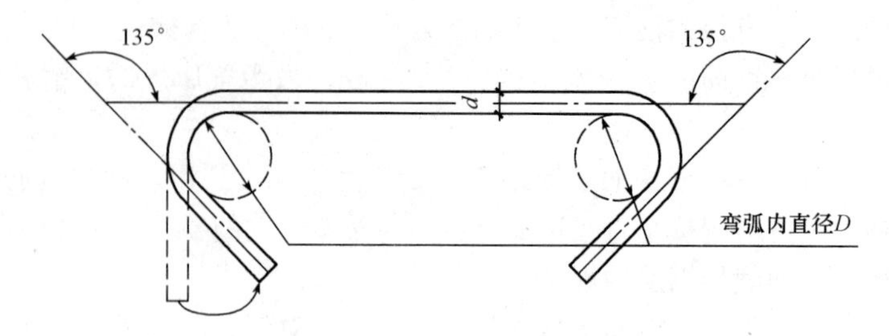

图 1-21　梁侧面拉筋弯折示意

(7)框架结构顶层端节点处的梁上部纵向钢筋和柱外侧纵向钢筋在节点角部的弯折弯弧内直径(图 1-22)不小于表 1-19 的要求。

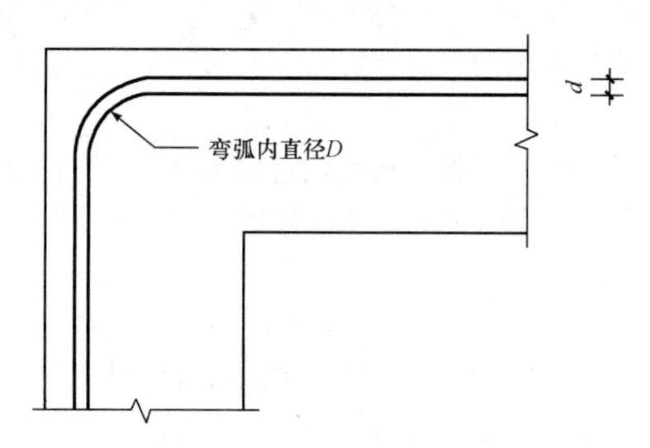

图 1-22　框架结构顶层端节点处纵向钢筋弯折示意

表 1-19　框架结构顶层端节点钢筋弯折弯弧最小内直径 D

钢筋直径 φ/mm	钢筋牌号		
	HRB335　HRBF335	HRB400　HRBF400	HRB500　HRBF500
<25	12d	17d	12d
≥28	16d	16d	16d

本章小结

平法是将结构构件尺寸和钢筋等，按照平面整体表示方法制图规则，整体直接表达在各类构件的结构平面布置图上，再与标准构造详图相配合，构成一套完整的结构施工图的方法。本章主要介绍平法识图基础知识和钢筋计算的相关知识，为后面各章具体的技术内容讲述奠定基础，是钢筋工程量准确计算的前提。

习　题

1. 简述平法的意义与作用。
2. 简述平法图集与其他图集的区别。
3. 目前已出版发行的常用平法标准设计系列国标图集主要有哪些?

4. 钢绞线根据加工要求不同可分为哪些?

5. 钢筋混凝土结构和预应力混凝土结构的钢筋的选用规定有哪些?

6. 钢筋工程量的计算原理是什么?

7. 混凝土结构的环境类别分为哪几类?

8. 锚固极限状态有哪两种?

9. 钢筋的锚固形式有哪些?

10. 钢筋连接方式主要有哪些?

第二章　梁平法识图与钢筋算量

知识目标

通过本章的学习，熟悉梁平法施工图的平面注写方式和截面注写方式；抗震楼层框架梁钢筋构造一般规定；抗震屋面框架梁钢筋构造一般规定；非框架钢筋构造一般规定；掌握梁钢筋算量的基本公式及梁钢筋算量的应用。

能力目标

具备看懂梁平法施工图的能力，具备梁钢筋算量的基本能力。

第一节　梁平法施工图制图规则

梁平法施工图的表示方法可分为平面注写方式和截面注写方式。

一、平面注写方式

平面注写方式是在梁平面布置图上，分别在不同编号的梁中各选一根梁，在其上标注截面尺寸和配筋具体数值的方式来表达梁平法施工图。图 2-1 所示为梁平法施工图。

梁平法施工图制图规则

平面注写包括集中标注和原位标注。集中标注表达梁的通用数值；原位标注表达梁的特殊数值。当集中标注中的某项数值不适用于梁的某部位时，则将该项具体数值原位标注，施工时，原位标注取值优先。平面注写方式示例如图 2-2 所示。

(一)集中标注

集中标注表达的梁通用数值包括梁编号、梁截面尺寸、梁箍筋、梁上部通长筋或架立筋配置、梁侧面纵向构造筋(或受扭钢筋)配置和标高六项。梁集中标注的内容前五项为必注值，后一项为选注值。

1. 梁编号

梁的编号由梁类型代号、序号、跨数及有无悬挑代号组成。各种类型梁的编号见表 2-1。

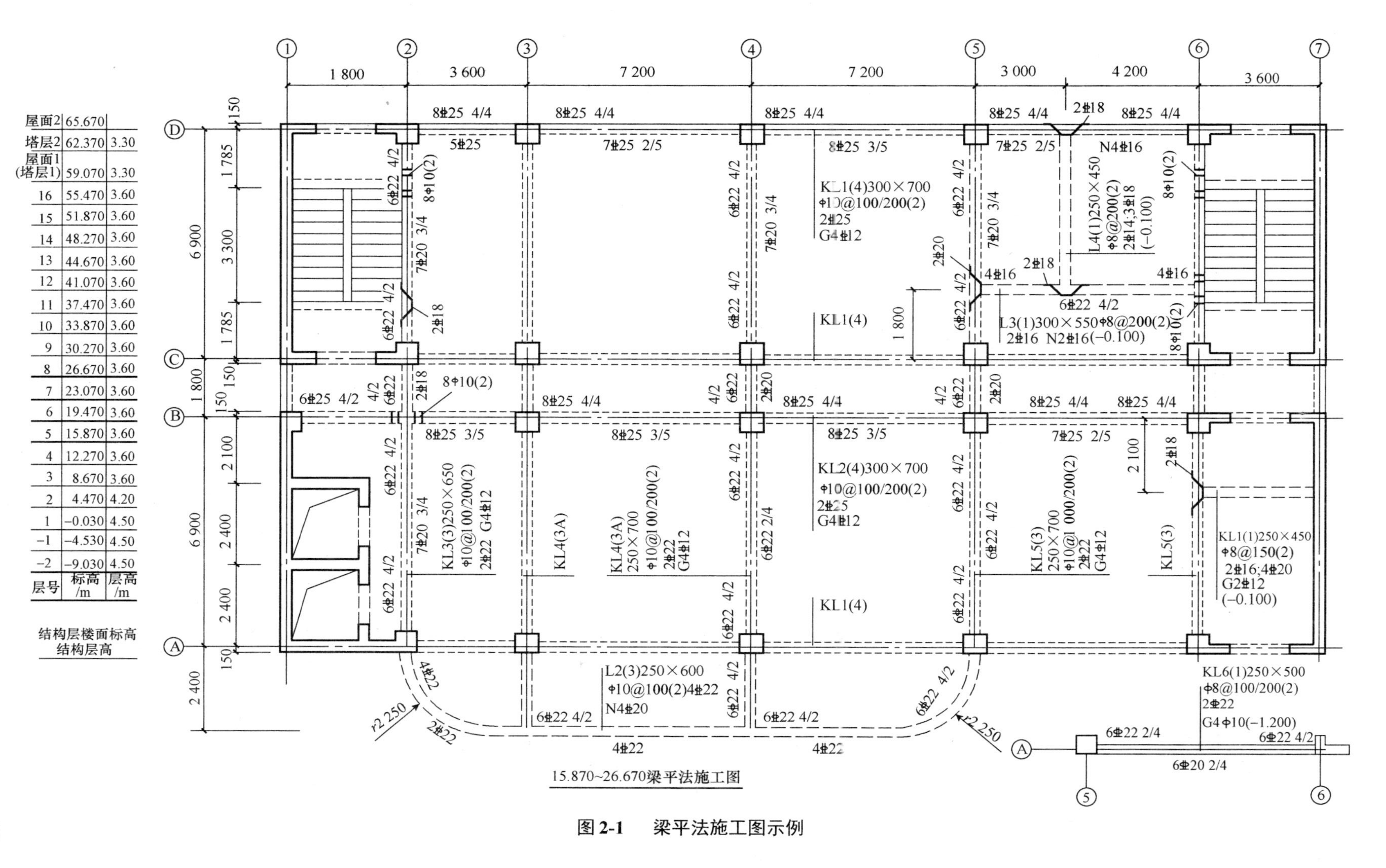

图 2-1　梁平法施工图示例

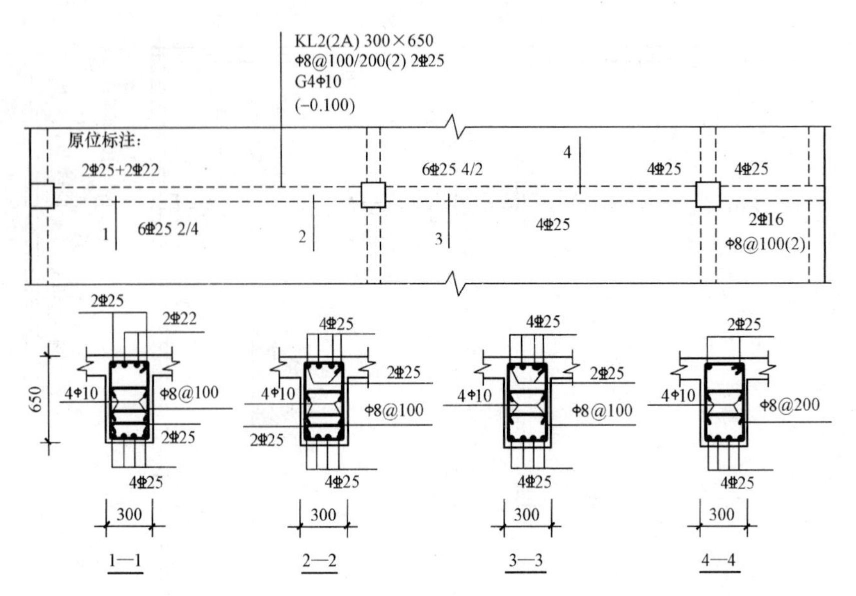

图 2-2　平面注写方式示例

表 2-1　梁的类型

梁类型	代号	序号	跨数是否有悬挑	备注
楼层框架梁	KL	××	(××)、(××A)或(××B)	中间楼层支承在框架柱或剪力墙上的梁
楼层框架扁梁	KBL	××	(××)、(××A)或(××B)	截面宽度大于截面高度的楼层框架梁
屋面框架梁	WKL	××	(××)、(××A)或(××B)	屋面层支承在框架柱或剪力墙上的梁
框支梁	KZL	××	(××)、(××A)或(××B)	支承在框支柱的梁
托柱转换梁	TZL	××	(××)、(××A)或(××B)	支撑柱子的梁
非框架梁	L	××	(××)、(××A)或(××B)	支承在其他类型梁上的梁
悬挑梁	XL	××	(××)、(××A)或(××B)	一端支承在框架柱上，另一端悬挑的梁
井字梁	JZL	××	(××)、(××A)或(××B)	相互垂直方向的非框架梁，形成井格式
注：(××A)为一端有悬挑，(××B)为两端有悬挑，悬挑不计入跨内。				

2. 梁截面尺寸

如图 2-3 所示，集中标注 300×750 的意思是梁截面宽度 $b=300$ mm，梁截面高度 $h=750$ mm。

梁截面存在加腋情况，包括竖向加腋(图 2-3)和水平加腋(图 2-4)。

竖向加腋时，用 $b\times h$　Y$c_1\times c_2$ 表示，其中 c_1 为腋长，c_2 为腋高；

水平加腋时，用 $b\times h$　PY$c_1\times c_2$ 表示，其中 c_1 为腋长，c_2 为腋宽。

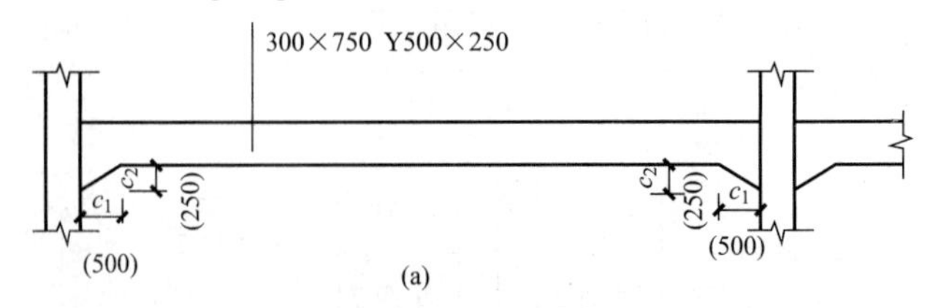

图 2-3　竖向加腋截面注写

(a) 立面图

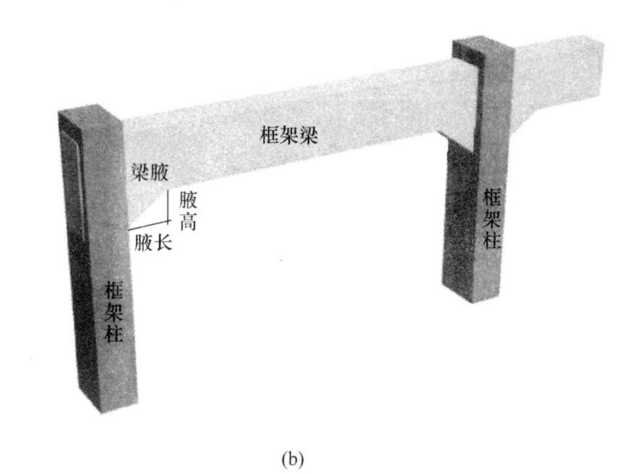

(b)

图 2-3　竖向加腋截面注写(续)

(b)立体图

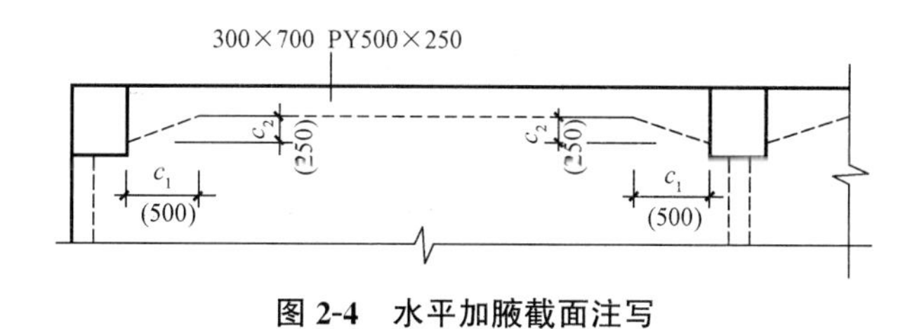

图 2-4　水平加腋截面注写

当有悬挑梁或悬挑端且根部和端部的截面高度不同时，用斜线分隔根部与端部的高度值，如图 2-5 所示。

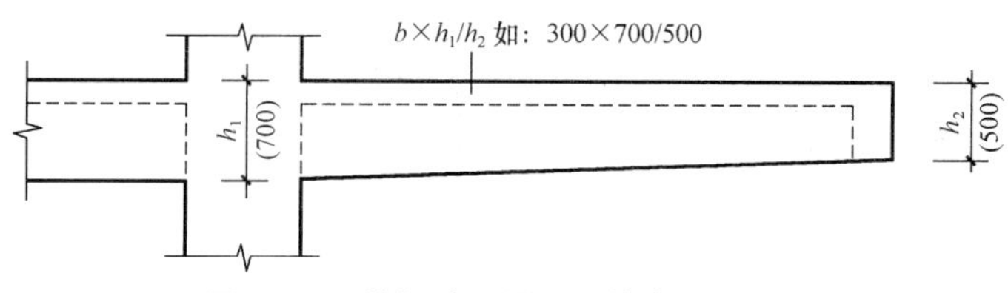

图 2-5　悬挑梁或悬挑端不等高注写示意

3. 梁箍筋

梁箍筋，包括钢筋级别、直径、加密区与非加密区间距及肢数，该项为必注值。箍筋加密区与非加密区的不同间距及肢数需用斜线“/”分隔；当梁箍筋为同一种间距及肢数时，则不需用斜线；当加密区与非加密区的箍筋肢数相同时，则将肢数注写一次；箍筋肢数应写在括号内。加密区范围见相应抗震等级的标准构造详图。加密区与非加密区示意图如图 2-6 所示。

【例 2-1】 KL5(2)
200×600
Φ10@100/200(4)
2Φ25；2Φ22
，框架梁的名称及编号为 KL5，两跨；梁的断面尺寸为梁宽 200 mm，梁高 600 mm；箍筋为 HRB300 钢筋，直径 Φ10，加密区间距为 100 mm，非加密区间距为 200 mm，均为四肢箍。

非框架梁、悬挑梁、井字梁采用不同的箍筋间距及肢数时，也用斜线“/”将其分隔开来。注写时，先注写梁支座端部的箍筋(包括箍筋的箍数、钢筋级别、直径、间距与肢数)，在斜线后注写梁跨中部分的箍筋间距及肢数。

【例 2-2】 KL3(2)
350×700
13ϕ10@150/200(4)
2Φ22；4Φ22 ，框架梁的名称及编号为 KL3，两跨；梁的断面尺寸为梁宽为 350 mm，梁高为 700 mm；箍筋为 HPB300 钢筋，直径为 ϕ10；梁的两端各有 13 个四肢箍，间距为 150 mm；梁跨中部分间距为 200 mm，四肢箍。

如果箍筋的肢数为双箍筋，则箍筋间距后面的(2)可省略不写。

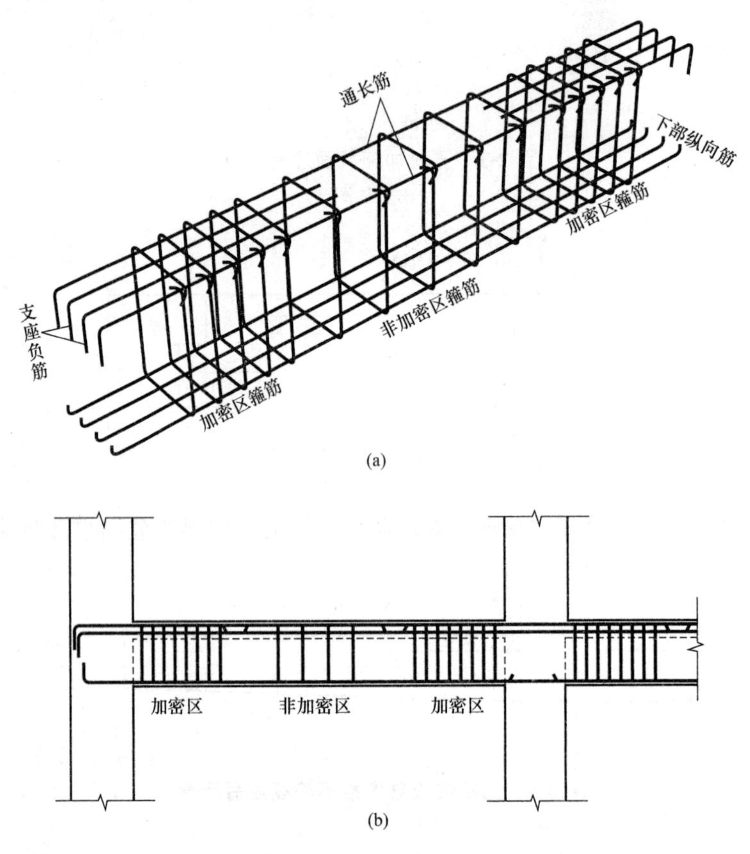

图 2-6　梁箍筋加密区与非加密区示意

4. 梁上部通长筋或架立筋配置

梁上部通长筋或架立筋配置(通长筋可为相同或不同直径采用搭接连接、机械连接或焊接的钢筋)，该项为必注值。所注规格与根数应根据结构受力要求及箍筋肢数等构造要求而定。当同排纵筋中既有通长筋又有架立筋时，应用加号“＋”将通长筋和架立筋相连。注写时需将角部纵筋写在加号的前面，架立筋写在加号后面的括号内，以示不同直径及与通长筋的区别。当全部采用架立筋时，则将其写入括号内。

【例 2-3】 KL5(2)
300×700
ϕ8@100/150(2)
2Φ20；4Φ18 ，框架梁的 2Φ20；4Φ18 为梁构件中的通长筋，其中，2Φ20 是上排通长筋，位于上排角部；4Φ18 是下部通长筋，位于梁底部。

【例 2-4】 KL3(2) 400×700 Φ8@100/200(4) 2Φ20+(2Φ12)，框架梁的 2Φ20+(2Φ12)，其中 2Φ20 是上部通长筋，位于上排角部；2Φ12 是架立筋，位于上排中部。

当梁的上部纵筋和下部纵筋为全跨相同，且多数跨配筋相同时，此项可加注下部纵筋的配筋值，用分号“;”将上部与下部纵筋的配筋值分隔开来，少数跨不同者，按《混凝土结构施工图平面整体表示方法制图规则和构造详图(现浇混凝土框架、剪力墙、梁、板)》(16G101－1)第 4.2.4 条的规定处理。图 2-7 所示为梁通长筋与架立筋的示意图。

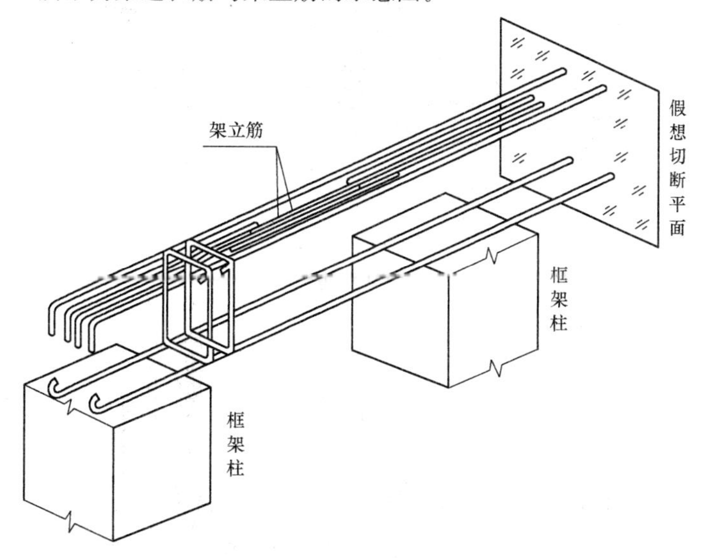

图 2-7　梁通长筋与架立筋的示意

5. 梁侧面纵向构造钢筋或受扭钢筋配置

梁侧面纵向构造钢筋或受扭钢筋配置，该项为必注值。

当梁腹板高度 h_w≥450 mm 时，需配置纵向构造钢筋，所注规格与根数应符合规范规定。此项注写值以大写字母 G 打头，接续注写设置在梁两个侧面的总配筋值，且对称配置。

【例 2-5】 G4Φ12，表示梁的两个侧面共配置 4Φ12 的纵向构造钢筋，每侧各配置 2Φ12。

当梁侧面需配置受扭纵向钢筋时，此项注写值以大写字母 N 打头，接续注写配置在梁两个侧面的总配筋值，且对称配置。受扭纵向钢筋应满足梁侧面纵向构造钢筋的间距要求且不再重复配置纵向构造钢筋。

【例 2-6】 如图 2-8 中的 N4Φ16，表示梁的两个侧面共配置 4Φ16 的受扭钢筋，每侧各配置 2Φ16。

6. 梁顶面标高高差标注

梁顶面标高高差，该项为选注值。

梁顶面标高高差，是指相对于结构层楼面标高的高差值，对于位于结构夹层的梁，则指相对于结构夹层楼面标高的高差。有高差时，需将其写入括号内，无高差时不注。

如图 2-9 所示，在梁的集中标注中，第五行标注的是梁的顶面结构标高，此项为选注值。在图 2-9 中梁的集中标注第五行“(－0.100)”，表示梁顶面标高低于楼板顶面 0.1 m，图 2-10 所示为梁顶面结构标高的示意图。

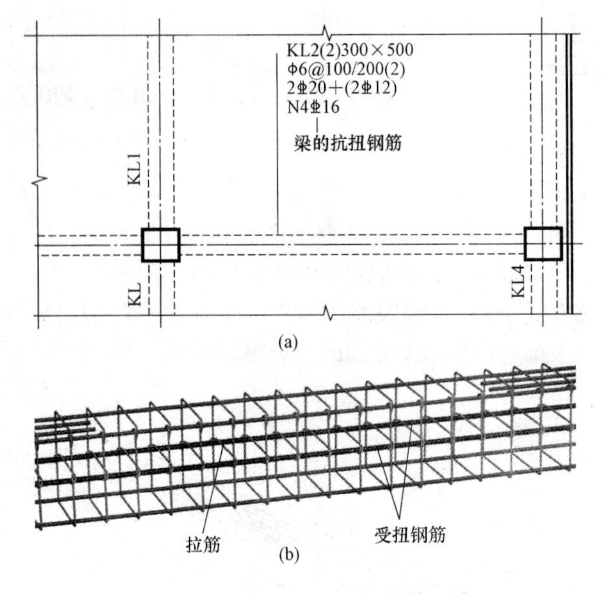

图 2-8 梁侧面纵向受扭钢筋示意

(a)平法标注；(b)立体图

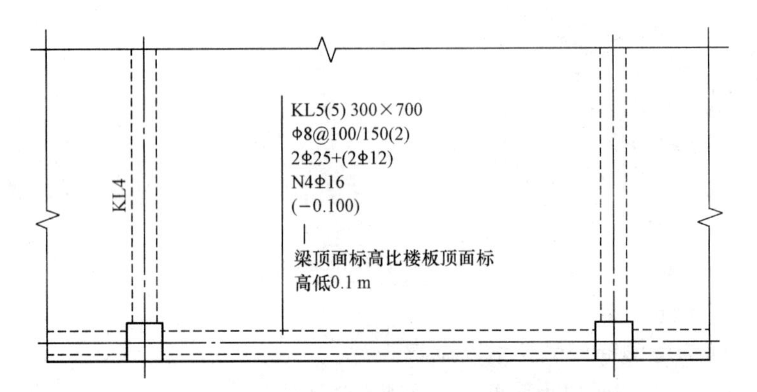

图 2-9 集中标注中梁顶面结构标高的标注形式

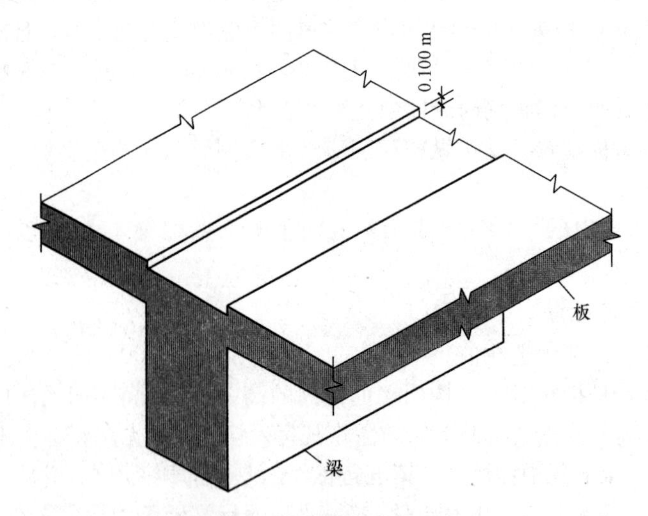

图 2-10 梁顶面结构标高示意

在梁平法施工图中，当局部梁的布置过密时，可将过密区用虚线框出，适当放大比例后再用平面注写方式表示。

(二)原位标注

1. 梁支座上部纵筋

(1)当上部纵筋多于一排时，用斜线“/”将各排纵筋自上而下分开。

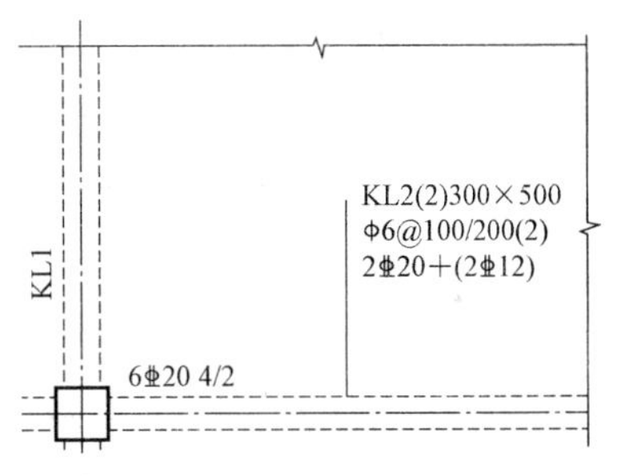

图 2-11　梁支座原位标注

【例 2-7】 梁支座上部纵筋标注为 6Φ20　4/2，则表示上一排纵筋为 4Φ20，下一排纵筋为 2Φ20，如图 2-11 所示。

(2)当同排纵筋有架立筋时，用加号“＋”将两种直径的纵筋相连，注写时将角部纵筋写在前面，架立筋写在括号内。

【例 2-8】 梁支座上部有四根纵筋，2Φ25 放在角部，2Φ22 放在中部，在梁支座上部应注写为 2Φ25＋2Φ22。

(3)当梁中间支座两边的上部纵筋不同时，须在支座两边分别标注；当梁中间支座两边的上部纵筋相同时，可仅在支座的一边标注配筋值，另一边省去不注，如图 2-12 所示。

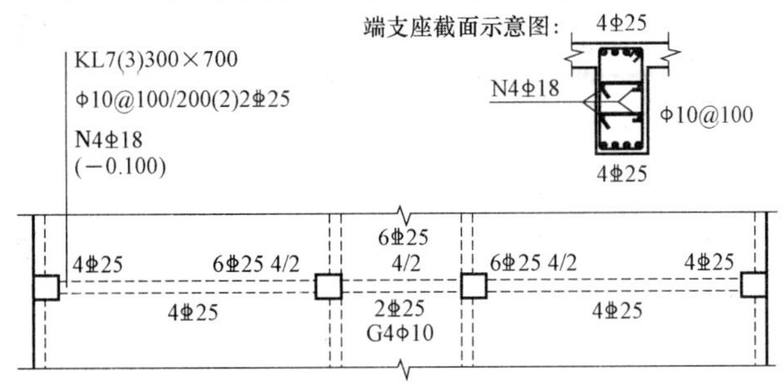

图 2-12　大小跨梁的注写示意

此处应注意以下几点：

1)对于支座两边不同配筋值的上部纵筋，宜尽可能选用相同直径(不同根数)，使其贯穿支座，避免支座两边不同直径的上部纵筋均在支座内锚固。

2)对于以柱、角柱为端支座的屋面框架梁，当能够满足配筋截面面积要求时，其梁的上部钢筋应尽可能只配置一层，以避免梁柱纵筋在柱顶处因层数过多、密度过大导致不方便施工和影响混凝土浇筑质量。

2. 梁下部纵筋

(1)当下部纵筋多于一排时，用斜线“/”将各排纵筋自上而下分开。

【例 2-9】 梁下部纵筋注写为 6Φ25 2/4，则表示上一排纵筋为 2Φ25，下一排纵筋为 4Φ25，全部伸入支座。

(2)当同排纵筋有两种直径时，用加号“＋”将两种直径的纵筋相连，注写时角筋写在前面。

(3)当梁下部纵筋不全部伸入支座时，将梁支座下部纵筋减少的数量写在括号内。

【例 2-10】 梁下部纵筋注写为 6Φ25 2(－2)/4，则表示上排纵筋为 2Φ25，且不伸入支座；下一排纵筋为 4Φ25，全部伸入支座。

梁下部纵筋注写为 2Φ25＋3Φ22(－3)/5Φ25，表示上排纵筋为 2Φ25 和 3Φ22，其中 3Φ22 不伸入支座；下一排纵筋为 5Φ25，全部伸入支座。

(4)当梁的集中标注中已按规定分别注写了梁上部和下部均为通长的纵筋值时，则不需在梁下部重复做原位标注。

(5)当梁设置竖向加腋时，加腋部位下部斜纵筋应在支座下部以 Y 打头注写在括号内(图 2-13)。当梁设置水平加腋时，水平加腋内上、下部斜纵筋应在加腋支座上部以 Y 打头注写在括号内，上、下部斜纵筋之间用“/”分隔，如图 2-14 所示。

当在梁上集中标注的内容(即梁截面尺寸、箍筋、上部通长筋或架立筋，梁侧面纵向构造钢筋或受扭纵向钢筋，以及梁顶面标高高差中的某一项或几项数值)不适用于某跨或某悬挑部分时，则将其不同数值原位标注在该跨或该悬挑部位，施工时应按原位标注数值取用。

当在多跨梁的集中标注中已注明加腋，而该梁某跨的根部却不需要加腋时，则应在该跨原位标注等截面的 $b\times h$，以修正集中标注中的加腋信息，如图 2-13 所示。

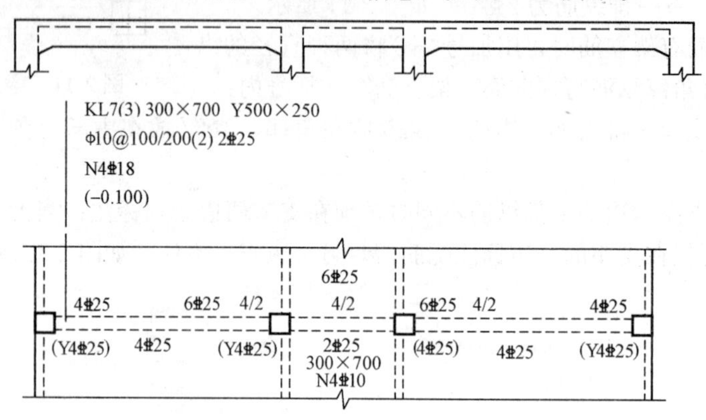

图 2-13 梁竖向加腋平面注写方式表达示例

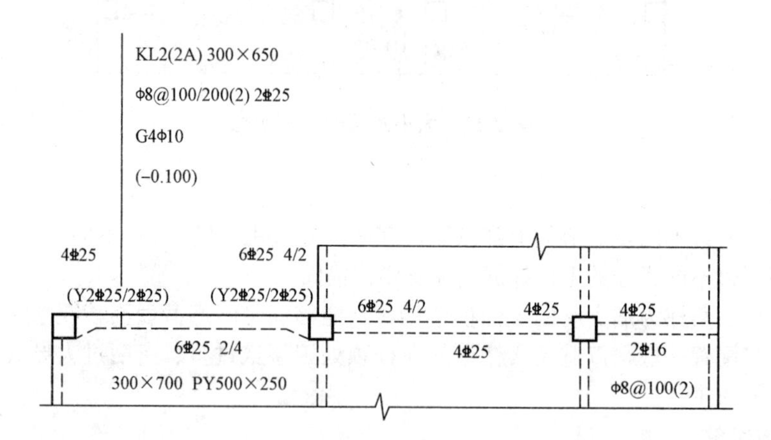

图 2-14 梁水平加腋平面注写方式表达示例

3. 附加箍筋或吊筋

将其直接画在平面图中的主梁上，用线引注总配筋值(附加箍筋的肢数注在括号内)(图 2-15)。当多数附加箍筋或吊筋相同时，可在梁平法施工图上统一注明，少数与统一注明值不同时，再原位引注。

(三)井字梁注写方式

井字梁通常由非框架梁构成，并以框架梁为支座(特殊情况下以专门设置的非框架大梁为支座)。在此情况下，为明确区分井字梁与作为井字梁支座的梁，井字梁用单粗虚线表示(当井字梁顶面高出板面时可用单粗实线表示)，作为井字梁支座的梁用双细虚线表示(当梁顶面高出板面时可用双细实线表示)。

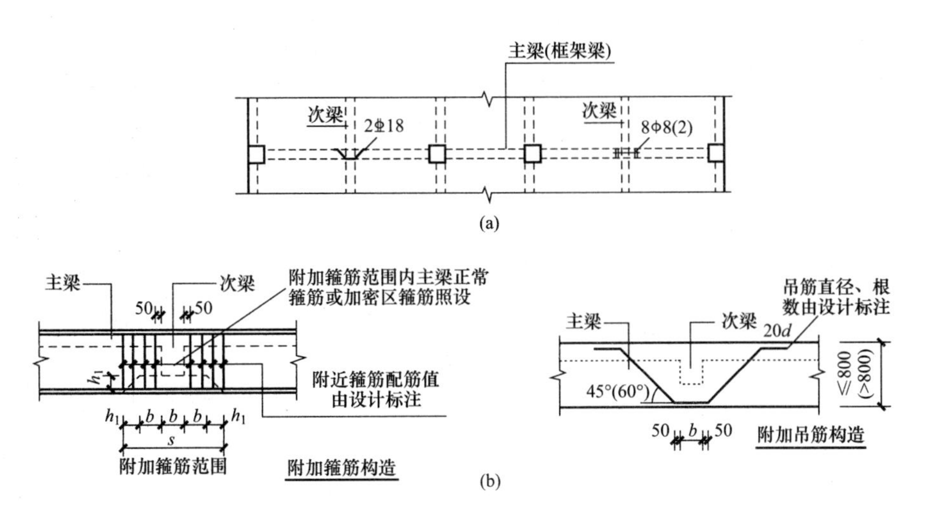

图 2-15　附加箍筋和吊筋的画法示意

(a)平面注写方式；(b)配筋构造

16G101图集中的井字梁是指在同一矩形平面内相互正交所组成的结构构件，井字梁所分布范围称为“矩形平面网格区域”(简称“网格区域”)。当在结构平面布置中仅有由4根框架梁框起的一片网格区域时，所有在该区域相互正交的井字梁均为单跨；当有多片网格区域相连时，贯通多片网格区域的井字梁为多跨，且相邻两片网格区域分界处即为该井字梁的中间支座。对某根井字梁编号时，其跨数为其总支座数减1；在该梁的任意两个支座之间，无论有几根同类梁与其相交，均不作为支座(图2-16)。

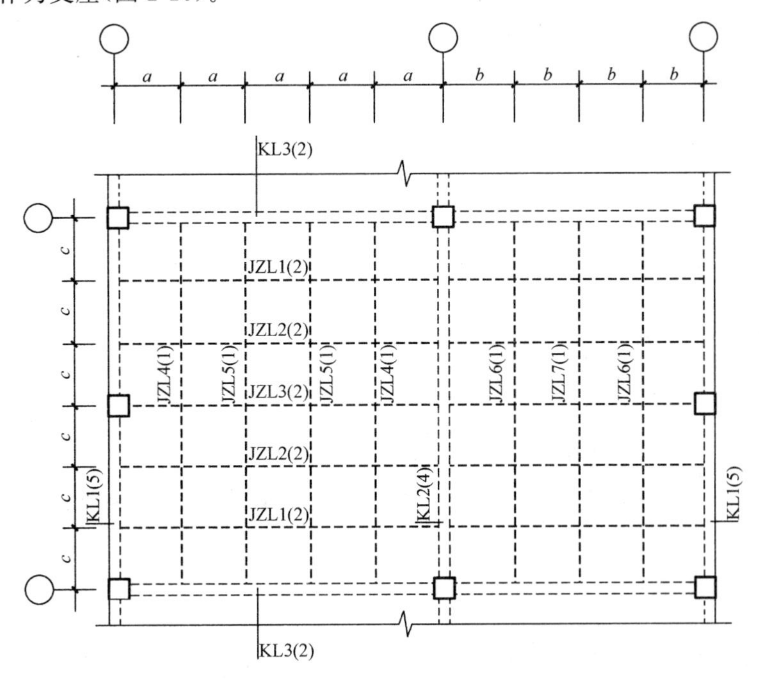

图 2-16　井字梁矩形平面网格区域示意

井字梁的注写规则见前述(一)、(二)的规定。除此之外，设计者应注明纵、横两个方向梁相交处同一层面钢筋的上、下交错关系(指梁上部或下部的同层面交错钢筋何梁在上、何梁在下)，以及在该相交处两方向梁箍筋的布置要求。

井字梁的端部支座和中间支座上部纵筋的伸出长度 a_0 值，应由设计者在原位加注具体数值予以注明。

当采用平面注写方式时，则在原位标注的支座上部纵筋后面括号内加注具体伸出长度值(图 2-17)。

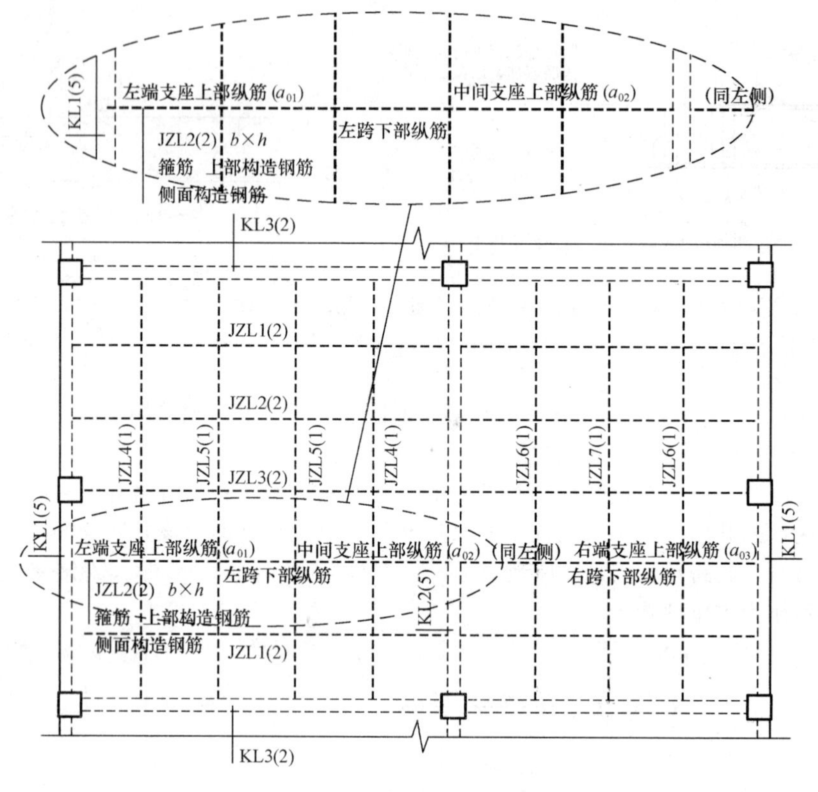

图 2-17 井字梁平面注写方式示例

【例 2-11】 贯通两片网格区域采用平面注写方式的某井字梁，其中间支座上部纵筋注写为 6⌀25 4/2(3 200/2 400)，表示该位置上部纵筋设置两排，上一排纵筋为 4⌀25，自支座边缘向跨内伸出长度为 3 200 mm；下一排纵筋为 2⌀25，自支座边缘向跨内伸出长度为 2 400 mm。

当为截面注写方式时，则在梁端截面配筋图上注写的上部纵筋后面括号内加注具体伸出长度值(图 2-18)。

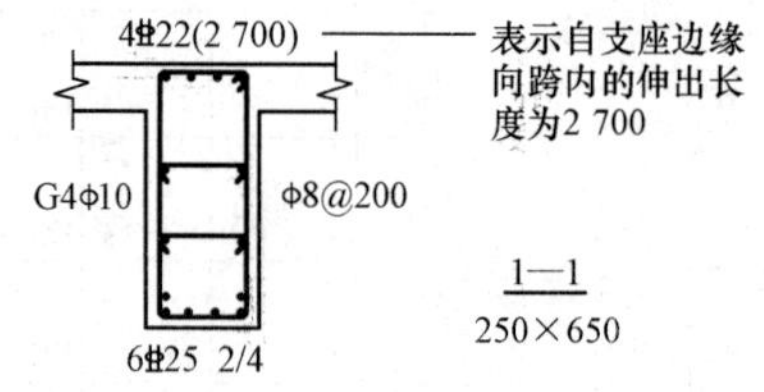

图 2-18 井字梁截面注写方式示例

二、截面注写方式

截面注写方式是在分标准层绘制的梁平面布置图上，分别在不同编号的梁中各选择一根梁用剖面号引出配筋图，并在其上注写截面尺寸和配筋具体数值，如图 2-19 所示。

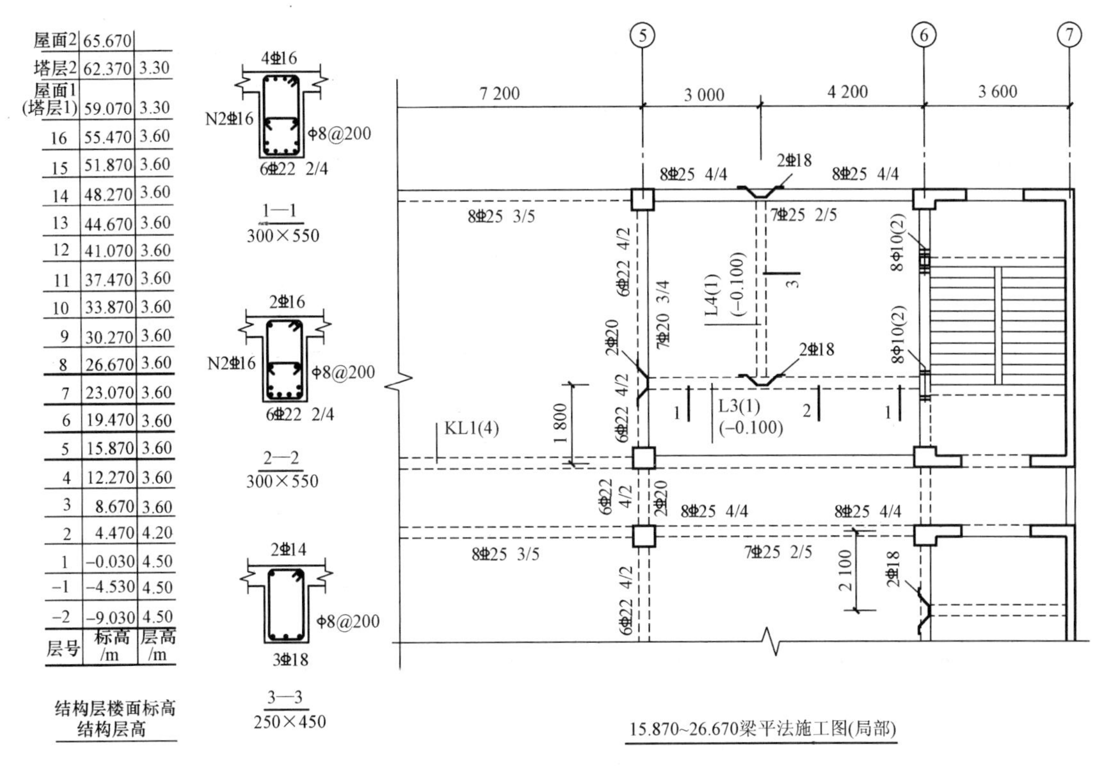

图 2-19　截面注写方式

第二节　梁钢筋构造及算量

一、楼层框架梁钢筋构造

(一)框架楼层框架梁上部通长筋构造

1. 楼层框架梁上部通长筋连接

梁标准构造详图

通长筋是沿梁全长顶面和底面至少应各配置两根通长的纵向钢筋。框架梁上部通长筋的连接分两种情况，一是直径相同；二是直径不同。其连接要求是梁的同一纵筋在同一跨内的连接接头不得多于一个，悬臂梁的纵向钢筋不得设置连接接头。

上部通长筋由相同直径的钢筋搭接或上部通长筋存在不同直径钢筋搭接时，连接位置宜位于跨中 1/3 跨长的范围内。上部通长筋由不同直径的钢筋搭接或梁上有架立筋与非贯通筋搭接时，其构造如图 2-20 所示。

楼层框架梁上部通长筋按下式计算：

(1)当框架梁为单跨梁时，长度＝净跨长＋左支座锚固长度＋右支座锚固长度；

(2)当框架梁为多跨连续梁时，长度＝总净跨长(第一个支座至最后一个支座间的净长度)＋左支座锚固长度＋右支座锚固长度＋搭接长度×搭接个数。

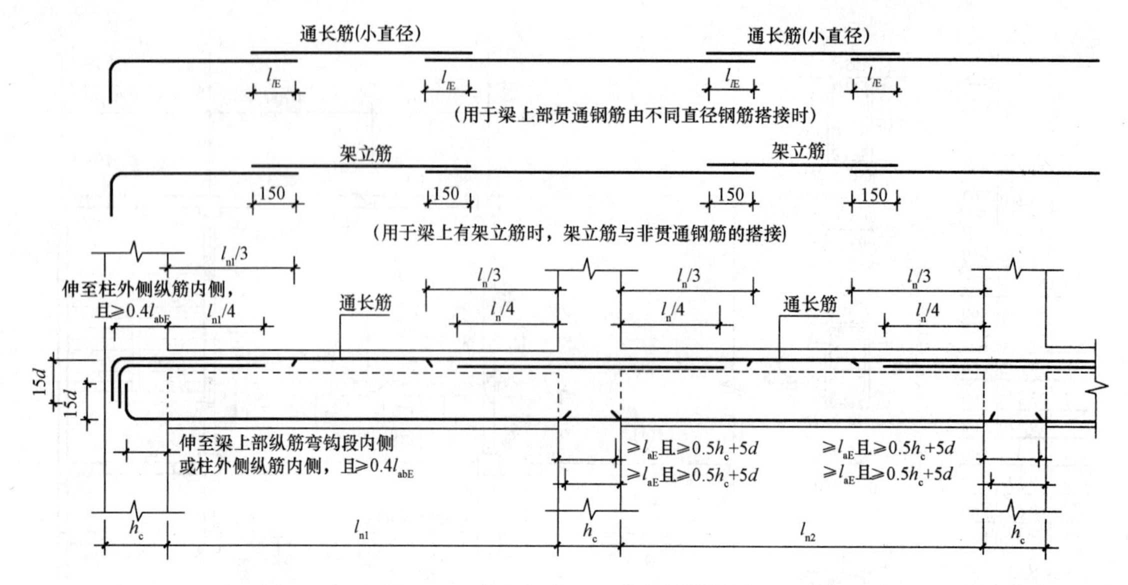

图 2-20　楼层框架 KL 纵向钢筋构造

2. 框架梁上部通长筋端支座锚固

框架梁上部通长筋端支座锚固构造如图 2-21 所示。

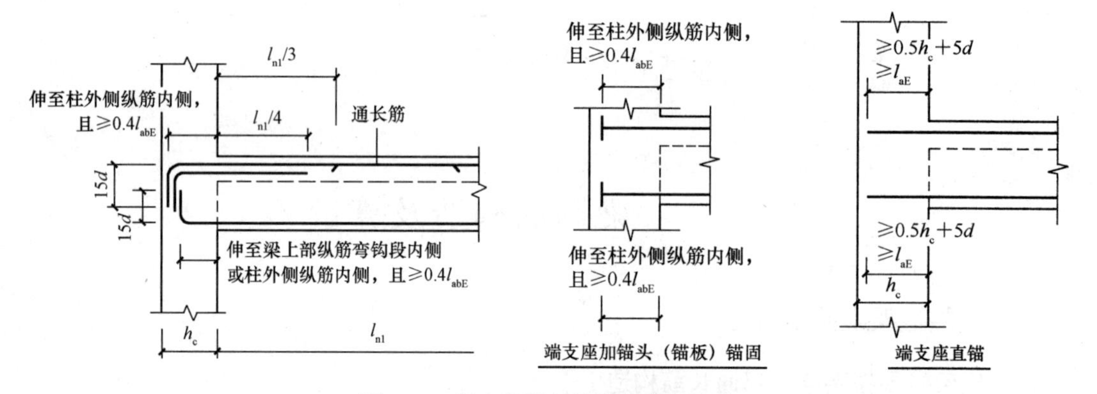

图 2-21　梁上部通长筋支座锚固构造

梁上部通长筋端支座锚固钢筋构造依据如下：

(1)梁上部通长筋端支座弯锚时，钢筋伸至柱外侧纵筋内侧，且≥$0.4l_{abE}$，下弯 $15d$。

(2)当端支座加(锚头)锚板时，钢筋伸至柱外侧纵筋内侧，且≥$0.4l_{abE}$。

(3)当端支座直锚时为≥max($0.5h_c+5d$，l_{aE})。

3. 框架梁中间支座纵向钢筋构造要求

图 2-22 中①～③是屋面框架梁中间支座纵筋构造(将在后文中介绍)，④～⑥是楼层框架梁中间支座纵筋构造。

(1)④和⑤图是支座两侧楼层框架梁底和梁顶存在高差，当高差值 $\Delta_h/(h_c-50)>1/6$ 时，梁上下部纵筋在中间支座分别锚固；当 $\Delta_h/(h_c-50)\leqslant 1/6$ 梁时，梁上下部纵筋连续布置。

(2)⑥图是当支座两侧楼层框架梁截面宽度不一致或错开布置时，将无法直通的纵筋弯锚入柱内；或当支座两边纵筋根数不同时，可将多出的纵筋弯锚入柱内。

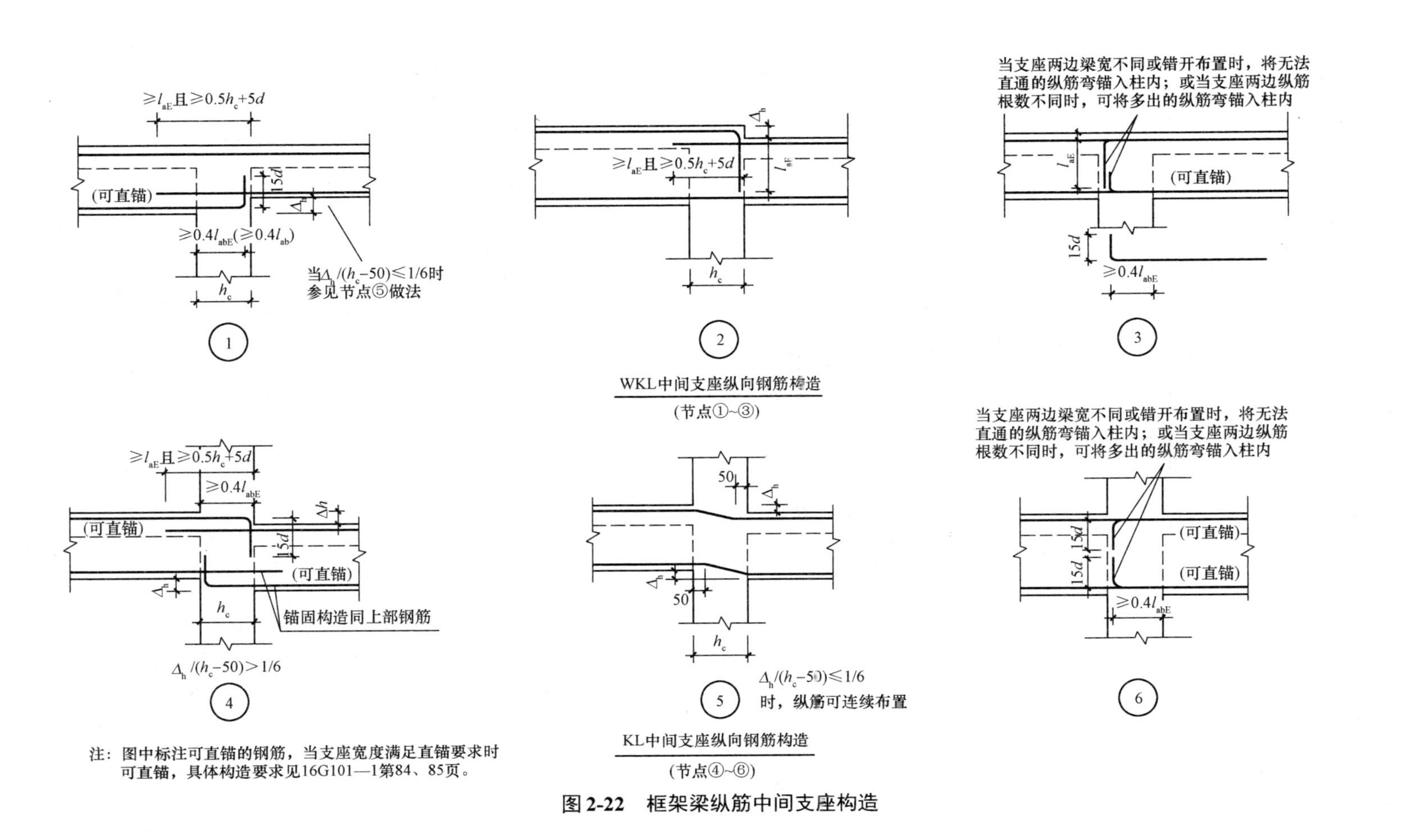

注：图中标注可直锚的钢筋，当支座宽度满足直锚要求时可直锚，具体构造要求见16G101—1第84、85页。

图 2-22　框架梁纵筋中间支座构造

4. 框架梁悬挑端梁上部通长筋构造

(1)纯悬挑梁。一端支承在框架柱上且不与任何梁连接，另一端悬挑的梁称为纯悬挑梁，如图 2-23 所示。

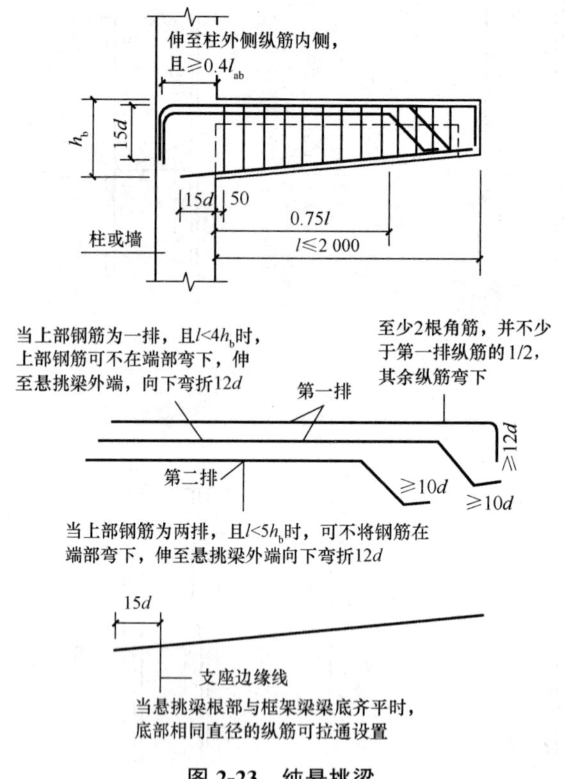

图 2-23　纯悬挑梁

纯悬挑梁上部纵筋在支座中锚固，纯悬挑梁上部纵筋在支座中弯折锚固。上部第一排纵筋至少 2 根角筋，并不少于第一排纵筋的 1/2 必须伸到挑梁尽端下弯 12d，其余弯下，当 $l<4h_b$ 时可将钢筋伸至挑梁端部弯下 12d。第二排纵筋在 0.75l 处弯下，但当 $l<5h_b$ 第二排纵筋伸至挑梁端部弯下 12d。下部纵筋在支座内锚固 15d。

(2)各类梁的悬挑端。悬挑端纵筋构造有下列几种情况，如图 2-24 所示：

1)①图是用于支座左侧梁上部纵筋与悬挑端上部纵筋相同的情况，这时左侧梁与悬挑端上部纵筋连通设置，其他都与图 2-23 相同。

2)②、④图仅用于中间层，不能用于屋面层。当支座两侧梁顶有高差且 $\Delta_h/(h_c-50)>1/6$ 时，无论两侧梁上部纵筋是否相同，在支座处分别锚固，其他都与图 2-23 相同。

3)③、⑤图仅用于中间层或支座为梁的屋面层。当支座两侧梁顶有高差且 $\Delta_h/(h_c-50)\leqslant 1/6$ 时，两侧梁上部纵筋配置相同时可连通设置，其他都与图 2-23 相同。

4)⑥、⑦图仅用于屋面层或支座为梁的中间层。当支座两侧梁顶有高差时，无论两侧梁上部纵筋是否相同，在支座处分别锚固，注意图中弯锚的钢筋只能弯锚，任何情况下都不能直锚，弯折后长度必须同时满足$\geqslant l_{aE}(l_a)$和伸到梁底的要求，其他都与图 2-23 相同。

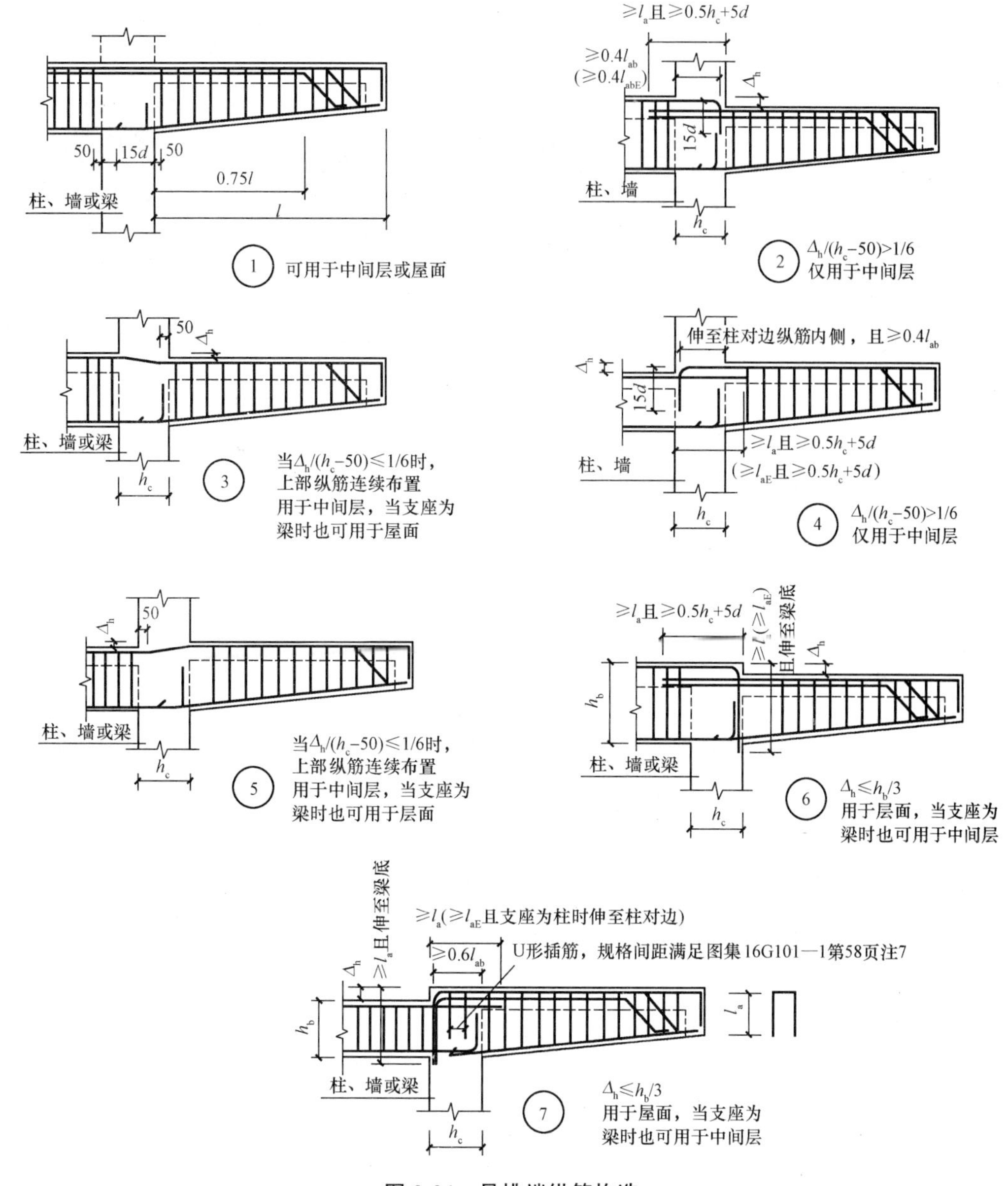

图 2-24　悬挑端纵筋构造

(二)楼层框架梁侧部钢筋构造

梁的侧面纵筋俗称“腰筋”，包括梁侧面构造钢筋(以字母 G 打头)和侧面抗扭钢筋(以字母 N 打头)，如图 2-25 所示。

(1)当梁的腹板高度 h_w≥450 mm 时，在梁的两个侧面应沿高度配置纵向钢筋，纵向钢筋间距 a≤200 mm。

(2)当梁侧面配有直径不小于构造纵筋的受扭纵筋时，受扭钢筋可以代替构造钢筋。

(3)梁侧面构造纵筋的搭接与锚固长度可取 15d，即构造筋长度=净跨长+2×15d；梁侧面受扭纵筋的搭接长度为 l_{lE}或 l_l，其锚固长度为 l_{aE}或 l_a，锚固方式同框架梁下部纵筋，即抗扭筋长度=净跨长+2×锚固长度。

(4)当梁宽≤350 mm 时，拉筋直径为 6 mm，拉筋长度=梁宽−2×保护层厚度+2×(75+

1.9d)；当梁宽＞350 mm时，拉筋直径为8 mm，拉筋长度＝梁宽－2×保护层厚度＋2×11.9d，拉筋间距为非加密区箍筋间距的2倍。当设有多排拉筋时，将上、下两排拉筋竖向错开设置。

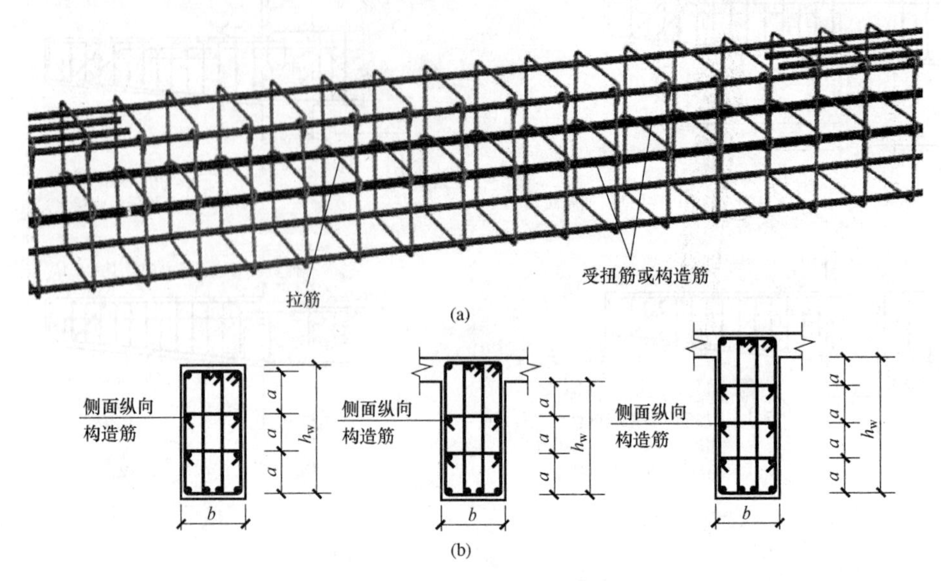

图 2-25　框架梁侧面钢筋构造

(a)梁侧面纵向钢筋立体示意；

(b)梁侧面纵向钢筋和拉筋断面图

(三)楼层框架梁下部钢筋构造

楼层框架梁下部钢筋有通长筋和非通长筋两种情况。

1. 下部通长筋的连接

(1)图2-26所示下部通长筋搭接区内箍筋直径不小于$d/4$(d为搭接钢筋最大直径)，间距不应大于100及5d(d为搭接钢筋最小直径)。中间层中间节点梁下部筋在节点外搭接。

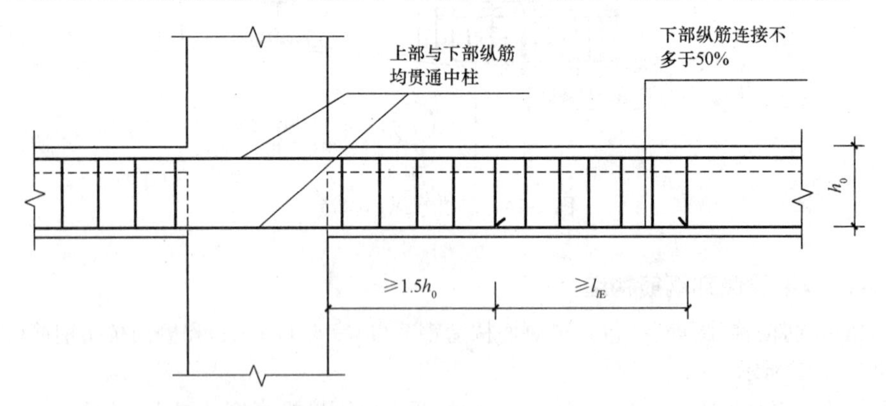

图 2-26　下部通长筋的连接(梁下部钢筋不能在柱内锚固时，可在节点外搭接)

(2)下部通长筋中间支座锚固，如图2-27所示，锚固长度＝max(l_{aE}，0.5h_c＋5d)。

2. 下部不伸入支座钢筋

抗震楼层框架梁下部不伸入支座钢筋构造，如图2-28所示。下部不伸入支座钢筋端部距支座边0.1l_n(l_n是指本跨的净跨长度)，如图2-29所示。

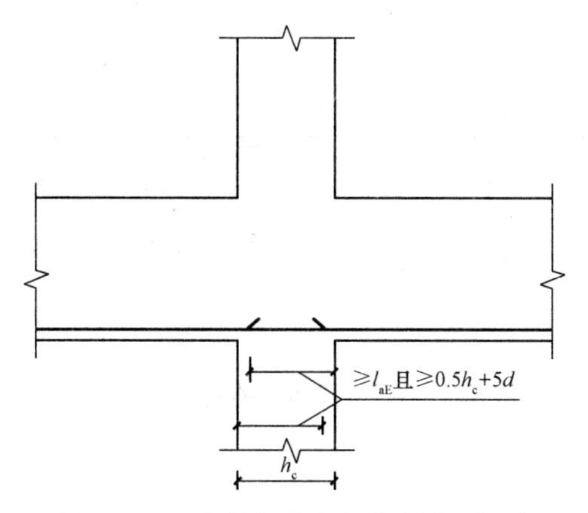

图 2-27 下部通长筋中间支座锚固构造

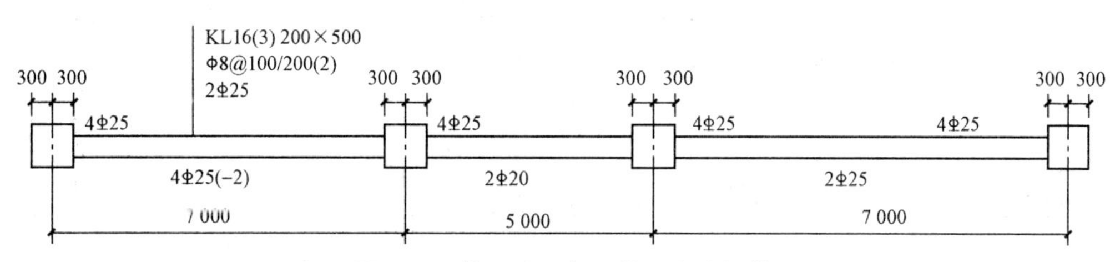

图 2-28 第一跨下部不伸入支座钢筋

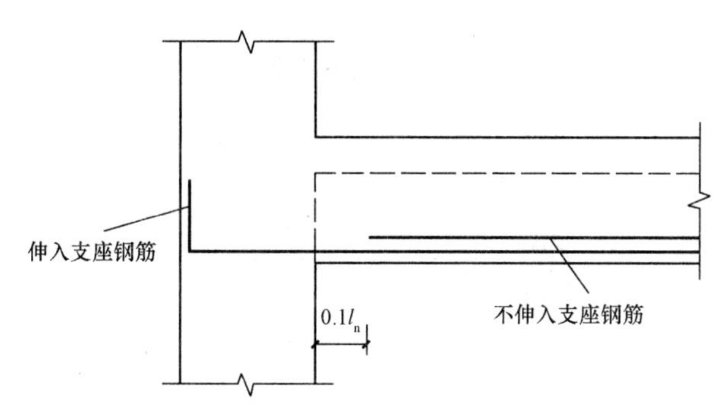

图 2-29 下部不伸入支座钢筋端部距支座边 0.1l_n

(四)楼层框架梁支座负筋构造

1. 支座负筋一般情况

支座负筋的一般情况如图 2-30 所示。一般情况下支座负筋的锚固长度与上部通长筋支座锚固相同，弯锚长度为 $h_c-c+15d$，直锚长度为 $\max(l_{aE},\ 0.5h_c+5d)$。支座负筋的延伸长度从支座边算起，如图 2-31 所示。上排支座负筋延伸长度为 $l_n/3$，下排支座负筋延伸长度为 $l_n/4$。注意：端跨时，l_n 为本跨的净跨长；中间跨时，l_n 为两相邻净跨长的最大值。

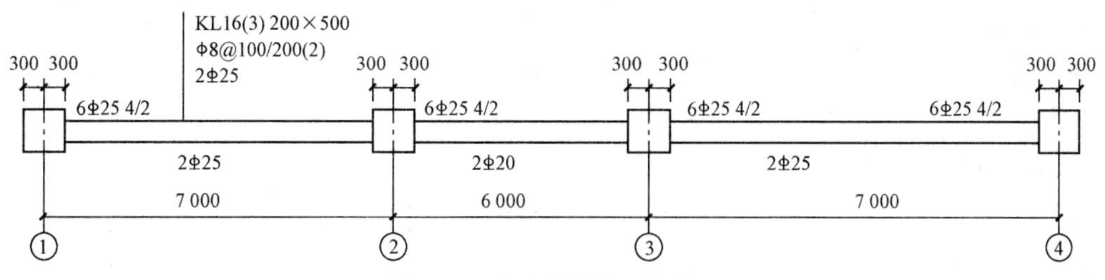

图 2-30 支座负筋的一般情况

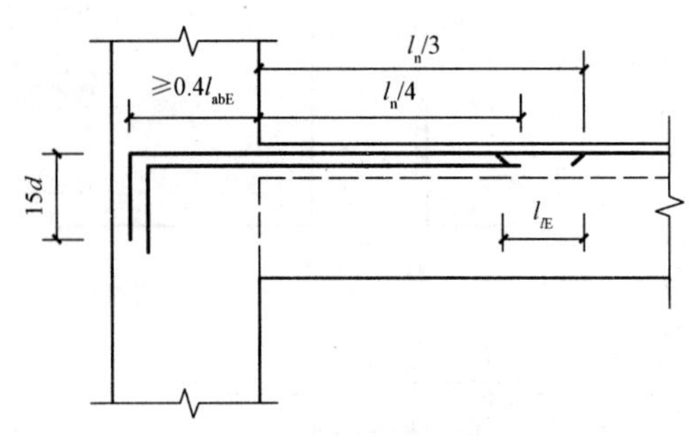

图 2-31 支座负筋的延伸长度

2. 三排支座负筋

三排支座负筋如图 2-32 所示。三排支座负筋延伸长度从支座边起算，如图 2-33 所示。第一排支座负筋延伸长度 $l_n/3$；第二排下排支座负筋延伸长度 $l_n/4$；第三排下排支座负筋延伸长度 $l_n/5$。注意：l_n：端跨时，取本跨的净跨长；中间跨时，取两相邻净跨长的较大值。

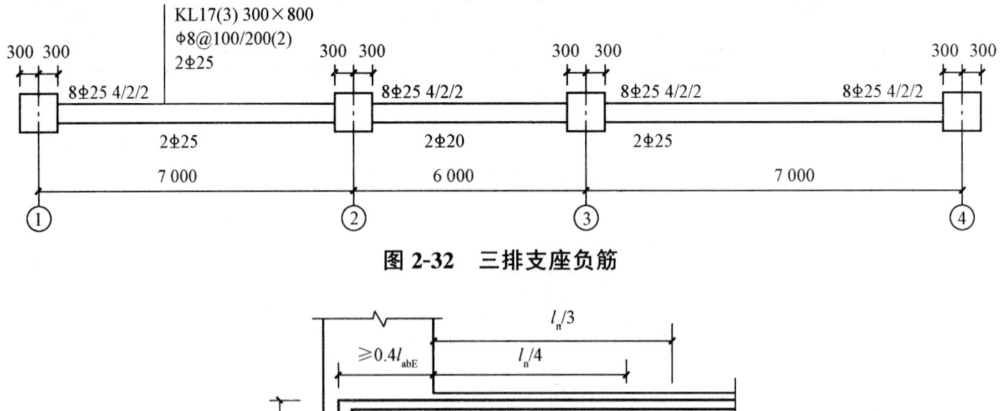

图 2-32 三排支座负筋

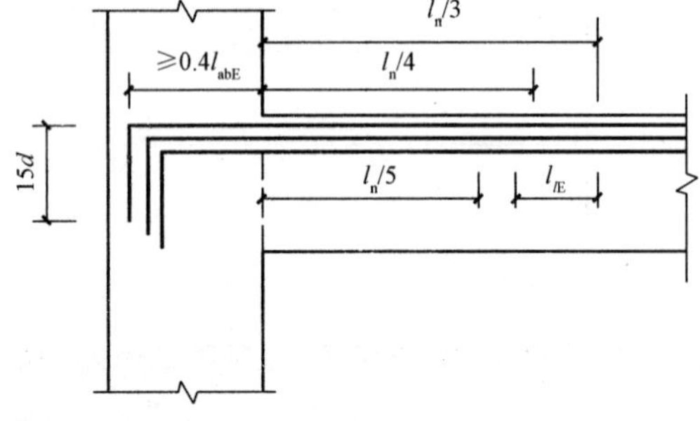

图 2-33 三排支座负筋的延伸长度

(五)楼层框架架立筋构造

架立筋的钢筋构造如图 2-20 所示。架立筋不受力，只为满足箍筋肢数需求，通常与支座负筋搭接，搭接长度为 150 mm。架立筋的直径与梁的跨度有关，当梁的跨度小于 4 m 时，架立筋的直径不宜小于 8 mm；当梁的跨度为 4～6 m 时，架立筋的直径不宜小于 10 mm；当梁的跨度大于 6 m 时，架立筋的直径不宜小于 12 mm。

框架梁架立筋长度计算公式如下：

架立筋长度＝净跨长 l_{n1}－左支座负筋伸入跨内净长度 $l_{n1}/3$－右支座负筋伸入跨内净长度 $l_n/3$＋150×2。

(六)框架梁箍筋构造

(1)箍筋加密区长度。如图 2-34 所示，当抗震等级为一级时，加密区长度≥$2h_b$ 且≥500 mm；当抗震等级为二～四级时，加密区长度≥1.5h_b 且≥500 mm(h_b 为梁截面高度)。

(2)箍筋根数计算。对于某一跨框架梁：

加密区箍筋根数=[(加密区长度-50)/加密间距+1]×2

非加密区箍筋根数=非加密区长度/非加密间距-1

(3)箍筋单根长度计算，如图 2-35 所示。

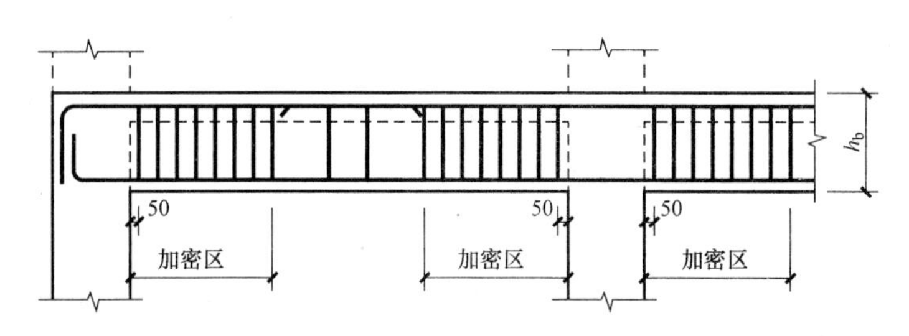

图 2-34　框架梁 KL、WKL 箍筋加密区范围

注：弧形梁沿梁中心线展开，箍筋间距沿凸面线量度，h_b 为梁截面高度。

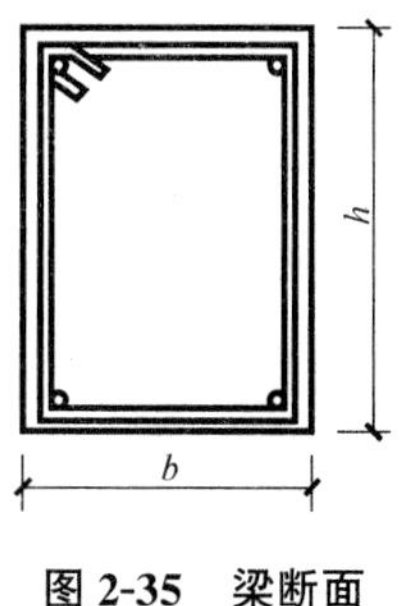

图 2-35　梁断面配筋示意

施工下料长度：

箍筋单根长度=2×(b+h)-8×保护层厚度-4×箍筋直径+2×钩长

预算长度：

箍筋单根长度=2×(b+h)-8×保护层厚度+2×钩长

当箍筋直径<8 mm 时，单钩长度=1.9d+75；

当箍筋直径≥8 mm 时，单钩长度=1.9d+10d=11.9d；

当梁不考虑抗震要求时，单钩长度=1.9d+5d=6.9d。

(七)框架楼层框架梁附加吊筋和附加箍筋

在主次梁交界处，为了防止主梁在较大集中力作用下发生剪切破坏，通常在主梁内设置附加箍筋或吊筋来抵抗较大集中力。附加箍筋和吊筋的配筋值可以在梁平面布置图上一一标注，也可以统一说明。

附加箍筋在次梁两侧对称布置，且附加箍筋范围内梁正常箍筋或加密箍筋照常设置，如图 2-36 所示。设置附加吊筋时，当梁高≤800 mm 时，弯起 45°；当梁高>800 mm 时，弯起 60°(图 2-37)。

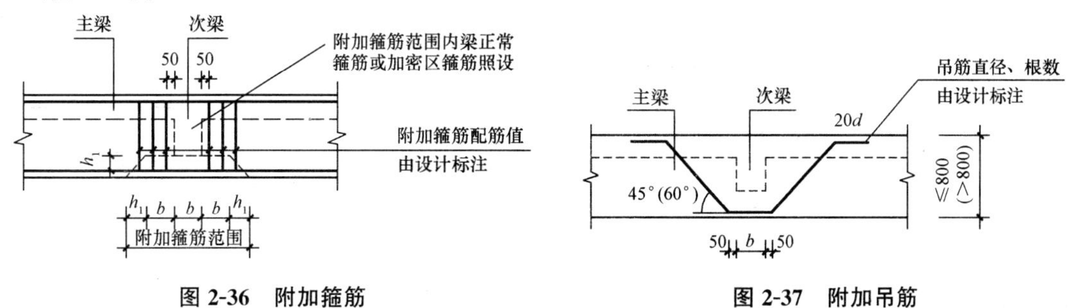

图 2-36　附加箍筋

图 2-37　附加吊筋

(1)附加吊筋长度按下式计算：

$$吊筋长度=次梁宽+2\times50+2\times\frac{主梁高-2\times混凝土保护层厚度}{\sin\alpha}+2\times20d$$

式中　α——取 45°或 60°。

(2)附加箍筋根数按下式计算：

附加箍筋的根数=2×[(主梁高-次梁高+次梁宽-50)/附加箍筋间距+1]

二、屋面框架梁钢筋构造

(一)屋面框架梁概述

1. 屋面框架梁纵筋端柱构造形式

屋面框架梁纵筋端柱构造有两种形式(表 2-2)，一种称为“梁纵筋与柱纵筋弯折搭接型”；另一种称为“梁纵筋与柱纵筋竖直搭接型”。计算屋面框架的上部纵筋时，该选择哪一种构造？选择哪一种是要根据柱顶层锚固时，采用何种形式。也就是说屋面框架梁梁纵筋在端柱内的锚固，要与相应的柱纵筋结合起来考虑。

表 2-2　屋面框架梁锚固构造

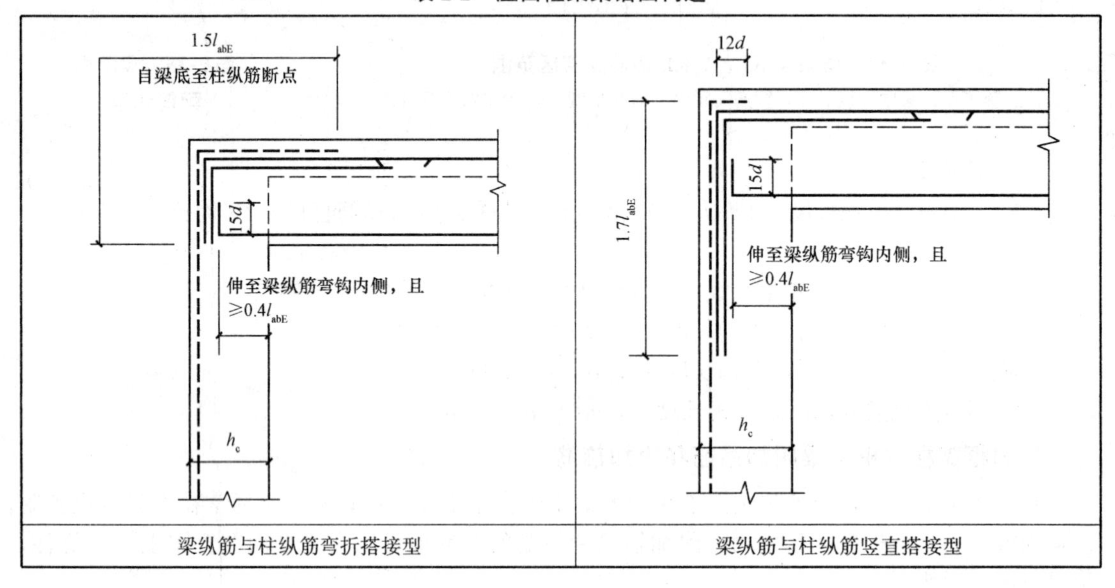

2. 屋面框架梁与楼层框架梁的区别

前面已经讲解了楼层框架梁的钢筋计算，现在要讲解屋面框架梁，将楼层框架梁与屋面框架梁放在一起联想，总结其区别，这样就容易理解和记忆，见表 2-3。

表 2-3　楼层框架梁和屋面框架梁的区别

项目	楼层框架梁	屋面框架梁
上、下部纵筋锚固方式不同	有弯锚和直锚两种锚固方式	WKL 下部筋在端支座可直锚
	上部和下部纵筋钢筋锚固方式相同	上部和下部纵筋锚钢筋固方式不同
上、下部纵筋具体的锚固长度不同	楼层框架梁上、下部纵筋在端支座弯锚长度：$h_c-c+15d$	屋面框架梁上部纵筋有弯至梁底与下弯 $1.7l_{abE}$两种构造
变截面梁顶有高差时纵筋锚固不同	直锚≥l_{aE}且≥$0.5h_c+5d$	直锚≥l_{aE}且≥$0.5h_c+5d$
	弯锚 $h_c-c+15d$	弯锚 $h_c-C_1+l_{aE}+\Delta h-C_2$
注：或中 C_1 为变截面处支座保护层，C_2 为梁保护层。		

(二)屋面框架梁上部通长筋构造

1. 屋面框架梁纵筋构造

屋面框架梁纵筋构造如图 2-38 所示。除上部通长筋和端支座负筋在端支座的锚固与楼层框架梁不同外，其余完全相同。

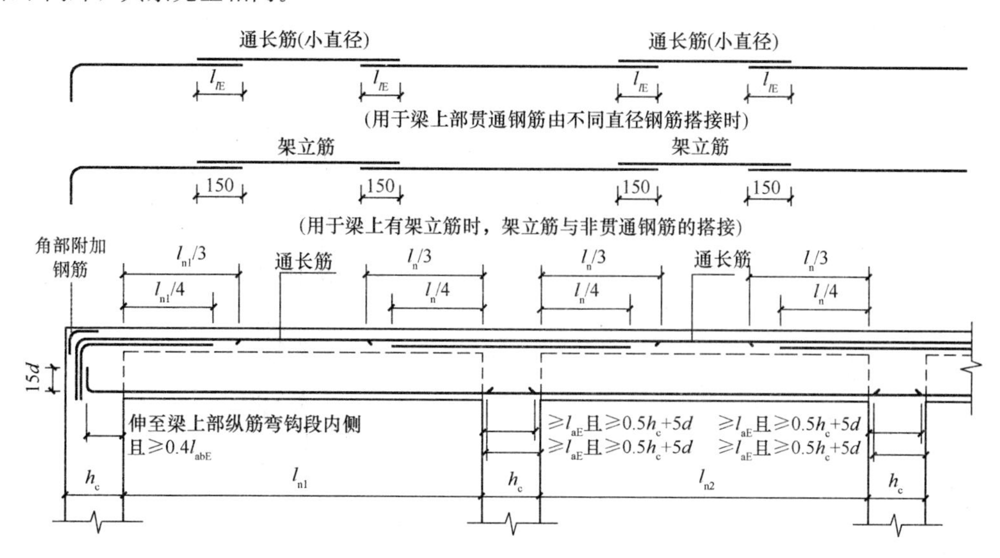

图 2-38　屋面框架梁 WKL 纵向钢筋构造

2. 屋面框架梁上部纵筋端支座构造

屋面框架梁上部纵筋端支座钢筋锚固构造，有以下两种构造做法：

(1)屋面框架梁上部纵筋伸至柱对边下弯时，一是下弯至梁底位置，如图 2-39 所示；二是下弯 1.7l_{abE}，如图 2-40 所示。

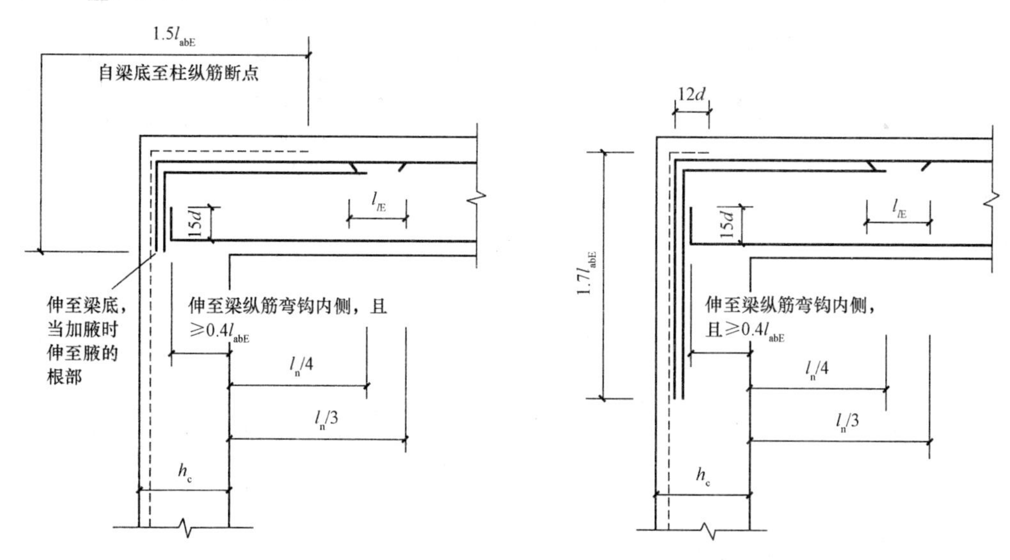

图 2-39　屋面框架梁上部下弯压梁底位置　　图 2-40　屋面框架梁上部纵筋下弯 1.7l_{abE}

(2)屋面框架梁上部纵筋端支座无直锚构造，均需伸到柱对边下弯。纵筋下弯至梁底位置且≥15d 或下弯 1.7l_{abE}。

(三)屋面框架梁下部纵筋端支座钢筋锚固构造

屋面框架梁下部纵筋端支座钢筋弯锚构造如图 2-39 所示，均需伸至梁上部纵筋弯折段内侧且不小于 0.4l_{abE}后弯折 15d。锚固板锚固构造如图 2-41 所示，直线锚固如图 2-42 所示。WKL

梁下部筋在节点外搭接构造要求与 KL 一致。

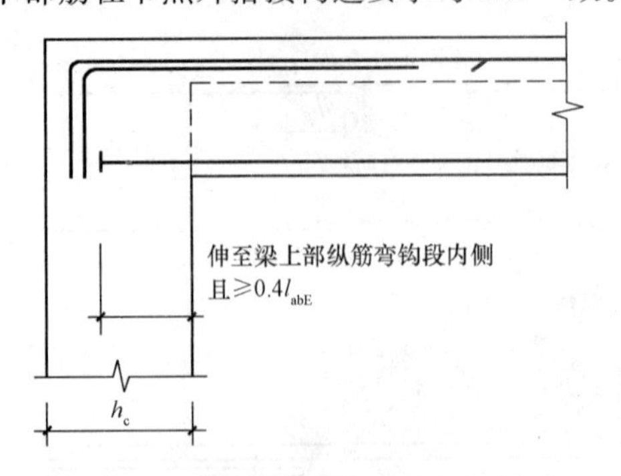

图 2-41　梁下部钢筋端头加锚板构造

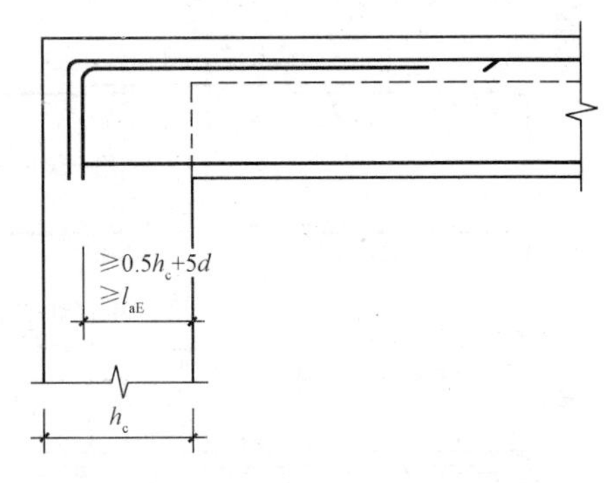

图 2-42　梁下部钢筋直锚构造

(四)屋面框架梁中间支座纵向钢筋构造

图 2-22 中，①～③图是屋面框架梁中间支座纵筋构造。

(1)①图是当支座两侧屋面框架梁底部截面高度不一致，且两侧梁高差值 $\Delta_h/(h_c-50)>1/6$ 时，左侧梁下部纵筋无法伸入右侧梁底，此时左侧梁下部纵筋在支座中能直锚就直锚，否则弯锚；如果 $\Delta_h/(h_c-50)\leqslant 1/6$，可参照⑤图梁底部纵筋连续布置。

(2)②图是当支座两侧屋面框架梁顶部截面高度不一致，且梁顶有高差时，无论高差多大，梁上部纵筋在中间支座都是分别锚固，高侧梁上部筋弯折锚固，低侧梁上部筋直线锚固。

(3)③图是当支座两侧屋面框架梁截面宽度不一致或错开布置时，将无法直通的纵筋弯锚入柱内；或当支座两边纵筋根数不同时，可将多出的纵筋弯锚入柱内。

三、非框架梁钢筋构造

非框架梁与框架梁配筋构造最大的区别在于，框架梁有抗震等级而非框架梁没有抗震等级，也就是说，非框架梁纵筋的锚固搭接都是按照非抗震来计算的，直锚长度为 l_a，绑扎搭接长度为 l_l，箍筋也没有加密区。

1. 非框架梁上部纵筋构造

非框架梁上部纵筋锚固分铰接和充分利用钢筋抗拉强度两种情况，设计者会在施工图中说明，一般是按照铰接考虑的，如图 2-43 所示。

(1)设计按铰接时，上部纵筋弯折锚固时，弯折前水平段长度≥$0.35l_{ab}$，支座负筋伸入跨内 $l_n/5$。

(2)充分利用钢筋抗拉强度时，上部纵筋弯折锚固时，弯折前水平段长度≥$0.6l_{ab}$，支座负筋伸入跨内 $l_n/3$。

(3)非框架梁上部纵筋在支座内平直段长度≥l_a 时，可直线锚固。

2. 非框架梁下部纵筋构造

非框架梁下部纵筋在支座内的直锚长度：光圆钢筋时为 $15d$，带肋钢筋时为 $12d$；如果无法直锚，可弯折锚固，如图 2-43 所示。如果非框架相邻跨下部纵筋配置相同，不必在中间支座分别锚固，可连通布置。图 2-43 中"设计按铰接时"用于代号为 L 的非框架梁，"充分利用钢筋的抗拉强度时"用于代号为 Lg 的非框架梁；图中"受扭非框架纵筋构造"用于梁侧配有受扭钢筋时，当梁侧未配受扭钢筋的非框架梁需采用此构造时，设计应明确指定。

当非框架梁配有受扭纵筋时，下部纵筋锚入支座的长度应为 l_a，在端支座直锚长度不足时，可弯锚。

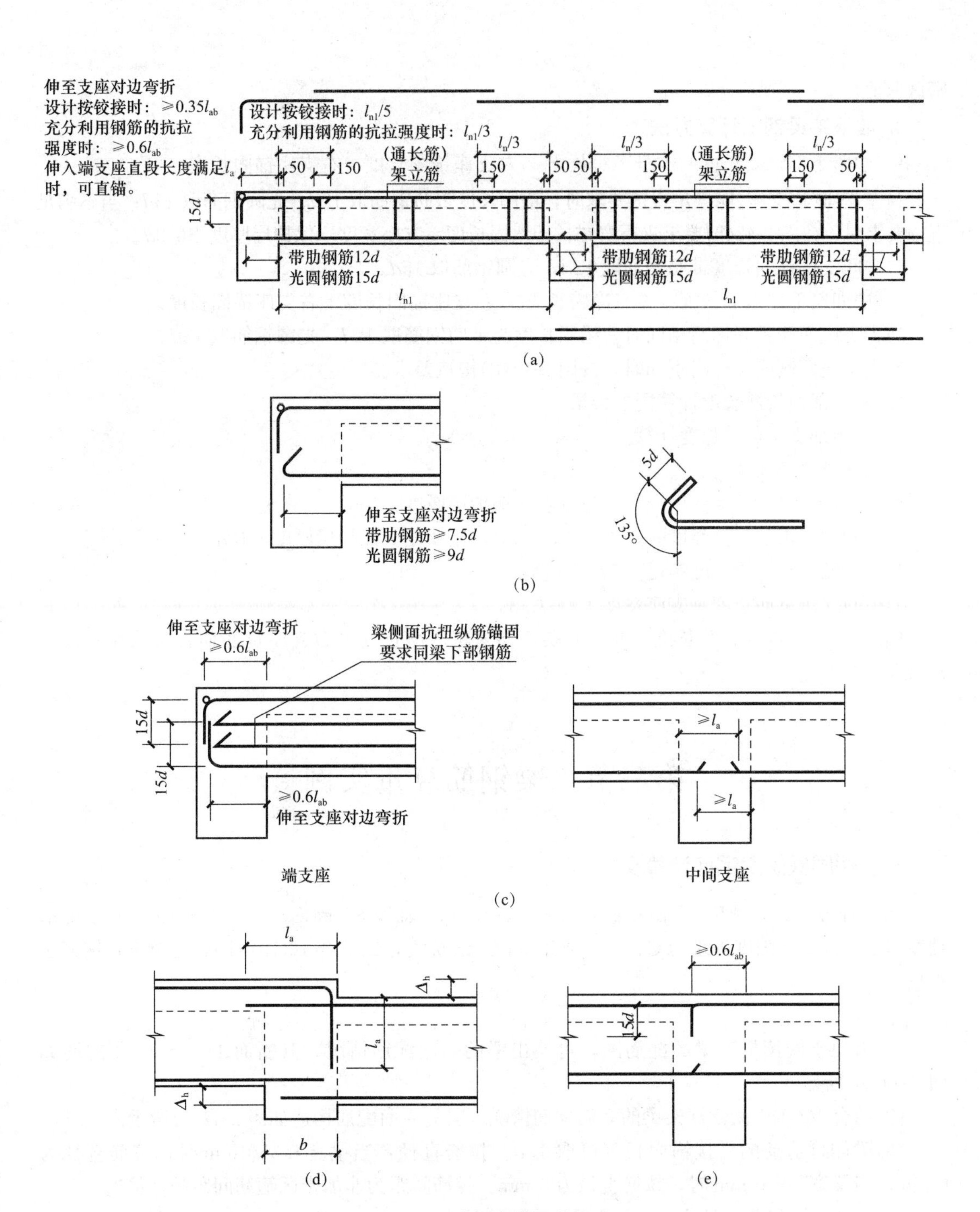

图 2-43　非框架梁配筋构造

(a)非框架梁配筋构造；(b)端支座非框架梁下部纵筋弯锚构造[用于下部纵筋伸入边支座长度不满足直锚12d(15d)要求时]；(c)受扭非框架梁纵筋构造(纵筋伸入端支座直段长度满足 l_a 时可直锚)；(d)非框架梁 L 中间支座(梁高不同)纵向钢筋构造[梁下部纵向筋锚固要求同(a)图]；(e)非框架梁 L 中间支座(两边梁宽不同)纵向钢筋构造[梁下部纵向筋锚固要求同(a)图]

3. 非框架梁箍筋构造

由于非框架梁是不考虑抗震的，所以一般情况下箍筋不加密，但当端支座为柱、剪力墙(平面内连接)时，梁端部应设置加密区，设计者应在施工图中明确加密区长度，否则可按框架梁加密区取值。

4. 非框架梁钢筋计算方法

(1)边跨下部钢筋长度=本身净跨长 l_{n1} +左支座锚固长度+右支座锚固长度。

1)左支座(边支座)能满足直锚要求时，锚固长度带肋钢筋取 12d，光圆钢筋取 15d；当不满足直锚要求时，按图 2-43(b)要求进行弯锚，即锚固长度=支座宽度-保护层厚度+6.9d。

2)中间支座锚固长度带肋钢筋取 12d，光圆钢筋取 15d。

(2)中间跨下部钢筋长度=本身净跨长 l_{n2} +左支座锚固长度+右支座锚固长度。

1)当支座两侧梁底标高相同时，锚固长度为带肋钢筋取 12d，光圆钢筋取 15d。

2)当支座两侧梁底标高不同时，按图 2-43(d)构造要求。

(3)梁顶部通长筋长度计算同框架梁。

(4)梁顶部支座负筋长度计算。

1)端支座负筋长度。

设计按铰接时，长度=l_{n1}/5+支座宽度-保护层厚度+15d。

充分利用钢筋的抗拉强度时，长度=l_{n1}/3+支座宽度-保护层厚度+15d。

当伸入端支座直段长度满足 l_a 时，可直锚。

2)中间支座负筋长度=支座宽度+2×l_n/3。

(5)架立筋长度=净跨长度-左支座负筋伸入跨内净长度-右支座负筋伸入跨内净长度+2×150。

第三节　梁钢筋算量实例

一、楼层框架梁钢筋计算实例

【例 2-12】 某工程 KL 平面布置如图 2-44(a)所示，轴线 KZ 断面尺寸为 600 mm×500 mm，轴线居中，混凝土强度等级为 C30，一类环境，三级抗震，试结合 16G101 图集计算 KL 钢筋工程量。

分析：

(1)为便于阅读框架梁的配筋图，可绘出梁的断面配筋情况，其断面 1—1～4—4 配筋如图 2-44(b)所示。

(2)结合 16G101 阅读框架梁的立面配筋情况，梁的立面配筋构造如图 2-44(c)所示。

(3)梁侧构造筋的搭接锚固长度可取 15d。拉筋直径：当梁宽≤350 mm 时，拉筋直径为 6 mm；当梁宽>350 mm 时，拉筋直径为 8 mm。拉筋间距为非加密区箍筋间距的 2 倍。

解：(1)计算钢筋工程量。

钢筋种类为 HRB335 级，三级抗震；混凝土强度等级为 C30，l_{aE}=30d。当钢筋直径为 25 mm 时，l_{aE}=30×25=750(mm)>600-20=580(mm)，必须弯锚；当钢筋直径为 22 mm 时，l_{aE}=30×22=660(mm)>600-20=580(mm)，必须弯锚。

加密区长度：取 max{1.5h_b，500}=max{1.5×650，500}=975 mm。

当钢筋直径为 25 mm 时，0.5h_c+5d=0.5×600+5×25=425(mm)；当钢筋直径为 22 mm 时，0.5h_c+5d=0.5×600+5×22=410(mm)。

(2)钢筋工程量计算过程见表 2-4。

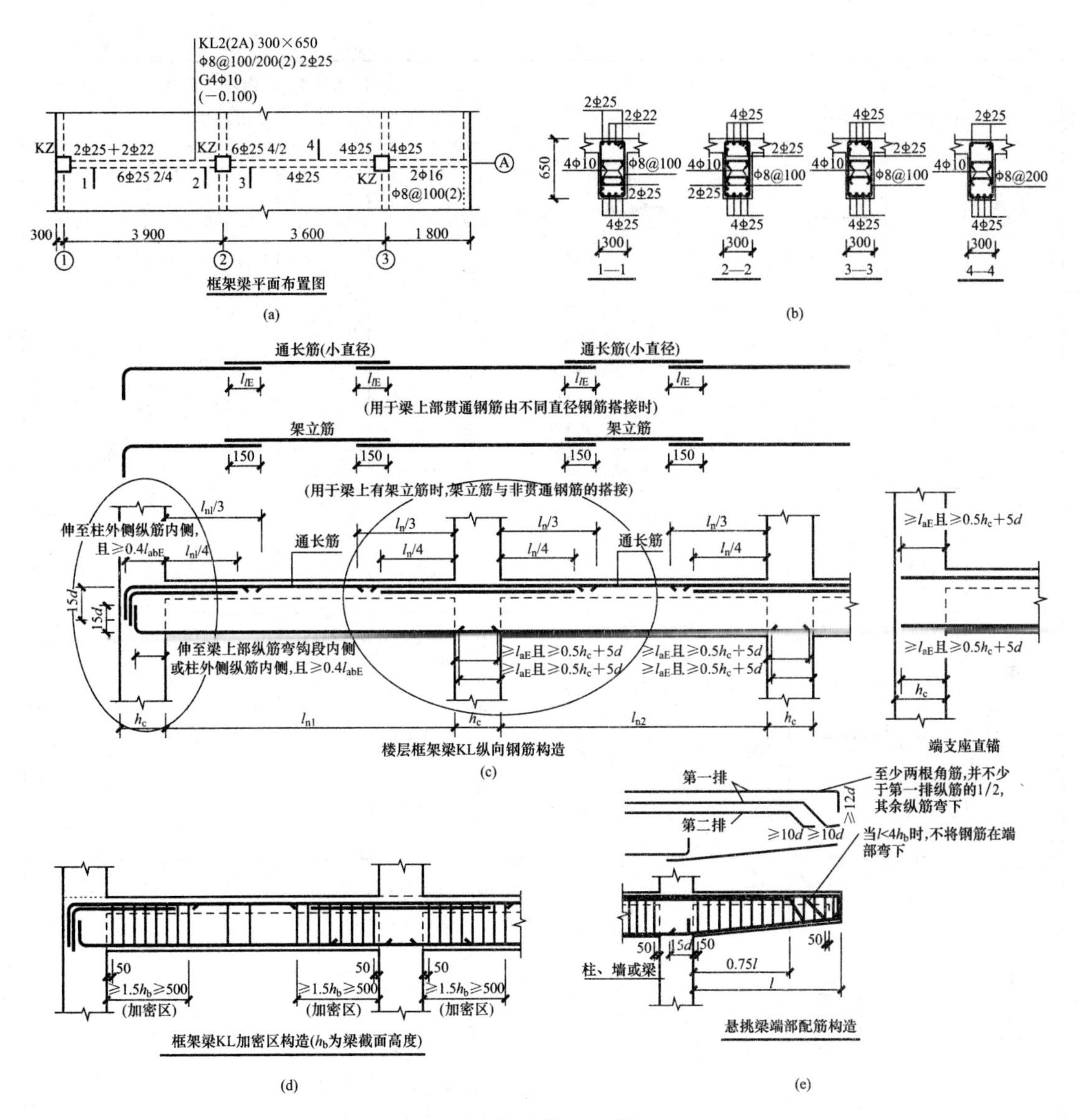

图 2-44 例 2-12 图

表 2-4 钢筋工程量计算过程

计算部位	钢筋种类	钢筋简图	单根钢筋长度/m	根数	总长度/m	钢筋线密度/(kg·m^{-1})	总质量/kg
①~②轴下部	Φ25	└─┘	3.9−0.6+0.58+15×0.025+0.75=5.01	6	30.06	3.85	116
②~③轴下部	Φ25	──	3.6−0.6+0.75×2=4.5	4	18	3.85	69
③轴外侧下部	Φ16	⊏⊐	1.8−0.3−0.02+15×0.016+12.5×0.016=1.92	2	3.84	1.578	6

续表

计算部位	钢筋种类	钢筋简图	单根钢筋长度/m	根数	总长度/m	钢筋线密度/(kg·m^{-1})	总质量/kg
上部通长筋	Φ25		3.9＋3.6＋1.8－0.3－0.02＋0.58＋15×0.025＋12×0.025＝10.23	2	20.46	3.85	79
上部①轴节点	Φ22		3.3/3＋0.58＋15×0.022＝2.01	2	4.02	2.984	12
上部②轴节点	Φ25		3.3/3×2＋0.6＝2.8	2	5.6	3.85	22
	Φ25		3.3/4×2＋0.6＝2.25	2	4.5	3.85	17
③轴节点	Φ25		3/3＋0.6＋1.8－0.3－0.02＋12×0.025＝3.38	2	6.76	3.85	26
梁侧构造筋	Φ10		3.3＋15×0.01×2＋12.5×0.01＋3＋15×0.01×2＋12.5×0.01＋1.8－0.3－0.02＋15×0.01＋12.5×0.01＝8.9	4	35.6	0.617	22
主筋箍筋	Φ8		2×(0.3＋0.65)－8×0.02＋2×11.9×0.008＝1.9	[(0.975－0.05)/0.1＋1]×2＋(3.3－0.975×2)/0.2－1＋[(0.975－0.05)/0.1＋1]×2＋(3－0.975×2)/0.2－1＋(1.8－0.3－0.05－0.02)/0.1＋1＝67	127.30	0.395	50
构造拉筋	Φ6		0.3－2×0.02＋2×(1.9×0.006＋0.075)＝0.43	(3.3－2×0.05)/0.4＋1＋(3－2×0.05)/0.4＋1＋(1.8－0.3－0.05－0.02)/0.4＋1＝22	9.46	0.222	2
合计							Φ25：329 Φ22：12 Φ16：6 Φ10：22 Φ8：50 Φ6：2

二、屋面框架梁钢筋计算实例

【例 2-13】 屋面框架梁施工图如图 2-45 所示。屋面框架梁端部按对焊设计，混凝土强度等级为 C30，抗震等级一级(一类环境，柱包梁形式，钢筋定尺长度为 9 000 mm)，计算 WKL1 的全部钢筋。

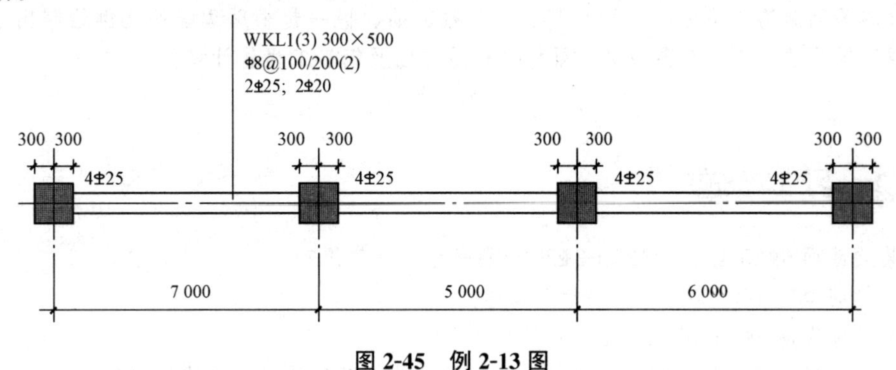

图 2-45 例 2-13 图

解：根据已知条件得：

梁混凝土保护层厚度为 20 mm，支座外侧混凝土保护层厚度为 20 mm，$l_{aE}/l_a=34d/29d$。

(1)上部通长筋。

上部通长筋算量长度=7 000+6 000+5 000−600+2×(600−20+500−20)=19 520(mm)

接头个数=19 520/9 000−1=2(个)

(2)下部通长筋。

下部通长筋算量长度=7 000+6 000+5 000−600+2×(600−20+15×25)=19 310(mm)

接头个数=19 310/900−1=2(个)

三、非框架梁钢筋计算实例

【例 2-14】 非框架梁平法施工图如图 2-46 所示，非框架梁端部按铰接设计，环境类别为一类，混凝土强度等级为 C30，所有框架梁截面尺寸均为 250 mm×600 mm 且居中布置，计算 KL1 的全部钢筋。

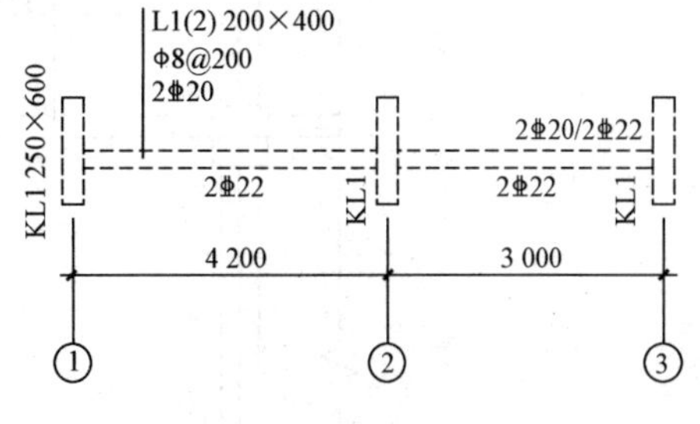

图 2-46 例 2-14 图

解：环境类别为一类，查表 1-6 可知，梁钢筋保护层厚度为 20 mm；查表 1-12 可知，抗震直锚长度 $l_a=35d$。

(1)上部通长筋 2Φ20：

单根长度=[(4.2+3−0.25)+(0.25−0.02+15×0.02)×2]×2=16.02(m)

(2)③号支座负筋 2Φ22：

单根长度=[(3−0.25)/5+(0.25−0.02+15×0.02)]×2=2.16(m)

(3)下部钢筋 2Φ22：

左右两跨下部钢筋配置相同，可以连通布置。

单根长度=[(4.2+3−0.25)+(0.25−0.02+15×0.02)×2]×2=16.02(m)

(4)箍筋 Φ8@200：

单根长度=(0.2−0.02×2)×2+(0.4−0.02×2)×2+11.9×0.008×2=1.23(m)

根数=(4.2−0.25−0.05×2)/0.2+1+(3−0.25−0.05×2)/0.2+1=35(根)

本章小结

梁平法施工图是在梁平面布置图上采用平面注写方式或截面注写方式表达，梁平面布置图分别按梁的不同结构层将全部梁和与其相关的柱、墙、板一起采用适当的比例绘制出来。本章主要介绍了梁平法施工图制图规则、梁标准构造详图及钢筋工程量计算。

习　题

1. 某梁截面 6⌀25 4/2；2⌀25＋2⌀22 分别表示什么意思？
2. 梁箍筋 Φ8@100/200(2)表示什么意思？
3. 梁下部纵筋 6⌀25 2(－2)/4 表示什么意思？
4. 什么是通长筋？框架梁上部通长筋的连接分为哪几种情况？其连接有什么要求？
5. 简述框架上部通长筋中间支座构造要求。
6. 简述楼层框架梁侧部钢筋构造。
7. 屋面框架梁纵筋端柱构造形式有哪两种？
8. WKL 中间支座变截面构造形式有哪几种？
9. 识读图 2-47 所示的标注。

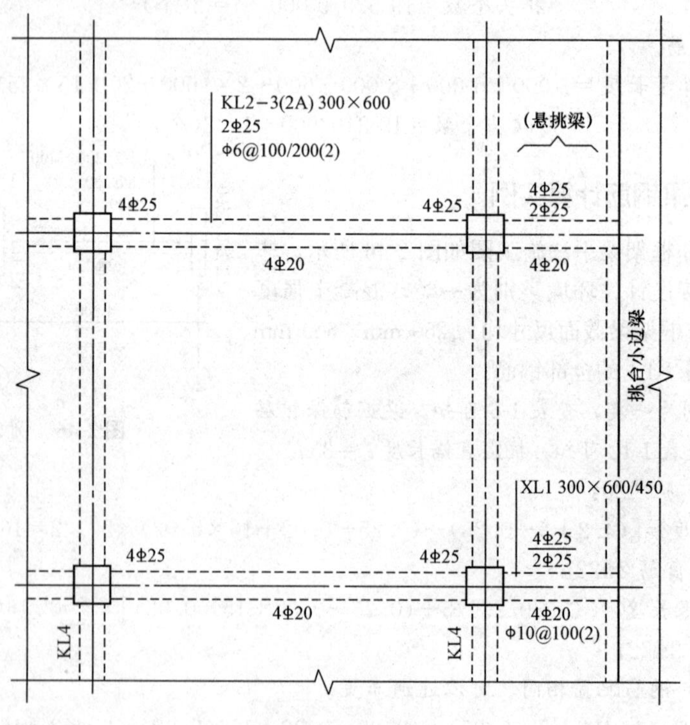

图 2-47　习题 9 图

10. 抗震楼层框架梁的平法施工图如图 2-48 所示，混凝土强度等级为 C35，抗震等级为三级，机械连接。试计算抗震楼层框架梁钢筋的用量。

计算参数：柱保护层厚度 c=20 mm，梁保护层厚度 c=20 mm，受拉钢筋抗震锚固长度 l_{aE}=34d，箍筋起步距离为 50 mm。

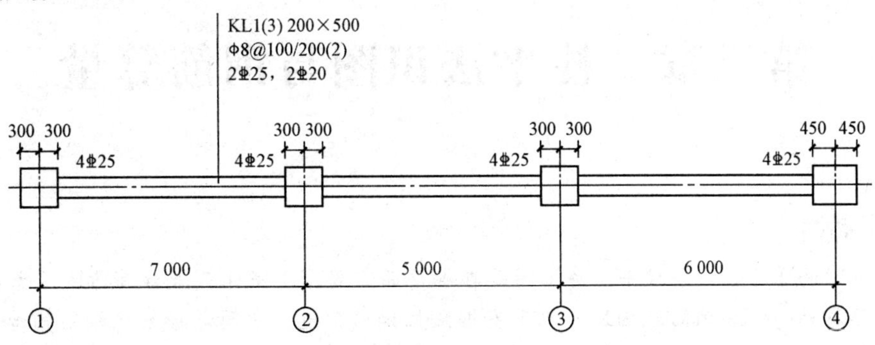

图 2-48　KL1 平法施工图

第三章 柱平法识图与钢筋算量

知识目标

通过本章的学习，熟悉柱平法施工图是在柱平面布置图上采用列表注写方式或截面注写方式表达；熟悉柱构件基础插筋构造、地下室框架柱钢筋构造、中间层框架柱钢筋构造、顶层框架柱钢筋构造、框架柱钢筋构造一般规定；掌握柱钢筋算量的基本公式及柱钢筋算量的应用。

能力目标

具备看懂柱平法施工图的能力；具备柱钢筋算量的基本能力。

第一节 柱平法施工图制图规则

柱平法施工图是在柱平面布置图上采用列表注写方式或截面注写方式表达。

一、列表注写方式

列表注写方式是指在柱平面布置图上（一般只需采用适当比例绘制一张柱平面布置图，包括框架柱、框支柱、芯柱、梁上柱和剪力墙上柱），分别在同一编号的柱中选择一个（有时需要选择几个）截面标注几何参数代号，如在柱表中注写柱编号、柱段起止标高、几何尺寸（含柱截面对轴线的偏心情况）及配筋的具体数值，并配以各种柱截面形状及其箍筋类型图的方式，以表达柱平法施工图，如图 3-1 所示。

柱平法施工图制图规则

1. 注写柱编号

柱编号由类型代号和序号组成，应符合表 3-1 的规定。

表 3-1 柱编号

柱类型	代号	序号
框架柱	KZ	××
转换柱	ZHZ	××
芯柱	XZ	××
梁上柱	LZ	××
剪力墙上柱	QZ	××

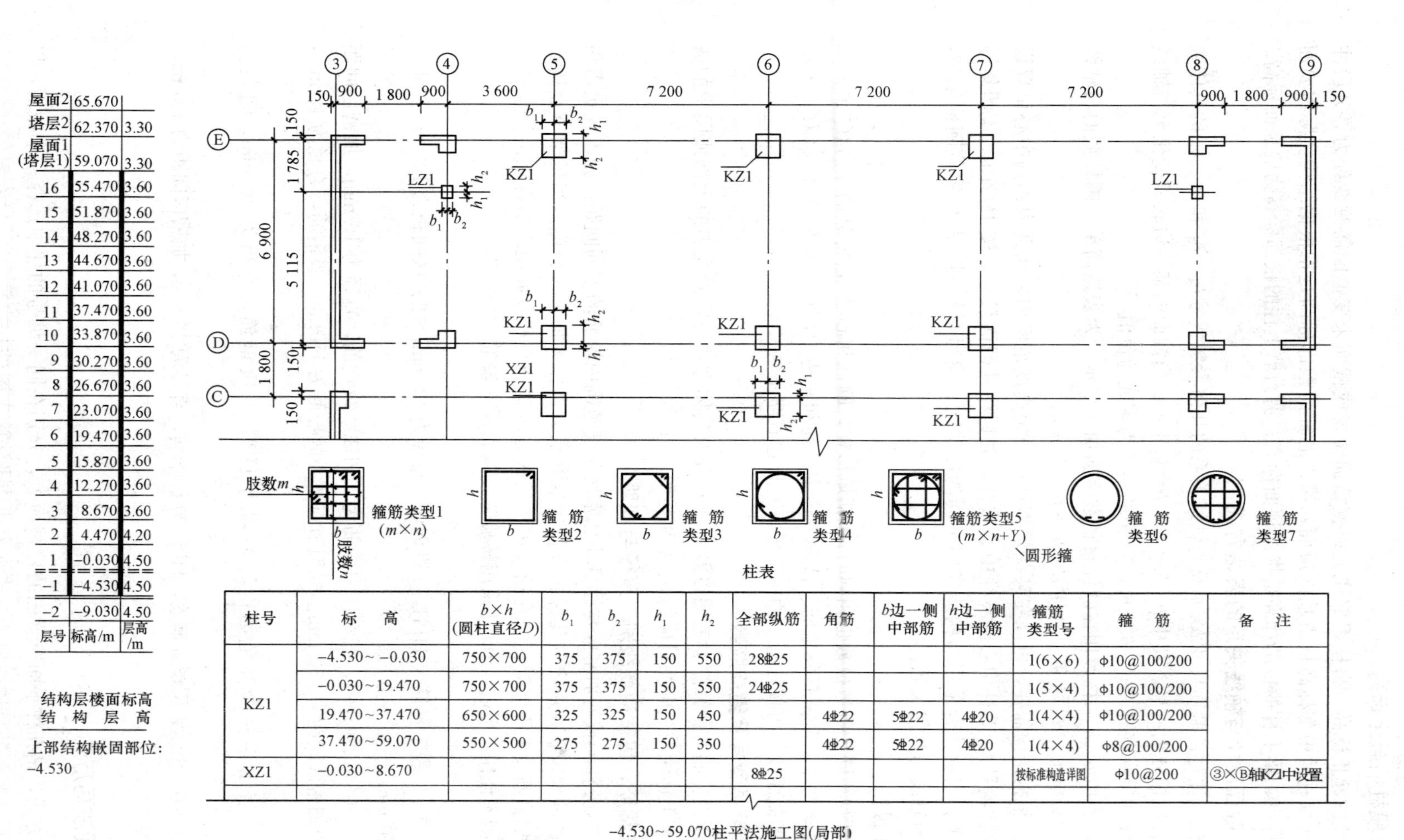

层号	标高/m	层高/m
屋面2	65.670	
塔层2	62.370	3.30
屋面1(塔层1)	59.070	3.30
16	55.470	3.60
15	51.870	3.60
14	48.270	3.60
13	44.670	3.60
12	41.070	3.60
11	37.470	3.60
10	33.870	3.60
9	30.270	3.60
8	26.670	3.60
7	23.070	3.60
6	19.470	3.60
5	15.870	3.60
4	12.270	3.60
3	8.670	3.60
2	4.470	4.20
1	-0.030	4.50
-1	-4.530	4.50
-2	-9.030	4.50

柱号	标高	$b\times h$（圆柱直径D）	b_1	b_2	h_1	h_2	全部纵筋	角筋	b边一侧中部筋	h边一侧中部筋	箍筋类型号	箍筋	备注
KZ1	-4.530~-0.030	750×700	375	375	150	550	28Φ25				1(6×6)	Φ10@100/200	
	-0.030~19.470	750×700	375	375	150	550	24Φ25				1(5×4)	Φ10@100/200	
	19.470~37.470	650×600	325	325	150	450		4Φ22	5Φ22	4Φ20	1(4×4)	Φ10@100/200	
	37.470~59.070	550×500	275	275	150	350		4Φ22	5Φ22	4Φ20	1(4×4)	Φ8@100/200	
XZ1	-0.030~8.670						8Φ25				按标准构造详图	Φ10@200	③×Ⓑ轴KZ1中设置

注：1.如采用非对称配筋，需在柱表中增加相应栏目分别表示各边的中部筋。
2.箍筋对纵筋至少隔一拉一。
3.类型1、5的箍筋肢数可有多种组合，右图为5×4的组合，其余类型为固定形式，在表中只注写类型号即可。
4.地下一层（-1层）、首层（1层）柱端箍筋加密区长度范围及纵筋连接位置均按嵌固部位要求设置。

图 3-1　柱平法施工图

2. 注写各段柱的起止标高

注写各段柱的起止标高，自柱根部往上以变截面位置或截面未变但配筋改变处为界分段注写。框架柱和转换柱的根部标高是指基础顶面标高；芯柱的根部标高是指根据结构实际需要而定的起始位置标高；梁上柱的根部标高是指梁顶面标高；剪力墙上柱的根部标高为墙顶面标高。

3. 各种柱截面尺寸与轴线关系的表达方式

对于矩形柱，注写柱截面尺寸 $b\times h$ 及与轴线关系的几何参数代号 b_1、b_2 和 h_1、h_2 的具体数值，需对应于各段柱分别注写。其中 $b=b_1+b_2$，$h=h_1+h_2$。当截面的某一边收缩变化至与轴线重合或偏到轴线的另一侧时，b_1、b_2、h_1、h_2 中的某项为零或为负值。

对于圆柱，表中 $b\times h$ 一栏改用在圆柱直径数字前加 d 表示。为表达简单，圆柱截面与轴线的关系也用 b_1、b_2 和 h_1、h_2 表示，并使 $d=b_1+b_2=h_1+h_2$。

对于芯柱，根据结构需要，可以在某些框架柱的一定高度范围内，在其内部的中心位置设置(分别引注其柱编号)。芯柱中心应与柱中心重合，并标注其截面尺寸，按 16G101－1 图集标准构造详图施工；当设计者采用与构造详图不同的做法时，应另行注明。芯柱定位随框架柱，不需要注写其与轴线的几何关系。

4. 注写柱纵筋

当柱纵筋直径相同，各边根数也相同时(包括矩形柱、圆柱和芯柱)，将纵筋注写在“全部纵筋”一栏中；除此之外，柱纵筋分角筋、截面 b 边中部筋和 h 边中部筋三项分别注写(对于采用对称配筋的矩形截面柱，可仅注写一侧中部筋，对称边省略不注)。

5. 注写箍筋类型号及箍筋肢数

具体工程所设计的各种箍筋类型图以及箍筋复合的具体方式，需画在表的上部或图中的适当位置，并在其上标注与表中相对应的 b、h 和类型号。

6. 注写柱箍筋，包括钢筋级别、直径与间距

用斜线“/”区分柱端箍筋加密区与柱身非加密区长度范围内箍筋的不同间距。施工人员需根据标准构造详图的规定，在规定的几种长度值中取其最大者作为加密区长度。当框架节点核心区内箍筋与柱端箍筋设置不同时，应在括号中注明核心区箍筋直径及间距。当箍筋沿柱全高为一种间距时，则不使用“/”线。当圆柱采用螺旋箍筋时，需在箍筋前加“L”。

【例 3-1】

Φ10@100/250，表示箍筋为 HPB300 级钢筋，直径为 10 mm，加密区间距为 100 mm，非加密区间距为 250 mm。

Φ10@100/250(Φ12@100)，表示柱中箍筋为 HPB300 级钢筋，直径为 10 mm，加密区间距为 100 mm，非加密区间距为 250 mm。框架节点核心区箍筋为 HPB300 级钢筋，直径为 12 mm，间距为 100 mm。

Φ10@100，表示沿柱全高范围内箍筋均为 HPB300 级钢筋，直径为 10 mm，间距为 100 mm。

LΦ10@100/200，表示采用螺旋箍筋，HPB300 级钢筋，直径为 10 mm，加密区间距为 100 mm，非加密区间距为 200 mm。

二、截面注写方式

截面注写方式，是在柱平面布置图的柱截面上，分别在同一编号的柱中选择一个截面，以直接注写截面尺寸和配筋具体数值的方式来表达柱平法施工图(图 3-2)。

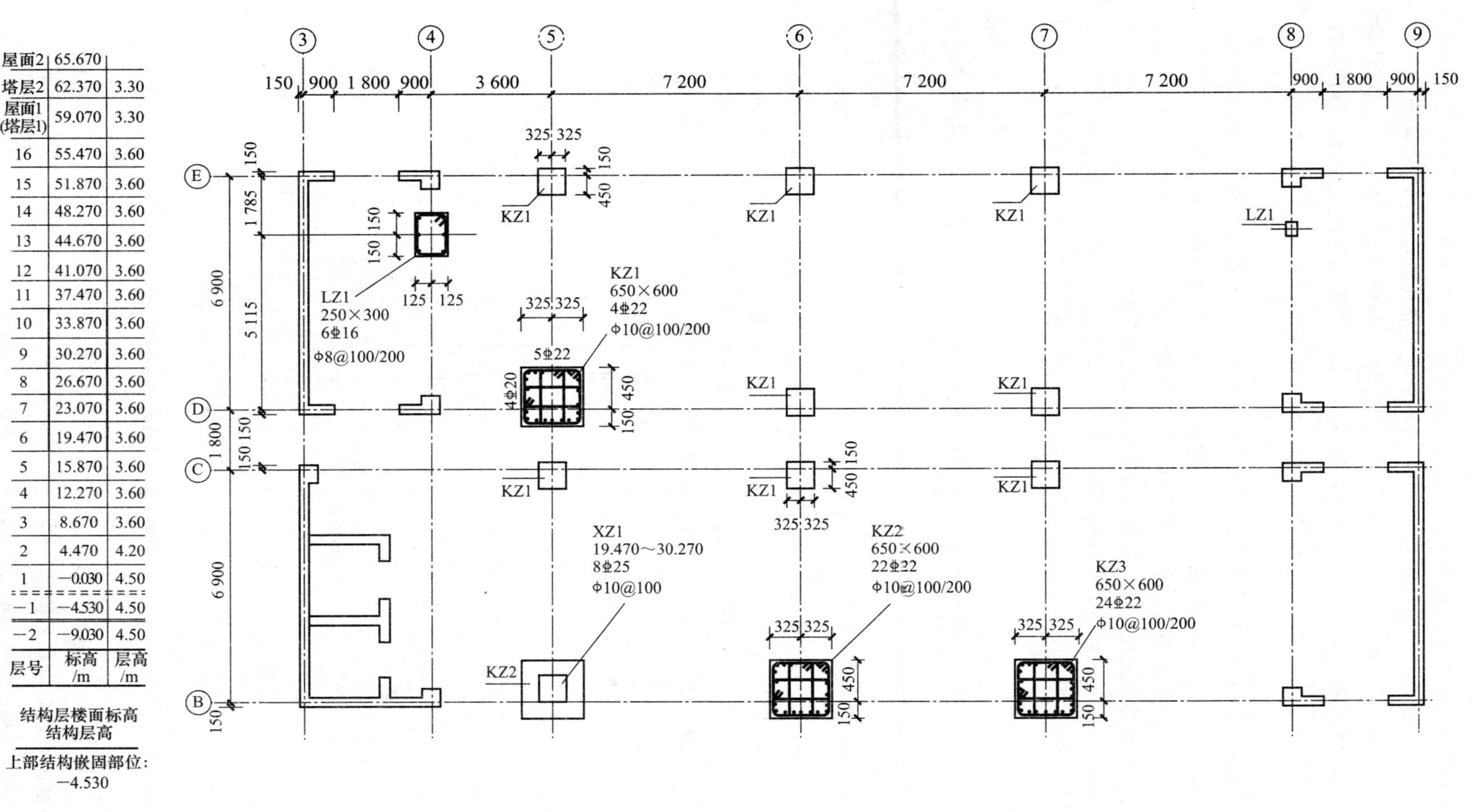

屋面2	65.670	
塔层2	62.370	3.30
屋面1 (塔层1)	59.070	3.30
16	55.470	3.60
15	51.870	3.60
14	48.270	3.60
13	44.670	3.60
12	41.070	3.60
11	37.470	3.60
10	33.870	3.60
9	30.270	3.60
8	26.670	3.60
7	23.070	3.60
6	19.470	3.60
5	15.870	3.60
4	12.270	3.60
3	8.670	3.60
2	4.470	4.20
1	−0.030	4.50
−1	−4.530	4.50
−2	−9.030	4.50
层号	标高/m	层高/m

结构层楼面标高
结构层高

上部结构嵌固部位：
−4.530

图 3-2 柱平法施工图1：100（截面注写方式）

对除芯柱外的所有柱截面按表 3-1 的规定进行编号，从相同编号的柱中选择一个截面，按另一种比例原位放大绘制柱截面配筋图，并在各配筋图上继其编号后再注写截面尺寸 $b \times h$、角筋或全部纵筋(当纵筋采用一种直径且能够图示清楚时)、箍筋的具体数值，以及在柱截面配筋图上标注柱截面与轴线关系 b_1、b_2、h_1、h_2 的具体数值。当纵筋采用两种直径时，需再注写截面各边中部筋的具体数值(对于采用对称配筋的矩形截面柱，可仅在一侧注写中部筋，对称边省略不注)。

当在某些框架柱的一定高度范围内，在其内部的中心位置设置芯柱时，首先按表 3-1 的规定进行编号，继其编号之后注写芯柱的起止标高、全部纵筋及箍筋的具体数值，芯柱截面尺寸按构造确定，并按标准构造详图施工，设计不注；当设计者采用与本构造详图不同的做法时，应另行注明。芯柱定位随框架柱，不需要注写其与轴线的几何关系。

在截面注写方式中，如柱的分段截面尺寸和配筋均相同，仅截面与轴线的关系不同时，可将其编为同一柱号，但此时应在未画配筋的柱截面上注写该柱截面与轴线关系的具体尺寸。

第二节　柱钢筋构造及算量

柱标准构造详图

一、柱构件基础插筋构造

如图 3-3 所示，柱插入到基础中的预留接头的钢筋称为插筋。基础内插筋相当于柱内纵筋插入基础内锚固，即“柱生根”，所以，其直径、级别、根数、位置与其对应的柱纵筋一致。基础内柱插筋可分为低位钢筋和高位钢筋两种。在浇筑基础混凝土前，将柱插筋留好，待浇筑完基础混凝土后，从插筋上往上进行连接，依次类推，逐层连接往上。

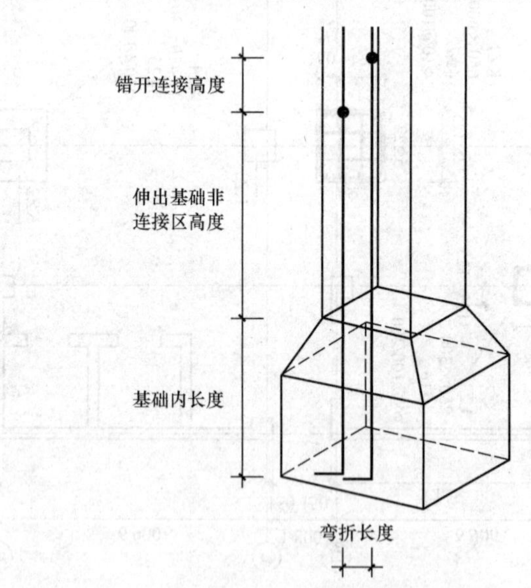

图 3-3　基础内插筋示意

根据实际情况，柱插筋在基础中的锚固一般有四种构造做法，下面进行逐一阐述。

1. 柱插筋在基础中锚固构造(一)

当柱插筋在基础内的侧向保护层厚度$>5d$，竖直段锚固长度 $h_j-c-2d_1 \geqslant l_{aE}(l_a)$时，如图 3-4(a)

所示，柱插筋应伸至基础底层钢筋网上侧，插筋底部弯折 $6d$ 且不小于 150 mm，弯折方向不同，基础内箍筋间距不大于 500 mm，且不少于两道矩形封闭箍筋(非复合箍)。(c—基础保护层，d_1—基础钢筋网片直径)

2. 柱插筋在基础中锚固构造(二)

当柱插筋在基础内的侧向保护层厚度$>5d$，竖直段锚固长度 $h_j-c-2d_1<l_{aE}(l_a)$时，如图 3-4(b)所示，柱插筋应伸至基础底层钢筋网上侧，并水平弯折 $15d$，设置间距不大于 500 mm，且大于等于两道非复合矩形箍筋。

3. 柱插筋在基础中锚固构造(三)

当柱插筋在基础内的侧向保护层厚度$\leqslant 5d$，竖直段锚固长度 $h_j-c-2d_1\geqslant l_{aE}(l_a)$时，如图 3-4(c)所示，柱插筋应伸至基础底层钢筋网上侧，插筋底部弯折 $6d$ 且不小于 150 mm，弯折方向相同并朝向基础内部；插筋侧壁保护层厚度不大于 $5d$ 的部位应设置锚固区横向箍筋，锚固区横向箍筋应满足直径不小于 $d/4$(d 为插筋最大直径)、间距不大于 $5d$(d 为插筋最小直径)且不大于 100 mm 的要求。

4. 柱插筋在基础中锚固构造(四)

当柱插筋在基础内的侧向保护层厚度$\leqslant 5d$，竖直段锚固长度 $h_j-c-2d_1<l_{aE}(l_a)$时，如图 3-4(d)所示，柱插筋应伸至基础底层钢筋网上侧，且在基础内的竖直段长度不小于 $0.6l_{abE}$且$\geqslant 20d$；插筋底部弯折 $15d$，弯折方向相同并朝向基础内部；插筋保护层厚度不大于 $5d$ 的部位应设置锚固区横向箍筋，锚固区横向箍筋应满足直径不小于 $d/4$(d 为插筋最大直径)、间距不大于 $5d$(d 为插筋最小直径)且不大于 100 mm 的要求。

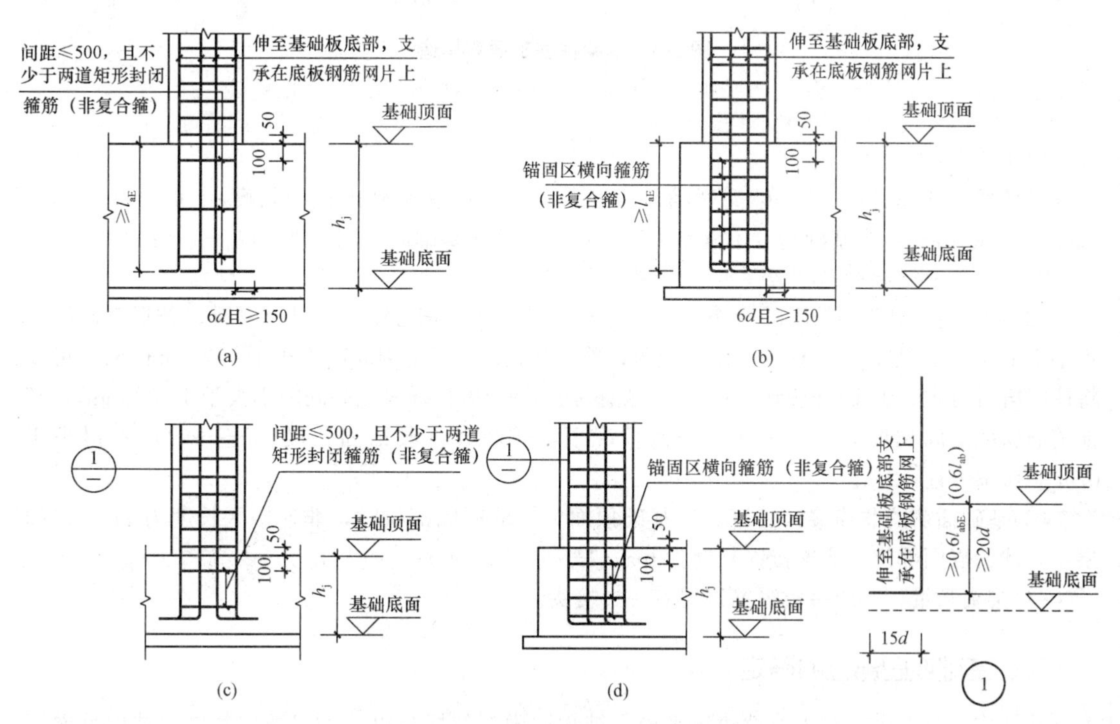

图 3-4　柱插筋在基础中锚固构造

(a)保护层厚度$>5d$，基础高度满足直锚；(b)保护层厚度$\leqslant 5d$，基础高度满足直锚；

(c)保护层厚度$>5d$，基础高度不满足直锚；(d)保护层厚度$\leqslant 5d$，基础高度不满足直锚在上述四种插筋构造中，独立基础和桩基承台的柱插筋以及条形基础、筏形基础的非边缘柱的插筋应选用前两种构造。而后两种构造适用于端部无悬挑的条形基础和筏形基础的边柱插筋。

上述各图中，h_j 表示基础底面与基础顶面的高度，对于带形基础梁的基础表示基础梁顶面与基础梁底面的高度，当柱两侧基础梁标高不同时取较低标高。

当轴心受压或小偏心受压，独立基础、条形基础高度不小于 1 200 mm 时，或当柱为大偏心受压，独立基础、条形基础高度不小于 1 400 mm 时，可仅将柱四角插筋伸至底板钢筋网上(伸至底板钢筋网上的柱插筋之间间距不应大于 1 000 mm)，其他钢筋满足锚固长度 $l_{aE}(l_a)$。

柱纵筋在基础中的插筋(图 3-5)计算公式为

低位插筋长度=插筋锚固长度+基础插筋非连接区长度(+搭接长度 l_{lE})

高位插筋长度=插筋锚固长度+基础插筋非连接区长度+错开长度(+搭接长度 l_{lE})

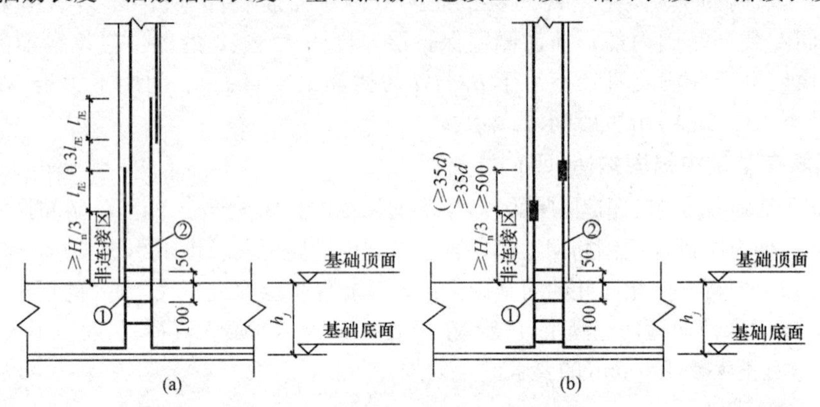

图 3-5　框架柱基础插筋构造

(a)绑扎连接；(b)(机械)焊接连接

说明如下：

(1)锚固长度取值。当基础高度满足直锚长度时，插筋基础内锚固长度=(h_j-c-2d)+max(6d,150 mm)；当基础高度不满足直锚长度时，插筋基础内锚固长度=$(h_j-c-2d)+15d$。

注：c 为基础底层钢筋保护层厚度；d 为基础底层钢筋直径。

(2)基础高度对锚固长度的影响。当柱为轴心受压或小偏心受压，独立基础、条形基础高度不小于 1 200 mm 时，或当柱为大偏心受压，独立基础、条形基础高度不小于 1 400 mm 时，可仅将柱四角插筋伸至基础底板钢筋网上(伸至底板钢筋网上的柱插筋之间间距不大于 1 000 mm)，其他钢筋满足锚固长度 $l_{aE}(l_a)$ 即可。任何情况下，插筋竖直段锚固长度 h_j-c-2d_1 不得小于 $0.6l_{abE}(0.6l_{ab})$且≥$20d$。

(3)基础插筋的非连接区长度。当基础顶面为柱的嵌固部位时，非连接区长度为 $H_n/3$；如果不是柱的嵌固部位，非连接区长度为 max($H_n/6$，h_c，500)。

(4)接头数量。一般每根纵筋每层有一个接头。

二、基础嵌固部位的确定

从结构力学上讲，对于上部建筑来说，结构嵌固部位标高以下可以视作基础，结构是嵌固在这个标高上的，如图 3-6、图 3-7 所示。

基础嵌固部位确定一般遵循以下原则：

(1)无地下室时，嵌固部位一般在基础顶面，如图 3-6 所示。

(2)有地下室时，根据具体情况由设计指定嵌固部位，如图 3-7 所示。

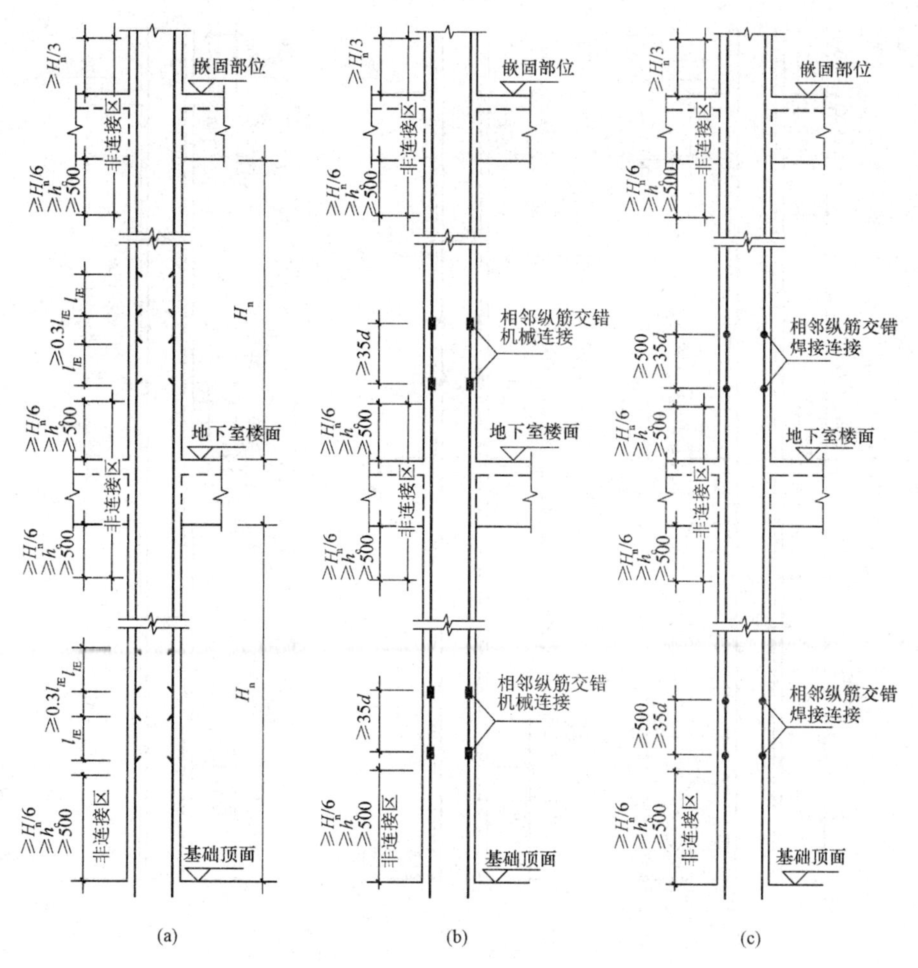

图 3-6　地下室纵向钢筋连接构造

(a)绑扎搭接；(b)机械连接；(c)焊接连接

三、地下室框架柱钢筋构造

1. 地下室框架柱概述

地下室框架柱是指地下室内的框架柱，也称为地下框架柱，这是一种新的构件类型，如图 3-8 所示。

(1)地下室框架柱与楼层框架柱的主要区别。地下室框架柱与楼层框架柱的主要区别如图 3-9 所示。

(2)关于框架柱构件的非连接区高度。地震作用下的框架柱弯矩分布示意图如图 3-10 所示。由图 3-10 可见，框架柱弯矩的反弯点通常在每层柱的中部，弯矩反弯点附近的内力较小，在此范围进行连接符合“受力钢筋连接应在内力较小处”的原则，为此，规定抗震框架柱梁节点附近为柱纵向受力钢筋的非连接区。非连接区示意图如图 3-11 所示。

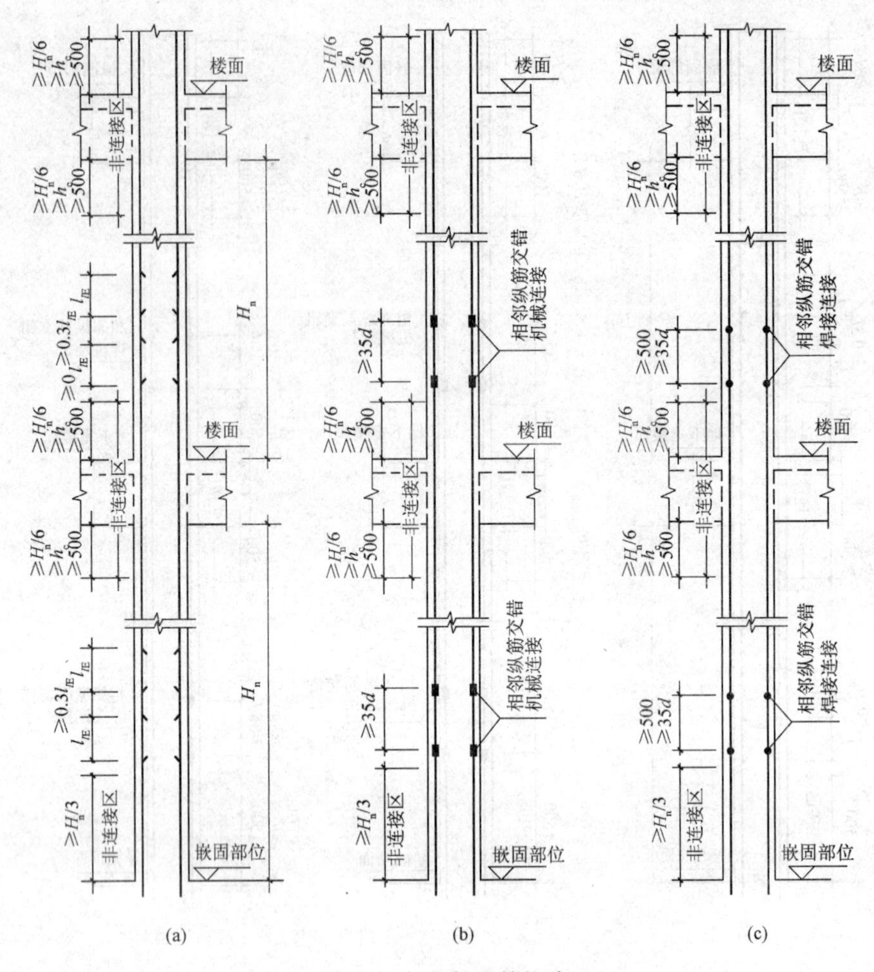

图 3-7　框架柱纵筋构造

(a)绑扎搭接；(b)机械连接；(c)焊接连接

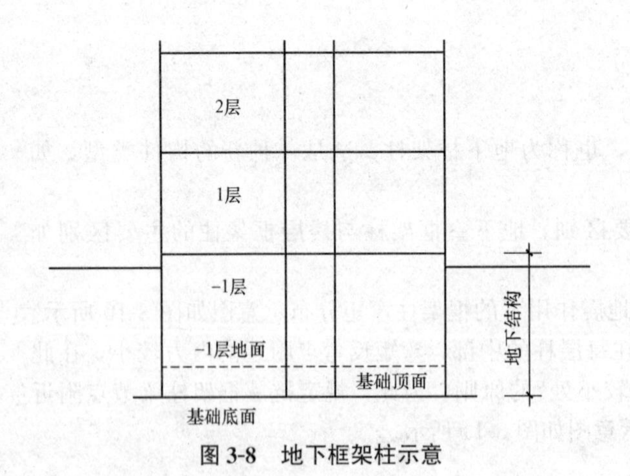

图 3-8　地下框架柱示意

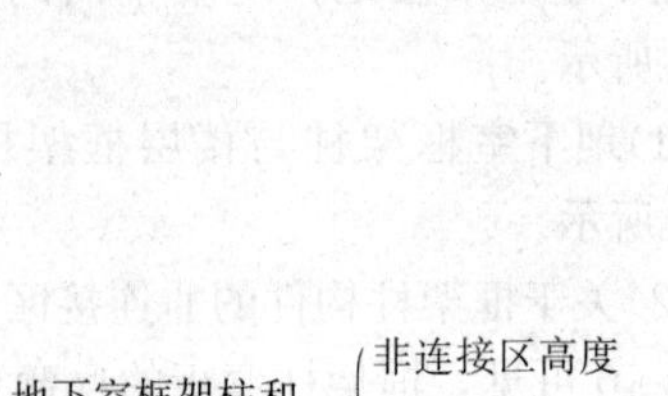

地下室框架柱和楼层框架柱的区别 { 非连接区高度；箍筋加密区范围

图 3-9　地下室框架柱与楼层框架柱的主要区别

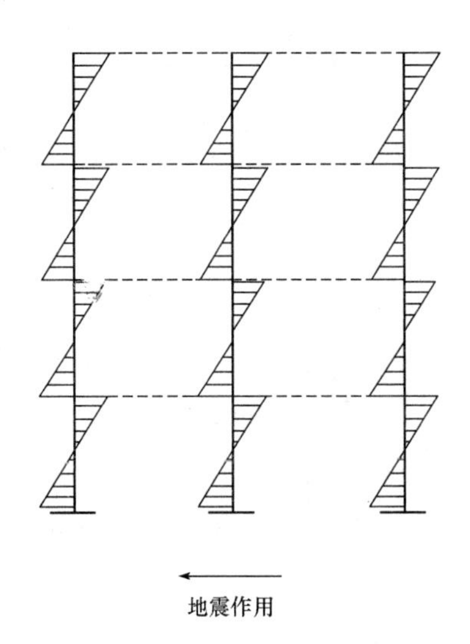

图 3-10　抗震框架柱受力机构

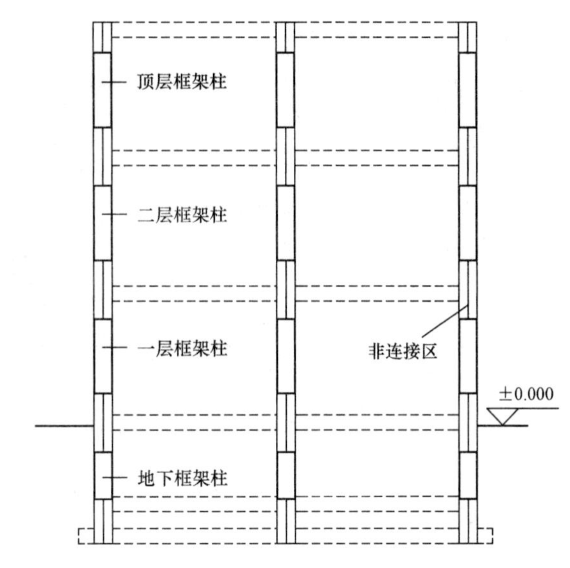

图 3-11　非连接区示意

2. 地下室纵向钢筋连接构造

地下室纵向钢筋连接构造如图 3-6 所示，可分为绑扎搭接、机械连接和焊接连接三种情况。在实际工程中，框架柱纵筋一般采用焊接或机械连接，故此处绑扎连接构造省略，当嵌固部位在基础底面时，同普通框架柱。

地下室纵向钢筋连接构造要点如下：

(1)上部结构的嵌固位置，即基础结构和上部结构的划分位置，在地下室顶面；

(2)上部结构嵌固位置，柱纵筋非连接区高度为 $H_n/3$；

(3)地下室各层纵筋非连接区高度为 max($H_n/6$，h_c，500)；

(4)地下室顶面非连接区高度不小于 $H_n/3$；

(5)柱相邻纵向钢筋连接接头相互错开，在同一截面内钢筋接头面积百分率不宜大于 50%。

地下室纵筋长度计算方法如下：

纵筋长度＝地下室层高－本层非连接区＋上层非连接区(＋l_{lE})

(1)非连接区取值。本层非连接区长度取值：基础顶面嵌固部位的非连接区长度 $H_n/3$，中间层地下室非连接区 max($H_n/6$ 500 mm，h_c)。

上层非连接区长度取值：上部结构(即一层)嵌固在地下室顶板位置时，上层非连接区长度 $H_n/3$；上层仍为下部结构时其非连接区为 max($H_n/6$ 500 mm，h_c)。

(2)搭接长度。钢筋采用绑扎连接时，取括号内数值，且当上、下两层钢筋直径变化时，应采用的较小直径的钢筋计算其搭接长度。

四、中间层框架柱钢筋构造

1. 楼层中框架柱钢筋的基本构造

楼层中框架柱纵筋连接的基本构造如图 3-8 所示。

现浇钢筋混凝土框架柱的连接方法应符合以下规定：

(1)一、二级抗震等级及三级抗震等级的底层框架柱宜采用机械连接接头，也可采用绑扎或焊接接头。三级抗震等级的其他部位和四级抗震等级可采用绑扎搭接或焊接接头。

(2)框支柱宜采用机械连接接头。

(3)位于同一连接区段内，受拉钢筋接头面积的百分率不宜超过50%。

(4)当接头位置无法避开端部箍筋加密区时，应采用满足等强度要求的机械连接接头，且钢筋接头面积的百分率不宜超过50%。

2. 框架柱中间层变截面构造

(1)当$\Delta/h_b>1/6$时框架柱中间层变截面钢筋构造。当上下柱单侧变化值Δ与所在楼层框架梁截面高度h_b的比值$\Delta/h_b>1/6$，上、下层柱纵筋应截断后分别锚固，下层柱纵筋伸入该层框架梁内不小于$0.5l_{abE}+12d$(因无法直锚，所以采用弯锚)；上层柱纵筋深入梁柱结点内从梁顶算起$1.2l_{aE}$(能直锚则直锚)，如图3-12所示。

(2)当$\Delta/h_b\leqslant1/6$时框架柱中间层变截面钢筋构造。当上、下柱单侧变化值Δ与所在楼层框架梁截面高度h_b的比值$\Delta/h_b\leqslant1/6$，上、下层柱纵筋应连续通过梁柱结点，即下柱纵筋略向内侧倾斜通过结点，如图3-13所示。

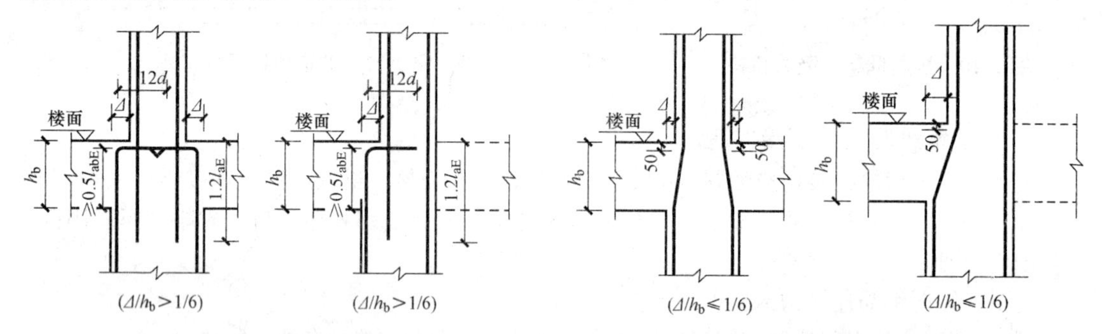

图3-12　框架柱中间层变截面处$\Delta/h_b>1/6$时钢筋构造

图3-13　框架柱中间层变截面处$\Delta/h_b\leqslant1/6$时钢筋构造

中间层柱纵筋长度及箍筋根数计算如下：

(1)中间层柱纵筋长度计算。

纵筋长度=中间层层高－当前层非连接区长度+(当前层+1)层的非连接区长度+(当前层+1)层的搭接长度l_{lE}

式中，非连接区长度=$\max(H_n/6, h_c, 500)$。

(2)中间层柱箍筋根数计算。

上部加密区箍筋根数=[$\max(H_n/6, h_c, 500)$+梁高]/加密区间距+1

下部加密区箍筋根数=[$\max(H_n/6, h_c, 500-50)$]/加密区间距+1

纵筋搭接区箍筋根数=$2.3l_{lE}$/加密区间距

中间非加密区箍筋根数=(层高－上部加密区长度－下部加密区长度－下部加密区的搭接长度)/非加密区间距－1

3. 上柱与下柱钢筋根数不同的构造

(1)上柱钢筋比下柱多。当上柱钢筋比下柱多时，上柱纵向钢筋从楼面算起深入下柱长度$1.2l_{aE}$。其余钢筋构造符合图3-14所示的钢筋连接基本构造要求。

(2)上柱钢筋直径比下柱钢筋直径大。上柱钢筋直径比下柱钢筋直径大时，要错开下柱“非连接区”采用绑扎搭接构造，也可采用机械连接和焊接连接。其余钢筋构造符合图3-15所示的钢筋连接基本构造要求。

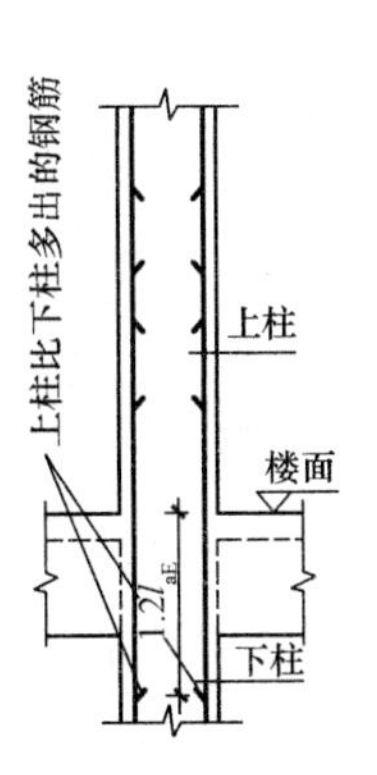

图 3-14　上柱钢筋比下柱多

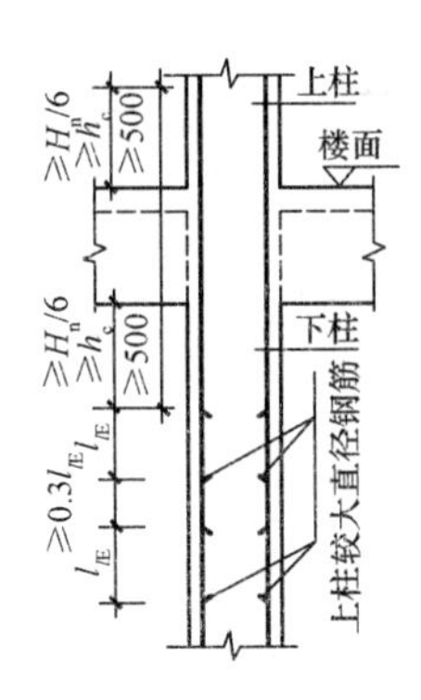

图 3-15　上柱钢筋直径比下柱钢筋直径大

(3)下柱钢筋比上柱多。当下柱钢筋比上柱多时，下柱纵向钢筋从梁底算起深入上柱长度 $1.2l_{aE}$。其余钢筋构造符合图 3-16 所示的钢筋连接基本构造要求。

(4)下柱钢筋直径比上柱钢筋直径大。当下柱钢筋直径比上柱钢筋直径大时，要错开上柱“非连接区”采用绑扎搭接构造，也可采用机械连接和焊接连接，如图 3-17 所示。

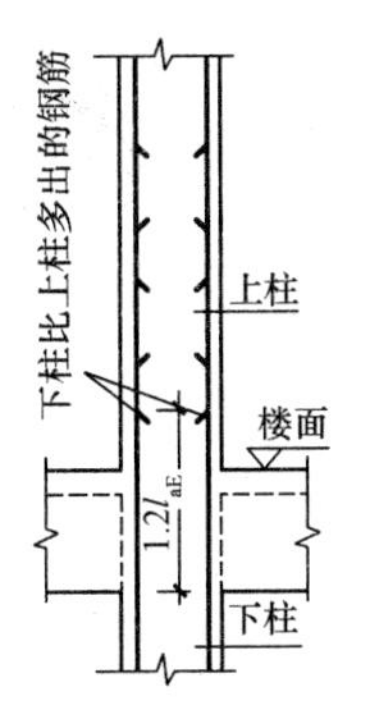

图 3-16　下柱钢筋比上柱多

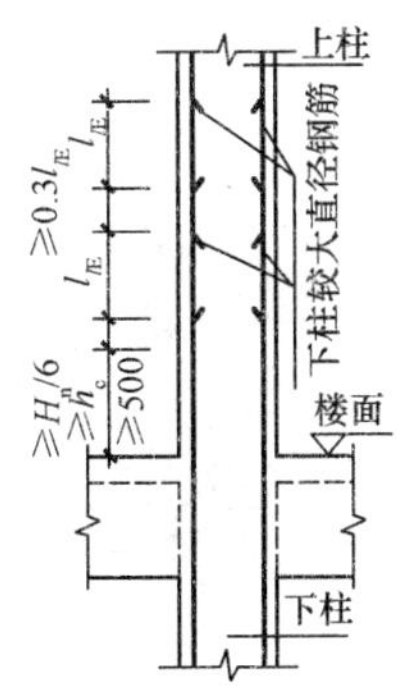

图 3-17　下柱钢筋直径比上柱钢筋直径大

五、顶层框架柱钢筋构造

1. 柱类型

根据柱的平面位置，将柱分为边柱、中柱、角柱。其钢筋伸到顶层梁板的方式和长度不同，如图 3-18 所示。框架柱与框架梁连接的边称为内侧边，没有与框架梁连接的边称为外侧边。因此，对于边柱，一条边为外侧边，三条边为内侧边。对于角柱，两条边为外侧边，两条边为内侧边。而中柱没有外侧边。外侧边上对应的钢筋为外侧钢筋，内侧边上对应的钢筋为内侧钢筋。

2. 顶层中柱钢筋构造

(1)中柱纵筋至柱顶，且梁内锚固竖直段不小于 $0.5l_{abE}$，柱纵筋顶部向内弯折 $12d$ 收敛锚固，如图 3-19 所示。理论计算长度为 h_b-c。

(2)当柱顶有不小于 100 mm 厚的现浇板时，柱纵筋伸至柱顶，且梁内锚固竖直段不小于 $0.5l_{abE}$，柱纵筋顶部外向弯折 $12d$(发散锚固)，如图 3-20 所示。

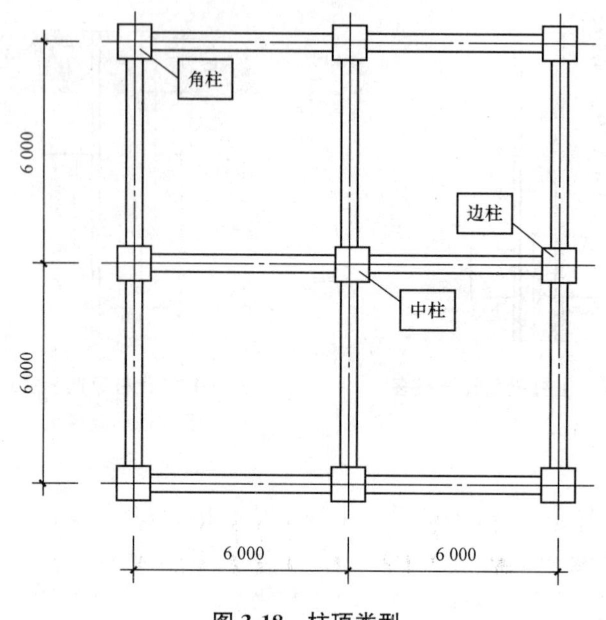

图 3-18　柱顶类型

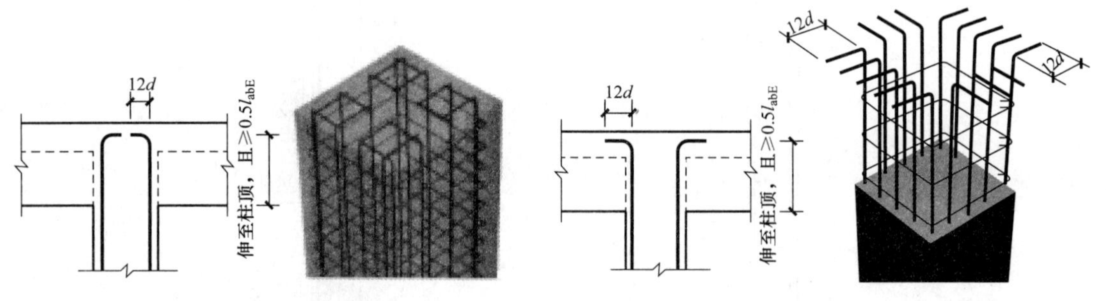

图 3-19　当柱顶现浇板厚度小于 100 mm 或预制板

图 3-20　当柱顶有不小于 100 mm 厚的现浇板时构造

(3)当柱顶能直锚时则直锚，柱纵筋伸至柱顶，且梁内锚固竖直段不小于 l_{aE}，如图 3-21 所示。

顶层中柱钢筋计算如下：

(1)弯锚：如图 3-22 所示，当梁高－柱保护层厚度<l_{aE}时：

$$\text{纵筋长度}=\text{顶层层高}-\text{顶层非连接区长度}-\text{柱保护层厚度}+12d$$

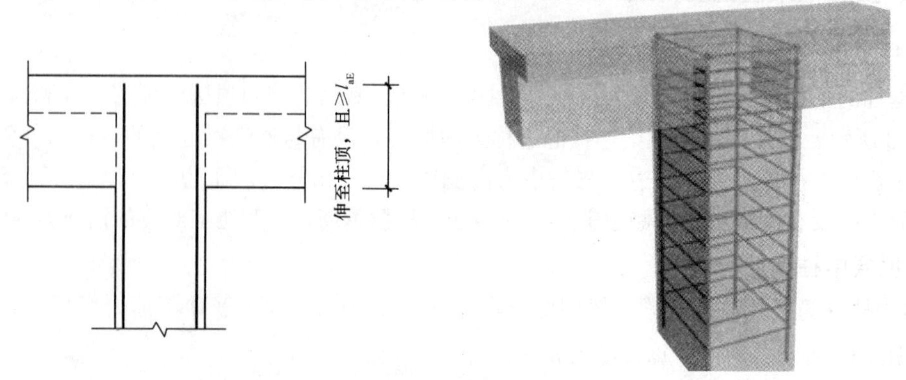

图 3-21　当柱顶能直锚时则直锚构造

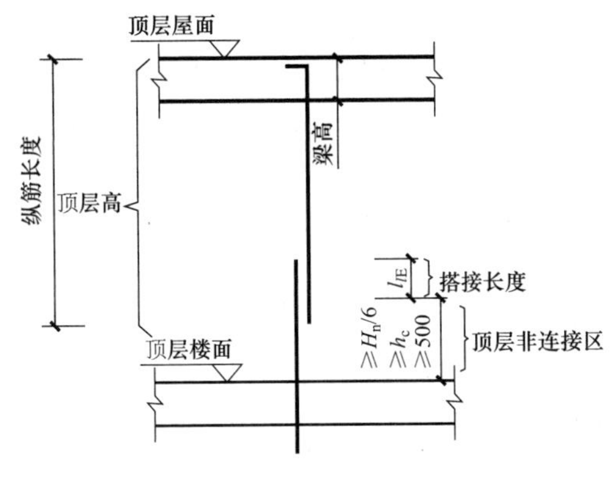

图 3-22 顶层居中柱钢筋

(2)直锚：当梁高－柱保护层厚度$\geqslant l_{aE}$时：

纵筋长度＝顶层层高－顶层非连接区长度－梁高＋锚固长度(等于梁高－柱保护层厚度)

(3)顶层中柱箍筋根数计算，如图 3-23 所示。

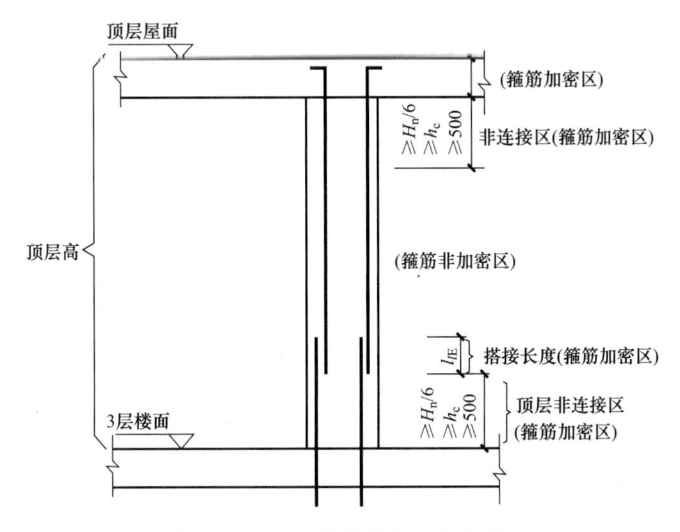

图 3-23 顶层柱箍筋加密区示意

上部加密区箍筋根数＝[max(H_n/6，h_c，500)＋梁高－柱保护层厚度]/加密区间距＋1

下部加密区箍筋根数＝[max(H_n/6，h_c，500)－50]/加密区间距＋1

纵筋搭接区箍筋根数＝2.3l_{lE}/加密区间距(若钢筋连接方式为搭接，则搭接区域需加密)

中间非加密区箍筋根数＝(层高－上部加密区长度－下部加密区长度－搭接长度)/非加密区间距－1

注：若为机械连接或焊接，则不需扣减搭接长度。

3. 顶层边柱、角柱钢筋构造

顶层边柱、顶层角柱钢筋伸入梁板内有两种类型，一种称为梁纵筋与柱纵筋弯折搭接型；另一种称为梁纵筋与柱纵筋竖直搭接型。前者在工程上俗称“柱包梁”；后者在工程上俗称“梁包柱”。

(1)“柱包梁”钢筋构造要点。

1)当柱外侧纵筋直径不小于梁上部纵筋时，可将柱外侧纵筋弯入梁内作为梁上部纵筋[图 3-24(a)]。

2)柱外侧纵筋能伸入梁内与梁上部纵筋搭接，搭接长度从梁底算起$\geqslant$1.5l_{abE}[图 3-24(b)]。

当搭接长度 $1.5l_{abE}$未超过柱内侧边缘时，柱外侧纵筋弯折后水平段≥15d[图 3-24(c)]。

当梁柱纵筋比较多时，为了避免由于在同一位置截断所有纵筋，而在混凝土内部形成应力集中，使混凝土开裂，当梁或柱纵筋配筋率大于 1.2%时，节点Ⓑ、Ⓒ和Ⓔ应分两批截断，每批截断一半，两批截断点之间的距离≥20d。

当柱纵筋直径≥25 mm 时，在柱宽范围的柱箍筋内侧设置间距＞150 mm，但不少于 3Φ10 的附加角筋。

3)对于无法伸入梁内的柱顶外侧纵筋，可以伸到柱顶弯折，将弯折后的水平段伸到柱内侧边，再下弯 8d[图 3-24(d)]。

4)当无法伸入梁内的柱顶外侧纵筋位于柱顶第二排时，柱纵筋应伸入对边柱纵筋内侧。

(2)“梁包柱”钢筋构造要点。柱纵筋伸至柱顶弯折 12d 即可。梁上部纵筋深入柱内与柱外侧纵筋搭接，搭接长度从柱顶(扣一个保护层厚度)算起，且≥$1.7l_{abE}$[图 3-24(e)]。

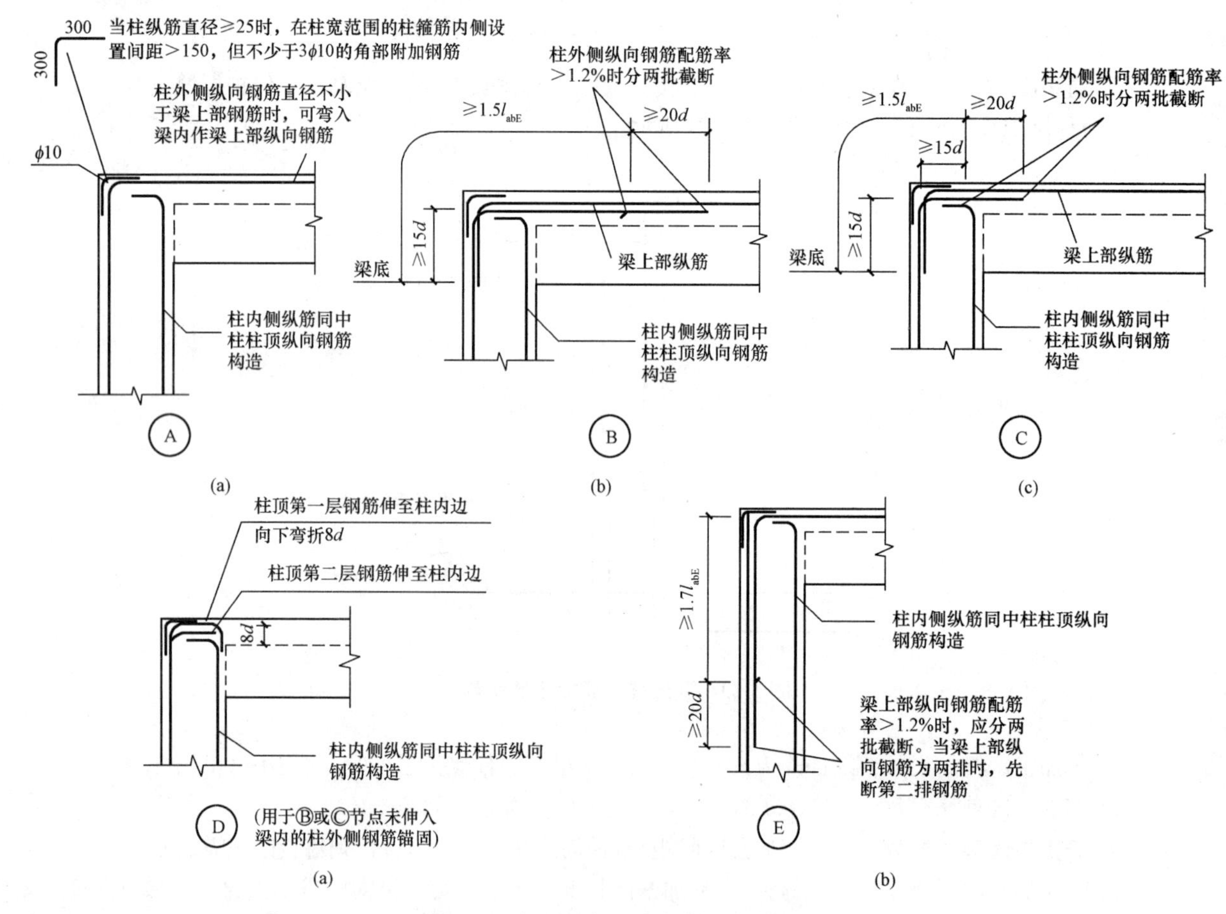

图 3-24　框架边柱和角柱柱顶纵筋构造

(a)柱筋作为梁上部钢筋使用；(b)从梁底算起 $1.5l_{abE}$超过柱内侧边缘；(c)从梁底算起 $1.5l_{abE}$未超过柱内侧边缘；(d)当现浇板厚度不小于 100 mm 时，也可按Ⓑ节点方式伸入板内锚固且伸入板内长度不宜小于 15d；(e)梁、柱纵向钢筋搭接接头沿节点直线布置

注意：1. 节点Ⓐ、Ⓑ、Ⓒ和Ⓓ应配合使用，节点Ⓓ不应单独使用(仅用于未伸入梁内的柱外侧纵筋锚固)。无论哪种节点，伸入梁内的柱外侧纵筋不宜少于柱外侧全部纵筋面积的 65%。可选择Ⓑ+Ⓓ或Ⓒ+Ⓓ或Ⓐ+Ⓑ+Ⓓ或Ⓐ+Ⓒ+Ⓓ的组合做法。

2. 节点Ⓔ用于梁柱纵筋在柱外侧搭接的情况，可与节点Ⓐ组合使用。

1)纵筋长度计算。

①从梁底算起 1.5l_{abE}超过柱内侧边缘时：

外侧钢筋长度＝顶层层高－顶层非连接区长度－梁高＋1.5l_{abE}

内侧纵筋长度＝顶层层高－顶层非连接区长度－柱保护层厚度＋12d

②从梁底算起 1.5l_{abE}未超过柱内侧边缘时：

外侧钢筋长度＝顶层层高－顶层非连接区长度－梁高＋max(1.5l_{abE}，梁高－柱保护层厚度＋15d)

内侧纵筋长度＝顶层层高－顶层非连接区长度－柱保护层厚度＋12d

③当节点未伸入梁内的柱外侧钢筋进行锚固时：

外侧第一层钢筋长度＝顶层层高－顶层非连接区长度－柱顶保护层厚度＋柱宽－柱保护层厚度×2＋8d

外侧第二层钢筋长度＝顶层层高－顶层非连接区长度－柱顶保护层厚度＋柱宽－柱保护层厚度×2

内侧纵筋长度＝顶层层高－顶层非连接区长度－柱保护层厚度＋12d

2)箍筋根数计算同中柱。

六、框架柱箍筋构造

1. 框架柱复合箍筋构造

框架柱复合箍筋构造如图 3-25 所示，柱箍筋复合方式标注 $m×n$ 说明：m 表示柱截面横向箍筋肢数；n 表示柱截面竖向箍筋肢数。

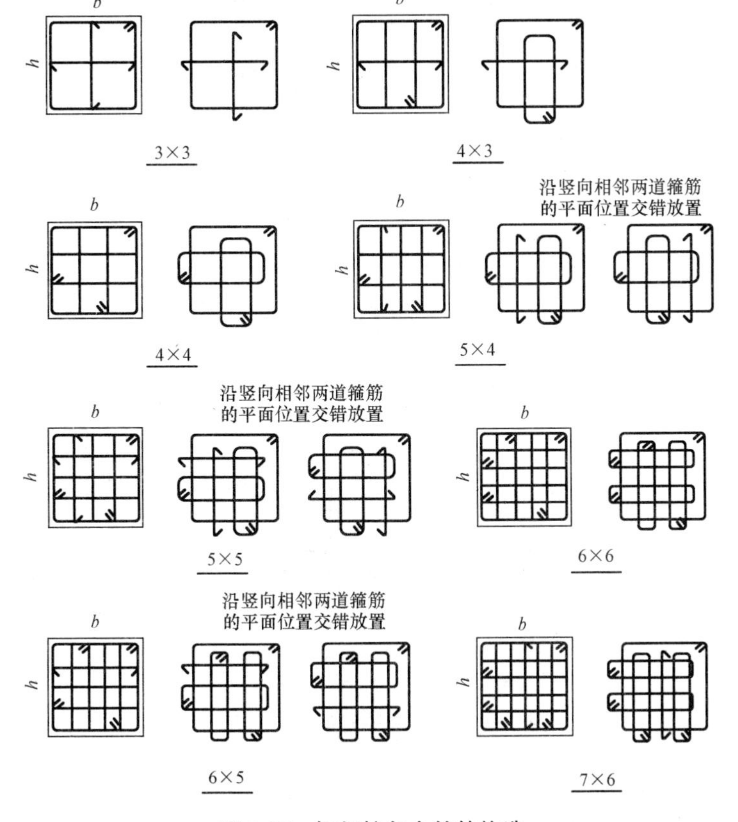

图 3-25　框架柱复合箍筋构造

设置复合箍筋要遵循下列原则：

(1)大箍套小箍。矩形柱的箍筋，都是采用“大箍”里面套若干“小箍”的方式。如果是偶数肢数，则用几个两肢“小箍”来组合；如果是奇数肢数，则用几个两肢“小箍”再加上一个“单肢”来组合。

(2)内箍或拉筋的设置要满足“隔一拉一”。设置内箍的肢或拉筋时，要满足对柱纵筋至少“隔一拉一”的要求。不允许存在两根相邻的柱纵筋同时没有钩住箍筋的肢的现象。

(3)“对称性”原则。柱 b 边上箍筋的肢都应该在 b 边上对称分布。同时，柱 h 边上箍筋的肢都应该在 h 边上对称分布。

(4)“内箍水平段最短”原则。在考虑内箍的布置方案时，应该使内箍的水平段尽可能的最短(其目的是使内箍与外箍重合的长度为最短)。

(5)施工时，纵横方向的内箍(小箍)要贴近大箍(外箍)放置。

2. 首层柱箍筋加密区

箍筋加密区范围如图 3-26 所示。抗震设计时，框架柱 KZ、梁上柱 LZ 和墙上柱 QZ 的箍筋加密区长度和纵筋非连接区长度是一致的。箍筋加密区长度构造要求如下：

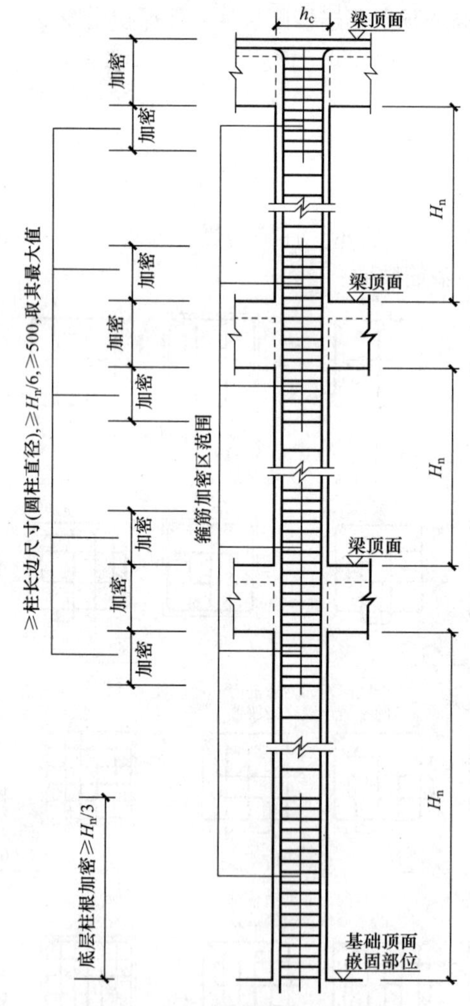

图 3-26 首层柱子箍筋加密区示意

(1)嵌固部位相邻上一层 KZ、LZ 和 QZ，下端加密区长度≥$H_n/3$(一般直接取 $H_n/3$)，上端加密区长度≥[max($H_n/6$，h_c，500)+h_b]{一般直接取[max($H_n/6$，h_c，500)+h_b]}。其他各

层，下端加密区长度≥max($H_n/6$，h，500)[一般直接取max($H_n/6$，h_c，500)]，上端加密区长度≥[max($H_n/6$，h_c，500)+h_b]{一般直接取[max($H_n/6$，h_c，500)+h_b]}，如图 3-26 所示。其中，H_n 为框架柱净高；h_c 为框架柱截面长边尺寸，圆柱时为柱直径；h_b 为框架梁截面高。

(2)当柱纵筋采用绑扎搭接连接时，纵筋搭接区箍筋应加密，加密区箍筋间距为 min(5d，100 mm)。

3. 地下室框架柱箍筋加密区

地下室框架柱箍筋加密区构造如图 3-27 所示，地下室框架柱与其他部位框架柱钢筋构造没有本质区别，注意柱的嵌固部位，可能在基础顶面，也可能在地下室顶板位置。

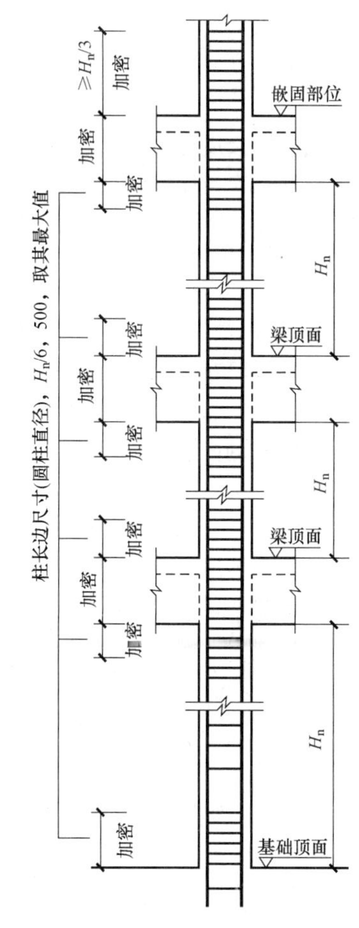

图 3-27　地下室框架箍筋加密区

4. 刚性地面上下箍筋加密

当存在刚性地面时，刚性地面上下各 500 mm 范围内加密，如图 3-28 所示。

刚性地面是指基础以上墙体两侧的回填土应分层回填夯实(回填土和压实密度应符合国家有关规定)，在压实土层上铺设的混凝土面层，厚度不应小于 150 mm，这样在基础埋深较深的情况下，设置刚性地面能对埋入地下的墙体在一定程度上起到侧面嵌固或约束的作用。箍筋在刚性地面上下 500 mm 范围内加密是考虑了这种刚性地面约束的影响。另外，有专家提出以下两种形式也可作刚性地面考虑：

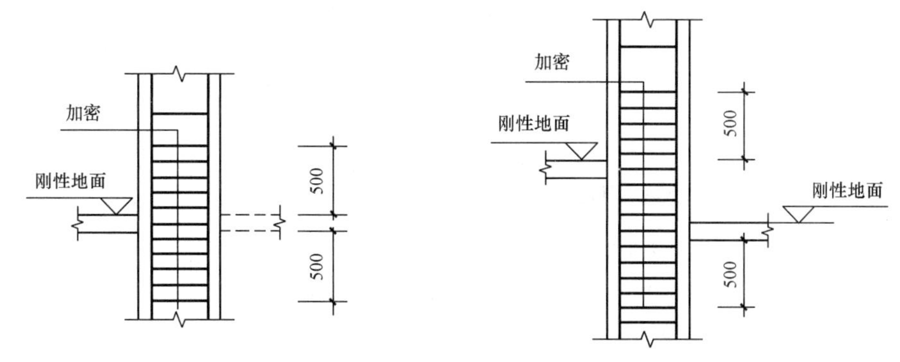

图 3-28　底层刚性地面上下各加密 500

(1)花岗石板块地面和其他岩板块地面。

(2)厚度 200 mm 以上，混凝土强度等级不小于 C20 的混凝土地面。

5. 柱箍筋的计算方法

(1)柱箍筋长度计算。柱常用的复合形式为 $m \times n$ 肢箍，由大矩形箍、小矩形箍和单肢箍形式组成。下面以图 3-29 所示的柱箍

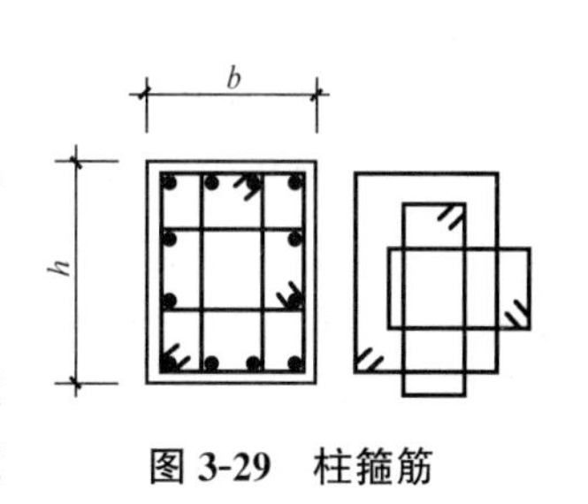

图 3-29　柱箍筋

筋为例，给出箍筋长度计算公式。

柱箍筋长度$=(b+h)\times2-c\times8+11.9d\times2+[(b-2c-2d-D)/3+D+2d]\times2+(h-2c)\times2+11.9d\times2+[(h-2c-2d-D)/3+D+2d]\times2+(b-2c)\times2+11.9d\times2$

依据箍筋长度计算例题，得出框架柱大、小箍筋的通用计算公式为：

大箍筋长度$=(b+h)\times2-c\times8+2\times1.9d+2\times\max(75.10d)$

小箍筋长度$=\left[\dfrac{(b-2c-2d-D)}{n-1}+D+2d\right]\times2+(h-2c)\times2+2\times1.9d+2\times\max(75.10d)$

注：c——混凝土保护层厚度；d——箍筋直径；D——柱纵筋直径；n——柱一侧边布置的纵筋根数。

(2)箍筋根数计算。柱箍筋在楼层中，按加密区与非加密区分布。

1)基础插筋在基础中的箍筋根数。

当柱插筋侧面混凝土保护层$>5d$时，箍筋根数=[(基础高度$-100-c-2d$)/500]+1；

当柱插筋侧面混凝土保护层$\leqslant5d$时，箍筋根数=[(基础高度$-100-c-2d$)/s]+1。

注：s——锚固区横向箍筋间距，锚固区横向箍筋应满足直径$\geqslant d/4$(d为插筋最大直径)，间距$\leqslant5d$(d为插筋最小直径)且$\leqslant$100 mm的要求。

2)基础相邻层或首层箍筋根数。

箍筋根数=(下部加密区长度－50)/加密区间距＋1＋上部加密区长度/加密区间距＋1＋非加密区长度/非加密区间距－1＋$\dfrac{2.3l_{lE}}{\min(100,5d)}$(单位：mm)

3)中间层及顶层箍筋根数。

箍筋根数=(下部加密区长度－50)/加密区间距＋(上部加密区长度－50)/加密区间距＋非加密区长度/非加密区间距＋$\dfrac{2.3l_{lE}}{\min(100,5d)}$＋1

说明：如果柱纵筋不是绑扎连接，就不用加$\dfrac{2.3l_{lE}}{\min(100,5d)}$。

在计算柱箍筋根数时不应每层都加1，一根柱子箍筋数量只需加一次，原因是柱子的箍筋是沿着柱长连续布置的，这点与梁箍筋不同，梁箍筋在梁柱结点是没有的，而柱箍筋则有。

第三节　柱钢筋算量实例

一、柱构件基础插筋计算实例

已知柱插筋计算简图如图3-30所示，混凝土强度等级为C30，抗震等级为一级，基础底部保护层厚度为40 mm，钢筋连接方式为电渣压力焊，$l_{aE}/l_a=33d/29d$。试计算基础内插筋长度及根数。

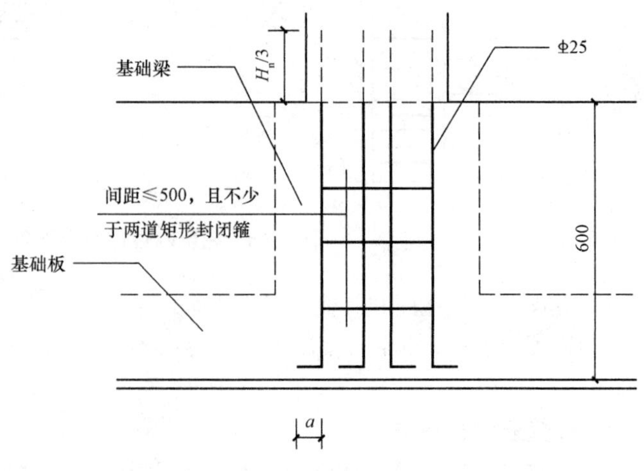

图3-30　柱插筋计算简图

解：(1)判断锚固方式。若柱为轴心受压或小偏心受压，基础高度或基础顶面至中间层钢筋网片的距离不小于1 200 mm，或柱为大偏心受压，基础高度或基础顶面至中间层钢筋网片的距离不小于1 400 mm，则可仅将柱四角的纵筋伸至基础底部且弯折15d，其余纵筋锚固在基础顶面下l_{aE}即可。

(2)底部锚固长度计算。查表1-10得，$l_{abE}=33d$，则

$$0.6l_{abE}=0.6\times 33\times 25=495(\text{mm})$$

$$20d=20\times 25=500(\text{mm})$$

由此可知，竖直长度(600－40＝560mm)＞0.6l_{abE}，且＞20d，故符合构造要求。

查表1-13得，$l_{aE}=33d=33\times 25=825(\text{mm})$

$$h_j-c=600-40=560(\text{mm})<825\text{ mm}$$

故全部纵筋均伸入基础底部并弯折15d，即

锚固竖直段长度＝560 mm

弯折段长度＝15×25＝375(mm)

(3)计算基础内纵筋总长度。

基础内纵筋总长度＝600－40＋375＝935(mm)

(4)插筋预留接头长度。

低位：$\frac{H_n}{3}$；

高位：根据连接方式加错开搭接长度。

二、框架柱钢筋计算实例

某工程框架柱立面图与断面图如图3-31所示，一类环境，三级抗震，柱纵筋连接采用搭接方式(沿高度方向设两个搭接区)，结构的设计使用年限为50年，柱混凝土强度等级为C30，石子粒径＜20 mm，垫层混凝土强度等级为C20，石子粒径＜20 mm，混凝土场外集中搅拌25 m^3/h，运距为8 km，泵送15 m^3/h，试计算柱钢筋工程量。

解：(1)确定构件混凝土保护层厚度。

1)基础底面有混凝土垫层，故基础底面钢筋的保护层厚度为40 mm。

2)构件的设计使用年限为50年，一类环境，混凝土强度等级为C30，故柱的保护层厚度为20 mm。

(2)计算搭接长度l_{lE}。由题意可知，抗震等级为三级，混凝土强度等级为C30，钢筋采用HRB400级，直径为25 mm；由于上、下层钢筋种类相同，故搭接钢筋面积百分率为50%。查表1-17得

$$l_{lE}=52d=52\times 25=1\ 300(\text{mm})$$

(3)计算H_n及柱加密区长度。

1)一层：

$$H_n=4.95+1.5-0.75-0.5=5.3(\text{m})$$

柱根加密区长度＝5.3/3＝1.77(m)

柱顶加密区长度＝max(H_n/6，h_c，500)＝max(5 300/6，600，500)＝883.33(mm)＝0.883 m

非加密区长度＝5.3－1.77－2.3×1.3－0.883＝－0.343(m)(全高加密)，除此之外，沿柱高0.3l_{lE}也是非加密区。

2)二层：

$$H_n=9.45-4.95-0.5=4(\text{m})$$

柱根加密区长度＝max(H_n/6，h_c，500)＝max(4 000/6，600，500)＝667(mm)＝0.667 m

柱顶加密区长度=max(H_n/6，h_c，500)=max(4 000/6，600，500)=667(mm)=0.667 m

非加密区长度=4−0.667−2.3×1.3−0.667=−0.324(m)，即二层连接区的高度小于纵筋分两批搭接所需要的高度，应改用机械连接或焊接连接。此种情况不应采用搭接连接。

(4)计算纵筋工程量。

单根长度=9.45+1.4−0.04−0.02+12×0.025+15×0.025+1.3=12.77(m)

总长=12.77×6=76.62(m)

总质量=76.62×3.85=295(kg)=0.295 t

(5)计算箍筋工程量。

箍筋根数=2+(一层)(1.83−0.05+1.3)/0.1+1+0.3×1.3/0.2+1.3/0.1+0.864/0.2−1+(0.917+0.5)/0.1+1+(二层)(0.667−0.005)/0.1+1+(0.667+0.5−0.02)/0.1+1+(4−0.667×2)/0.2−1=69+34=103(根)

箍筋单根长度=2×(0.6+0.5)−8×0.02+2×11.9×0.008=2.23(m)

总长度=2.23×103=229.69(m)

总质量=229.69×0.395=91(kg)=0.091 t

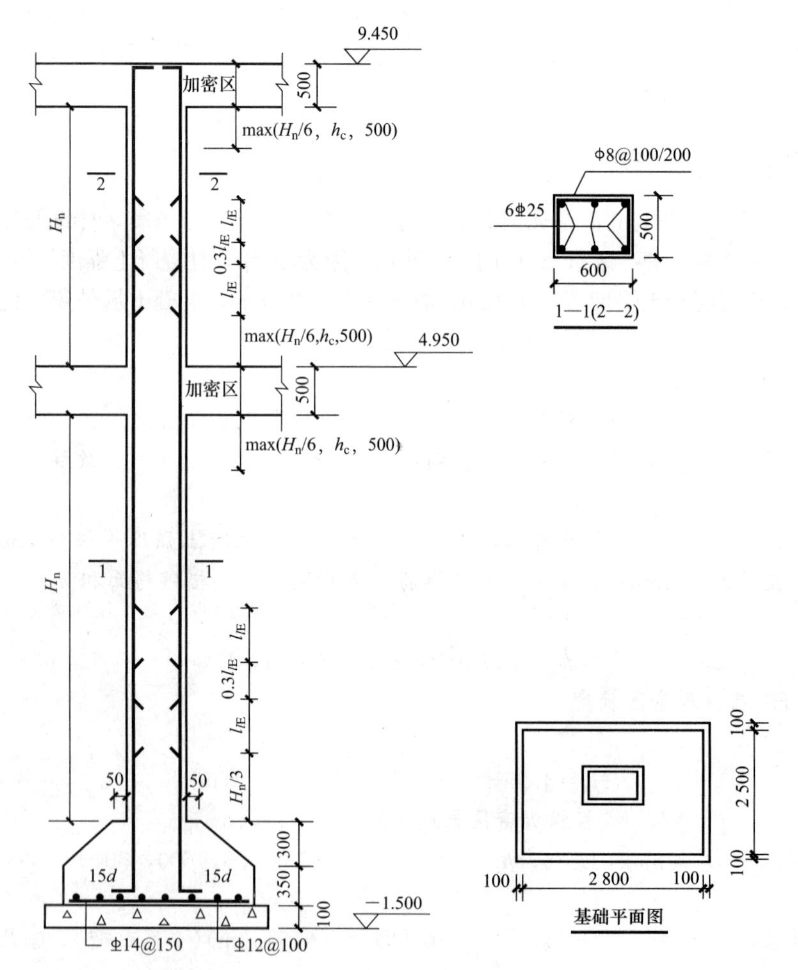

图 3-31　框架柱配筋图

三、地下室框架柱钢筋计算实例

已知：某框架角柱地下一层至地上七层，采用强度等级为 C30 的混凝土，框架结构抗震等级为二级，环境类别为地下部分为二 b 类，其余为一类。钢筋采用焊接连接，基础高度为 800 mm，基础钢筋保护层厚度为 40 mm，基础底板钢筋直径为 20 mm，基础梁截面尺寸为 600 mm×800 mm，顶标高为－3.200 mm，基础底板板顶标高为－3.800 mm，框架梁截面尺寸均为 250 mm×600 mm，嵌固部位位于地下室顶板，现浇楼厚度为 100 mm。角柱的截面注写内容如图 3-32 和表 3-2 所示，结构层楼面标高和结构层高见表 3-3。

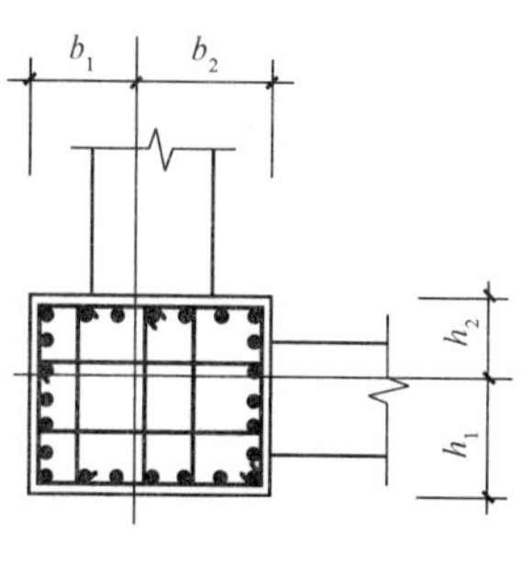

图 3-32　柱截面

要求：计算该框架角柱钢筋量。

表 3-2　KZ1 柱表内容

柱号	标高/m	$b\times h$ /(mm×mm)	b_1/mm	b_2/mm	h_1/mm	h_2/mm	全部纵筋	角筋	b 边一侧中部筋	h 边一侧中部筋	箍筋
KZ1	－3.200～19.470	750×700	300	450	300	400	24⌀25	—	—	—	ϕ10@100/200
	19.470～26.670	550×500	300	250	300	200	—	4⌀22	5⌀22	4⌀20	ϕ8@100/200

表 3-3　结构层楼面标高和结构层高

层号	标高/m	层高/m
－1	－3.800	3.77
1	－0.030	4.5
2	4.470	4.2
3	8.670	3.6
4	12.270	3.6
5	15.870	3.6
6	19.470	3.6
7	23.070	3.6
顶层	26.670	—

解： 纵筋长度和根数。

(1)为了方便描述每根纵筋，对纵筋进行编号，如图 3-33 和图 3-34 所示，所有的长度单位统一为 m。

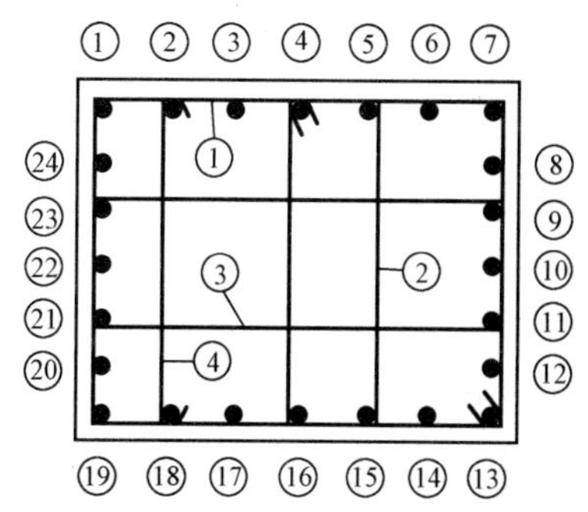

图 3-33　19.470 m 以下截面柱纵(箍)筋编号

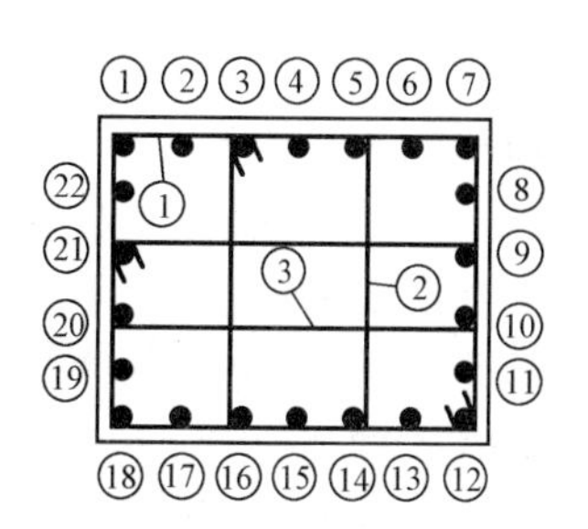

图 3-34　19.470 m 以上截面柱纵(箍)筋编号

1)基础底面～19.470 高度范围。

混凝土强度等级为 C30，抗震等级为二级，全部纵筋为 24Φ25，查教材表 1-13 或图集 16G101—1P58 页表可知 $l_{aE}=40d=40\times0.025=1$(m)，而 $h_j-c-2d=0.8-0.04-0.02\times2=0.72(m)<1$ m，当 $h_j-c-2d<l_{aE}(l_a)$时，插筋基础内锚固长度$=(h_j-c-2d)+15d=(0.8-0.04-2\times0.02)+15\times0.025=1.095$(m)。

由于在 19.470 标高处柱截面尺寸发生变化，根据 16G101—1 第 68 页，$\Delta/h_b=\frac{200}{600}=\frac{1}{3}$，不能伸入构件的钢筋断开弯折 $12d$，所以①～⑬号纵筋都要水平弯折 $12d=12\times0.025=0.3$(m)。

①～⑬号纵筋单根长度$=1.095+(19.47+3.8)-0.02+0.3=24.645$(m)

⑭～㉑、㉓、㉔号纵筋共 10 根，其中低位钢筋单根长度$=1.095+(19.47+3.8)+0.55=24.915$(m)。

高位钢筋单根长度$=1.095+(19.47+3.8)+0.55+35\times0.025=25.79$(m)

下柱比上柱多出的㉒号纵筋单根长度$=1.095+(19.47+3.8)-0.6+1.2\times1=24.965$(m)

2)19.470～26.670 高度范围。

①～⑦、⑫号纵筋都要深入梁柱节点 $1.2l_{aE}=1.2\times40d=1.2\times40\times0.022=1.056$(m)

⑧～⑪号纵筋都要深入梁柱节点 $1.2l_{aE}=1.2\times40d=1.2\times40\times0.02=0.96$(m)

因①～⑦、⑫号纵筋(内侧筋)在柱顶 $l_{aE}=40d=40\times0.022=0.88>$梁高$=0.6$，故其所在柱顶是弯折锚固。

①～⑦、⑫号纵筋单根长度$=1.056+(26.67-19.47)-0.02+12\times0.022=8.5$(m)，因⑧～⑪号纵筋(内侧筋)在柱顶 $l_{aE}=40d=40\times0.02=0.8>$梁高$=0.6$，所在柱顶是弯折锚固。

⑧～⑪号纵筋单根长度$=1.056+(26.67-19.47)-0.02+12\times0.02=8.476$(m)

⑬～⑱，⑲～㉒号纵筋(外侧筋)在柱顶采用 16G101—1 中第 62 页中“拉筋紧靠箍筋并勾住纵筋”所示的构造。

⑬～⑱号低位纵筋单根长度$=(26.67-19.47)-0.55-0.6+1.5\times40\times0.022=7.37$(m)

⑬～⑱号高位纵筋单根长度$=(26.67-19.47)-0.55-0.6-35\times0.022+1.5\times40\times0.022=6.6$(m)

⑲～㉒号低位纵筋单根长度$=(26.67-19.47)-0.55-0.6+1.5\times40\times0.02=7.25$(m)

⑲～㉒号高位纵筋单根长度$=(26.67-19.47)-0.55-0.6-35\times0.02+1.5\times40\times0.02=6.55$(m)

纵筋计算完毕。

(2)箍筋长根和根数。

1)基础底面～19.470 高度范围。

由于基础梁截面尺寸为 600×800，柱插筋在基础中侧向保护层厚度$<5d$，根据 16G101—3 第 66 页注 2，锚固区横向箍筋(非复合箍筋)的设置要求，锚固区横向箍筋应为 Φ8@100，所以，基础高度内箍筋数量为$(0.8-0.1)/0.1+1=8$(根)。

单根长度$=(0.75+0.7)-8\times0.035+11.9\times0.008\times2=1.36$(m)

基础顶面～19.470 高度范围为 5×4 复合箍筋，根据 16G101—1 第 56 页，地下室柱筋保护层厚度为 35 mm，地上部分保护层厚度为 20 mm。

地下室复合箍筋单根长度计算如下：

①号箍筋长度$=(0.75+0.7)\times2-8\times0.035+11.9\times0.01\times2=2.858$(m)

②号箍筋长度$=[0.7-2\times0.035+(0.75-2\times0.035-0.01\times2-0.025)/6+0.025+0.01\times2]\times2+11.9\times0.01\times2=1.8$(m)

③号箍筋长度$=[0.75-2\times0.035+(0.7-2\times0.035-0.01\times2-0.025)/3+0.025+0.01\times$

2]×2+11.9×0.01×2=2.078(m)

④号箍筋长度=0.7−2×0.035+11.9×0.01×2=0.868(m)

所以，地下室复合箍筋单根长度=2.858+1.8+2.078+0.868=7.604(m)

地上部分复合箍筋单根长度计算如下：

①号箍筋长度=(0.75+0.7)×2−8×0.02+11.9×0.01×2=2.978(m)

②号箍筋长度=[0.7−2×0.02+(0.75−2×0.02−0.01×2−0.025)/6+0.025+0.01×2]×2+11.9×0.01×2=1.87(m)

③号箍筋长度=[0.75−2×0.02+(0.7−2×0.02−0.01×2−0.025)/3+0.025+0.01×2]×2+11.9×0.01×2=2.158(m)

④号箍筋长度=0.7−2×0.02+11.9×0.01×2=0.898(m)

所以，地上部分复合箍筋单根长度=2.978+1.87+2.158+0.898=7.904(m)

地下室范围箍筋数量：

根据16G101—1第64页地下室抗震KZ箍筋构造，地下室框架柱根部加密区长度=max(3.17/6，0.5，0.75)=0.75(mm)，顶部加密区长度=max(3.17/6，0.5，0.75)+0.6=1.35(mm)。

箍筋数量=(0.75−0.05)/0.1+(1.35−0.05)/0.1+(2.27−0.75)/0.2+1=29(根)

首层柱箍筋数量：

嵌固端在地下室顶板，根据16G101—1第65页，首层柱根部加密区长度=H_n/3=(4.5−0.6)/3=1.3(m)，上部加密区长度=max(H_n/6，0.5，0.75)+0.6=1.35(m)，非加密区长度=4.5−1.3−1.35=1.85(m)，首层柱箍筋数量=(1.3−0.05)/0.1+(1.35−0.05)/0.1+1.85/0.2+1=37(根)，首层箍筋单根长度=地下室柱箍筋单根长度=7.409 m。

二层柱箍筋数量：

二层柱根部加密区长度=max(H_n/6，0.5，0.75)=0.75 m，上部加密区长度=max(H_n/6，0.5，0.75)+0.6=1.35(m)，非加密区长度=4.2−0.75−1.35=2.1(m)，二层柱箍筋数量=(0.75−0.05)/0.1+(1.35−0.05)/0.1+2.1/0.2+1=33(根)。三～五层柱箍筋数量，三～五层层高是相同的，所以，只需计算一层，然后乘三就可以了，三～五层柱根部加密区长度=max(H_n/6,0.5，0.75)=0.75(m)，上部加密区长度=max(H_n/6，0.5，0.75)+0.6=1.35(m)，非加密区长度=3.6−0.75−1.35=1.5(m)。

箍筋数量=[(0.75−0.05)/0.1+(1.35−0.05)/0.1+1.5/0.2+1]×3=87(根)

5×4复合箍筋总根数=26+37+33+87=183(根)

2)19.470～26.670高度范围。

19.470～26.670高度范围为4×4复合箍筋，单根长度计算如下：

①号箍筋长度=(0.55+0.5)×2−8×0.02+11.9×0.008×2=2.13(m)

②号箍筋长度=[0.5−2×0.02+(0.55−2×0.02−0.008×2−0.022)/3+0.022+0.008×2]×2+11.9×0.008×2=1.5(m)

③号箍筋长度=[0.55−2×0.02+(0.5−2×0.02−0.008×2−0.022)/5+0.022+0.008×2]×2+11.9×0.008×2=1.455(m)

所以，单根复合箍筋长度=2.13+1.5+1.455=5.085(m)

六～七层柱箍筋数量：

六～七层柱根部加密区长度=max(H_n/6，0.5，0.55)=0.55 m，上部加密区长度=max(H_n/6，0.5，0.55)+0.6=1.15(m)，非加密区长度=3.6−0.55−1.15=1.9(m)。

箍筋数量=[(0.55−0.05)/0.1+(1.15−0.05)/0.1+1.9/0.2+1]×2=54(根)

箍筋计算完毕。

(3)纵筋接头数量。该框架柱，地上七层，地下一层。每根纵筋在每层有一个机械连接接头，19.470 m以下(−1～5层)，纵筋接头个数共24×6=144(个)；19.470 m以上(6～7层)，纵筋接头个数共22×2=44(个)。该柱纵筋接头共144+44=188(个)。

钢筋工程量计算见表3-4，钢筋材料汇总见表3-5。

表3-4 钢筋工程量计算表

序号	钢筋名称	钢筋级别、直径/mm	计算式	单根长度/m	钢筋根数	总长度/m	单根钢筋理论质量/(kg·m^{-1})	总质量/kg
1	基础～19.470纵筋(在19.47位置弯折锚固纵筋)	25	1.095+(19.47+3.8)−0.02+0.3	24.65	13	320.39	3.850	1 233.48
2	基础～19.470纵筋(在19.47位置直通低位纵筋)	25	1.095+(19.47+3.8)+0.55	24.92	5	124.58	3.850	479.61
3	基础～19.470纵筋(在19.47位置直通高位纵筋)	25	1.095+(19.47+3.8)+0.55+35×0.025	25.79	5	128.95	3.850	496.46
4	基础～19.470纵筋(19.47下柱比上柱多出的纵筋)	25	1.095+(19.47+3.8)−0.6+1.2×1	24.97	1	24.97	3.850	96.12
5	19.470～26.670纵筋(内侧纵筋)	22	1.056+(26.67−19.47)−0.02+12×0.022	8.50	8	68.00	2.980	202.64
6	19.470～26.670纵筋(内侧纵筋)	20	1.056+(26.67−19.47)−0.02+12×0.02	8.48	4	33.90	2.470	83.74
7	19.470～26.670纵筋(外侧低位纵筋)	22	(26.67−19.47)−0.55−0.6+1.5×40×0.022	7.37	3	22.11	2.980	65.89
8	19.470～26.670纵筋(外侧高位纵筋)	22	(26.67−19.47)−0.55−0.6−35×0.022+1.5×40×0.022	6.60	3	19.80	2.980	59.00
9	19.470～26.670纵筋(外侧低位纵筋)	20	(26.67−19.47)−0.55−0.6+1.5×40×0.02	7.25	2	14.50	2.470	35.82
10	19.470～26.670纵筋(外侧高位纵筋)	20	(26.67−19.47)−0.55−0.6−35×0.02+1.5×40×0.02	6.55	2	13.10	2.470	32.36
11	基础高度内柱箍筋							
12	根数	8	(0.8−0.1)/0.1+1		8			
13	箍筋工程量	8	(0.75+0.7)−8×0.035+11.9×0.008×2	1.36	8	10.88	0.395	4.30
14	地下室柱箍筋							

续表

序号	钢筋名称	钢筋级别、直径/mm	计算式	单根长度/m	钢筋根数	总长度/m	单根钢筋理论质量/(kg·m^{-1})	总质量/kg
15	根数	10	(0.75－0.05)/0.1＋1.35/0.1＋(2.27－0.75－0.07)/0.2＋1		29			
16	箍筋工程量	10	(0.75＋0.7)×2－8×0.035＋11.9×0.01×2＋[0.7－2×0.035＋(0.75－2×0.035－0.01×2－0.025)/6＋0.025＋0.01×2]×2＋11.9×0.01×2＋[0.75－2×0.035＋(0.7－2×0.035－0.01×2－0.025)/3＋0.025＋0.01×2]×2＋11.9×0.01×2＋0.7－2×0.035＋11.9×0.01×2	7.60	29	220.51	0.617	136.05
17	地上5×4箍筋单根长度	10	(0.75＋0.7)×2－8×0.02＋11.9×0.01×2＋[0.7－2×0.02＋(0.75－2×0.02－0.01×2－0.025)/6＋0.025＋0.01×2]×2＋11.9×0.01×2＋(0.75－2×0.02＋[0.7－2×0.02－0.01×2－0.025)/3＋0.025＋0.01×2]×2＋11.9×0.01×2＋0.7－2×0.02＋11.9×0.01×2	7.90				
18	一层柱箍筋	10	(1.3－0.05)/0.1＋(1.35－0.05)/0.1＋1.85/0.2＋1	7.90	36	282.57	0.617	174.34
19	二层柱箍筋	10	(0.75－0.05)/0.1＋(1.35－0.05)/0.1＋2.1/0.2＋1	7.90	32	248.98	0.617	153.62
20	三～五层柱箍筋	10	[(0.75－0.05)/0.1＋(1.35－0.05)/0.1＋1.5/0.2＋1]×3	7.90	86	675.79	0.617	416.96
21	4×4箍筋单根长度	8	(0.55＋0.5)×2－8×0.02＋11.9×0.008×2＋[0.5－2×0.02＋(0.55－2×0.02－0.008×2－0.022)/3＋0.022＋0.008×2]×2＋11.9×0.008×2＋(0.55－2×0.02＋[0.5－2×0.02－0.008×2－0.022)/5＋0.022＋0.008×2]×2＋11.9×0.008×2	5.09	1.5			
22	六、七层柱箍筋	8	[(0.55－0.05)/0.1＋(1.15－0.05)/0.1＋1.9/0.2＋1]×2	4.76	54	257.26	0.395	101.62

表 3-5　钢筋材料汇总表

钢筋类别	钢筋直径、级别	总长度/m	总质量/kg
纵筋	Φ25	598.875	2 305.669
	Φ22	109.910	327.532
	Φ20	61.504	151.915
箍筋	Φ8	268.139	105.915
	Φ10	1 427.842	880.979
接头	直螺纹套筒连接接头，188 个		

四、中间层柱钢筋计算实例

已知：环境类别为一类，柱混凝土强度等级为 C30，抗震等级为一级，基础底部保护层厚度为 40 mm，柱混凝土保护层厚度为 20 mm，计算图示截面 KZ4 的纵筋及箍筋，$l_{aE}/l_a=34d/29d$。柱平法施工图如图 3-35 所示，计算简图如图 3-36 所示。

层号	顶标高	层高	顶梁高
4	16.47	3.6	700
3	12.27	4.2	700
2	8.67	4.2	700
1	4.47	4.5	700
基础	-1.03	基础厚800	—

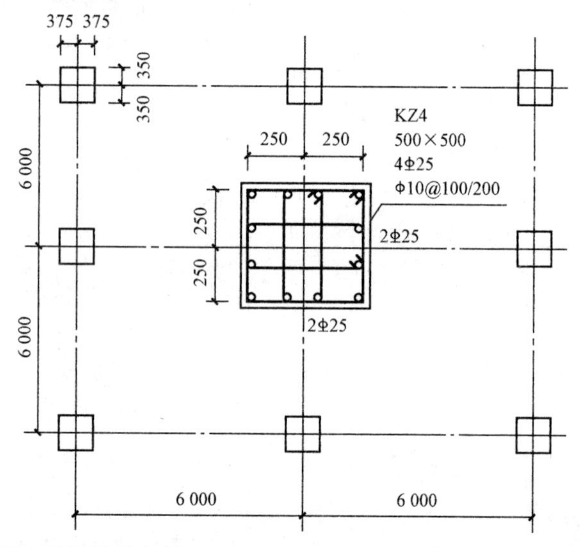

图 3-35　KZ4 柱平法施工图

【解】 1. 计算 1 层纵筋及箍筋

(1)计算纵筋长度(低位)。

计算公式＝层高－本层下端非连接区高度＋伸入上层非连接区高度

本下端非连接区高度$=H_n/3$

$=(4\ 500+1\ 000-700)/3$

$=1\ 600(\mathrm{mm})$

伸入 2 层的非连接区高度$=\max(H_n/6，h_c，500)$

$=\max[(4\ 200-700)/6\ 500\ 500]$

$=583(\mathrm{mm})$

总长$=4\ 500+1\ 000-1\ 600+583$

$=4\ 483(\mathrm{mm})$

(2)计算纵筋长度(高位)。

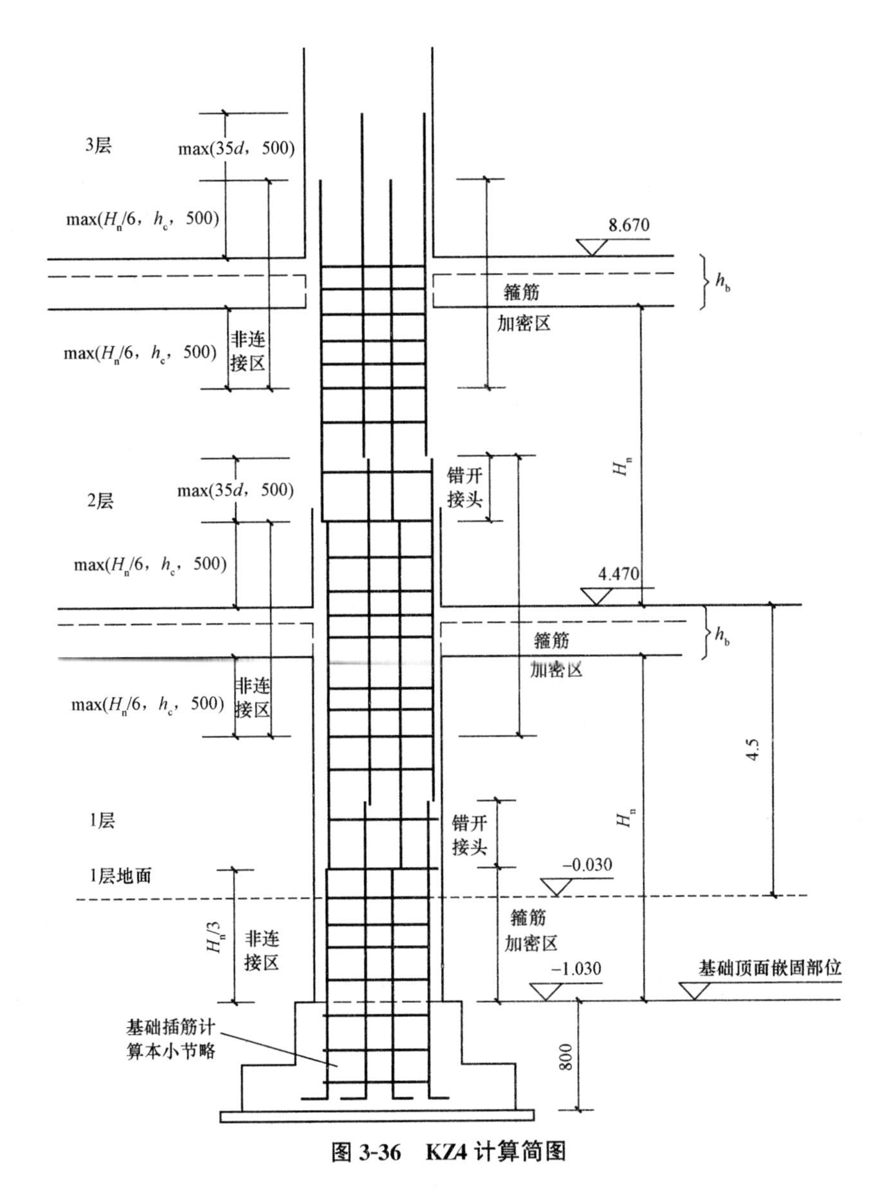

图 3-36　KZ4 计算简图

计算公式＝层高－本层下端非连接区高度－本层错开接头＋伸入上层非连接区高度＋上层错开接头

错开接头＝max(35d，500)＝875(mm)

伸入 2 层的非连接区高度＝max(H_n/6，h_c，500)

＝max[(4 200－700)/6 500 500]

＝583(mm)

总长＝4 500＋1 000－1 600－max(35d，500)＋583＋max(35d，500)

＝4 483(mm)

(3)箍筋长度。

外大箍＝2×[(500－40－10)＋(500－40－10)＋2×11.9×10]

＝2 048(mm)

小箍筋宽度＝(500－40－20－25)/3＋25＋10

＝173(mm)

小箍筋长度＝2×[173＋(500－40－10)]＋2×11.9×10

　　＝1 484(mm)

(4)箍筋根数。

下部加密区长度＝H_n/3

　　＝(4 500＋1 000－700)/3

　　＝1 600(mm)

上部加密区长度＝梁板厚度＋梁下箍筋加密区高度

　　＝700＋max(H_n/6，h_c，500)

　　＝700＋max[(4 500－700＋1 000)/6 500 500]

　　＝1 500(mm)

箍筋根数＝(1 600/1 000＋1)＋(1 500/100＋1)＋(5 500－1 600－1 500)/200－1

　　＝44(根)

2. 计算2层纵筋及箍筋

(1)计算纵筋长度(低位)。

计算公式＝层高－本层下端非连接区高度＋伸入上层非连接区高度

本层下端非连接区高度＝max(H_n/6，h_c，500)

　　＝max[(4 200－700)/6 500 500]

　　＝583(mm)

伸入上层非连接区高度＝max(H_n/6，h_c，500)

　　＝max[(4 200－700)/6 500 500]

　　＝583(mm)

总长＝4 200－583＋583

　　＝4 200(mm)

(2)计算纵筋长度(高位)。

计算公式＝层高－本层下端非连接区高度－本层错开接头＋伸入上层非连接区高度＋上层错开接头

本下端非连接区高度＝max(H_n/6，h_c，500)

　　＝max[(4 200－700)/6 500 500]

　　＝583(mm)

伸入上层的非连接区高度＝max(H_n/6，h_c，500)

　　＝max[(4 200－700)/6 500 500]

　　＝583(mm)

总长＝4 200－583－max(35d，500)＋583＋max(35d，500)

　　＝2 038(mm)

(3)箍筋长度。

小箍筋宽度＝(500－40－20－25)/3＋25＋10

　　＝173(mm)

小箍筋长度＝2×[173＋(500－40－10)]＋2×11.9×10

　　＝1 484(mm)

(4)箍筋根数。

下部加密区长度＝max(H_n/6，h_c，500)

　　＝max[(4 200－700)/6 500 500]

　　＝583(mm)

上部加密区长度＝梁板厚度＋梁下箍筋加密区高度

$$=700+\max(H_n/6,\ h_c,\ 500)$$

$$=700+\max[(4\ 500-700+1\ 000)/6\ 500\ 500]$$

$$=1\ 283(\text{mm})$$

箍筋根数＝(583/100＋1)＋(1 283/100＋1)＋(4 200－583－1 283)/200－1

＝31(根)

本章小结

平法施工图是在柱平面布置图上采用列表注写方式或截面注写方式表达，柱平面布置图采用适当比例单独绘制，也可与剪力墙平面布置图合并绘制。本章主要介绍了柱平法施工图制图规则、柱标准构造详图及钢筋工程量计算。

习　题

1. 柱箍筋 Φ10@100/200(Φ12@100)表示什么意思？
2. 图 3-37 所示柱构件截面注写表示什么意思？

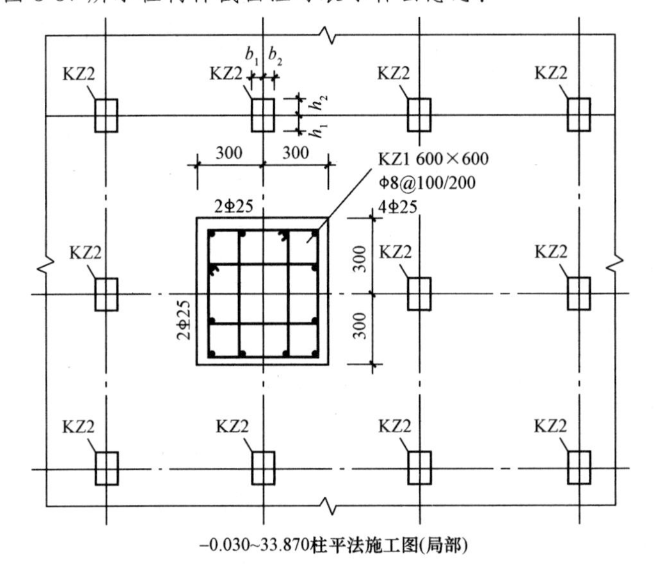

−0.030~33.870柱平法施工图(局部)

层号	标高/m	层高/m
10	33.870	3.600
9	30.270	3.600
8	26.670	3.600
7	23.070	3.600
6	19.470	3.600
5	15.870	3.600
4	12.270	3.600
3	8.670	3.600
2	4.470	4.200
1	−0.030	4.500

图 3-37　习题 2 图

3. 什么是柱构件基础插筋？
4. 地下室框架柱与楼层框架柱的主要区别是什么？
5. 地下室框架柱纵向钢筋连接构造要点有哪些？
6. 框架柱中间层变截面构造要求有哪些？
7. 上柱与下柱钢筋根数不同的构造要求有哪些？
8. 顶层角柱钢筋伸入梁板内的类型有哪几种？
9. 设置复合箍筋需要遵循哪些原则？

10. 已知：环境类别为一类，梁、柱保护层厚度为 20 mm，基础保护层厚度为 40 mm，筏形基础纵横钢筋直径均为 Φ22 mm，混凝土强度等级为 C30，抗震等级为二级，嵌固部位为地下室顶板，计算图示截面 KZ1 的纵筋及箍筋。柱传统结构施工图如图 3-38 所示，柱平法施工图如图 3-39 所示。

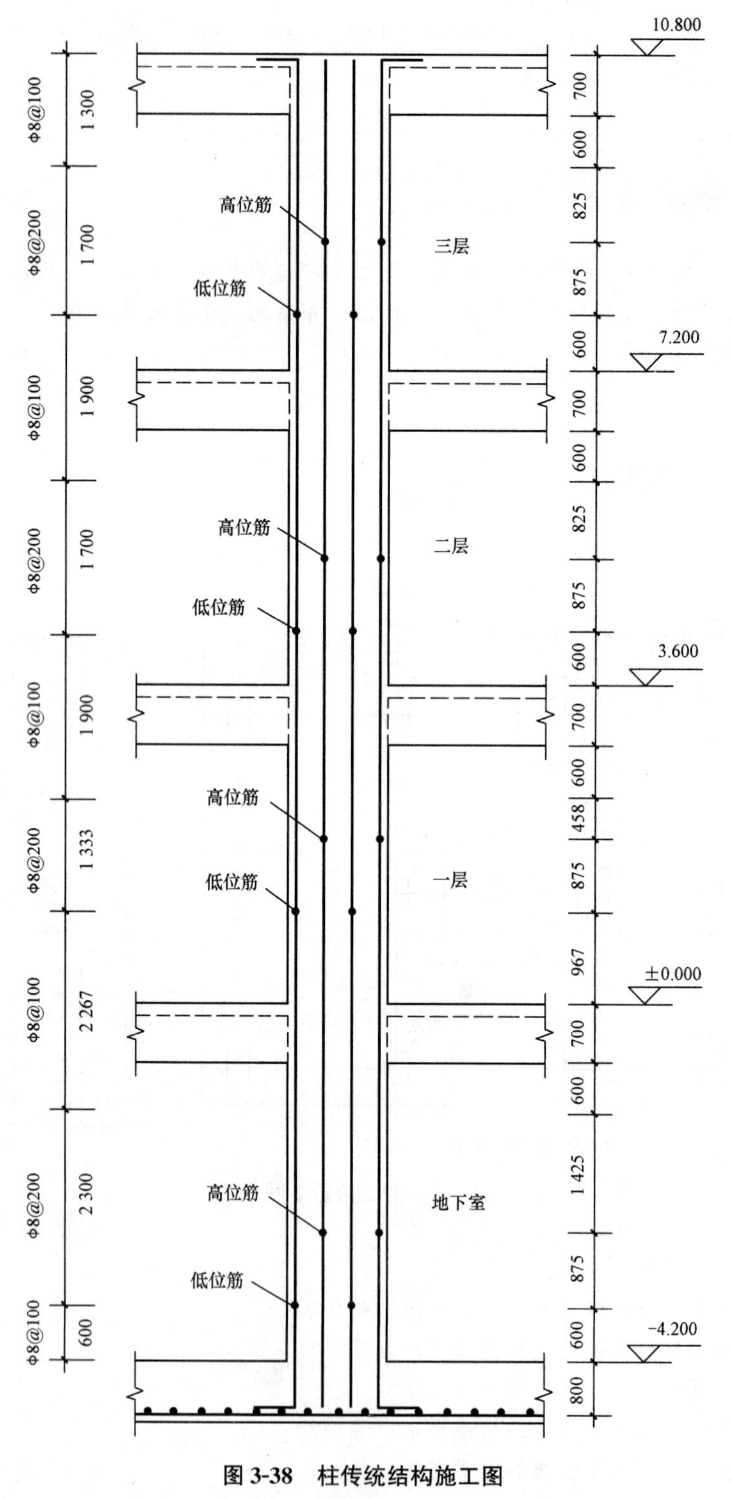

图 3-38 柱传统结构施工图

层号	顶标高	层高	梁高
3	10.800	3.600	700
2	7.200	3.600	700
1	3.600	3.600	700
-1	±0.000	4.200	700
筏形基础	-4.200	基础厚800	

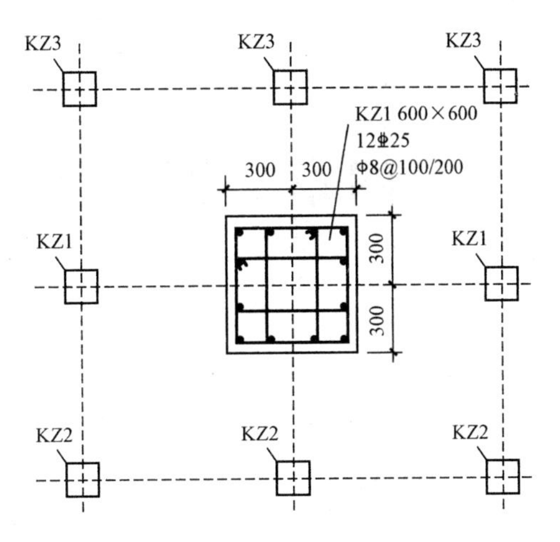

图 3-39　柱平法施工图

第四章　板平法识图与钢筋算量

知识目标

通过本章的学习，熟悉有梁楼盖平法施工图制图规则、无梁楼盖平法施工图制图规则、相关构造识图，板底筋钢筋构造、板顶筋钢筋构造、支座负筋钢筋构造一般规定；掌握板钢筋算量的基本公式及两根钢筋算量的应用。

能力目标

具备看懂板平法施工图的能力；具备板钢筋算量的基本能力。

第一节　板平法施工图制图规则

一、有梁楼盖平法施工图制图规则

有梁楼盖平法施工图制图规则

有梁楼盖是指以梁为支座的楼面与屋面板。

有梁楼盖板平法施工图，是在楼面板和屋面板布置图上，采用平面注写的表达方式。板平面注写主要包括板块集中标注和板支座原位标注，如图 4-1 所示。

(一)板块集中标注

有梁楼盖的集中标注内容按板块进行划分，板块集中标注的内容为：板块编号、板厚、上部贯通纵筋、下部纵筋，以及当板面标高不同时的标高高差。

(1)板块编号。对于普通楼面，两向均以一跨为一板块；对于密肋楼盖，两向主梁(框架梁)均以一跨为一板块(非主梁密肋不计)。所有板块应逐一编号，相同编号的板块可择其一做集中标注，其他仅注写置于圆圈内的板编号，以及当板面标高不同时的标高高差。

板块编号按表 4-1 的规定。

表 4-1　板块编号

板类型	代号	序号
楼面板	LB	××
屋面板	WB	××
悬挑板	XB	××

(2)板厚。板厚注写为 h=×××(为垂直于板面的厚度)。当悬挑板的端部改变截面厚度时，用斜线分隔根部与端部的高度值，注写为 h=×××/×××；当设计已在图注中统一注明板厚时，此项可不注。

层号	标高/m	层高/m
屋面2	65.670	
塔层2	62.370	3.30
屋面1（塔层1）	59.070	3.30
16	55.470	3.60
15	51.870	3.60
14	48.270	3.60
13	44.670	3.60
12	41.070	3.60
11	37.470	3.60
10	33.870	3.60
9	30.270	3.60
8	26.670	3.60
7	23.070	3.60
6	19.470	3.60
5	15.870	3.60
4	12.270	3.60
3	8.670	3.60
2	4.470	4.20
1	−0.030	4.50
−1	−4.530	4.50
−2	−9.030	4.50

结构层楼面标高
结构层高

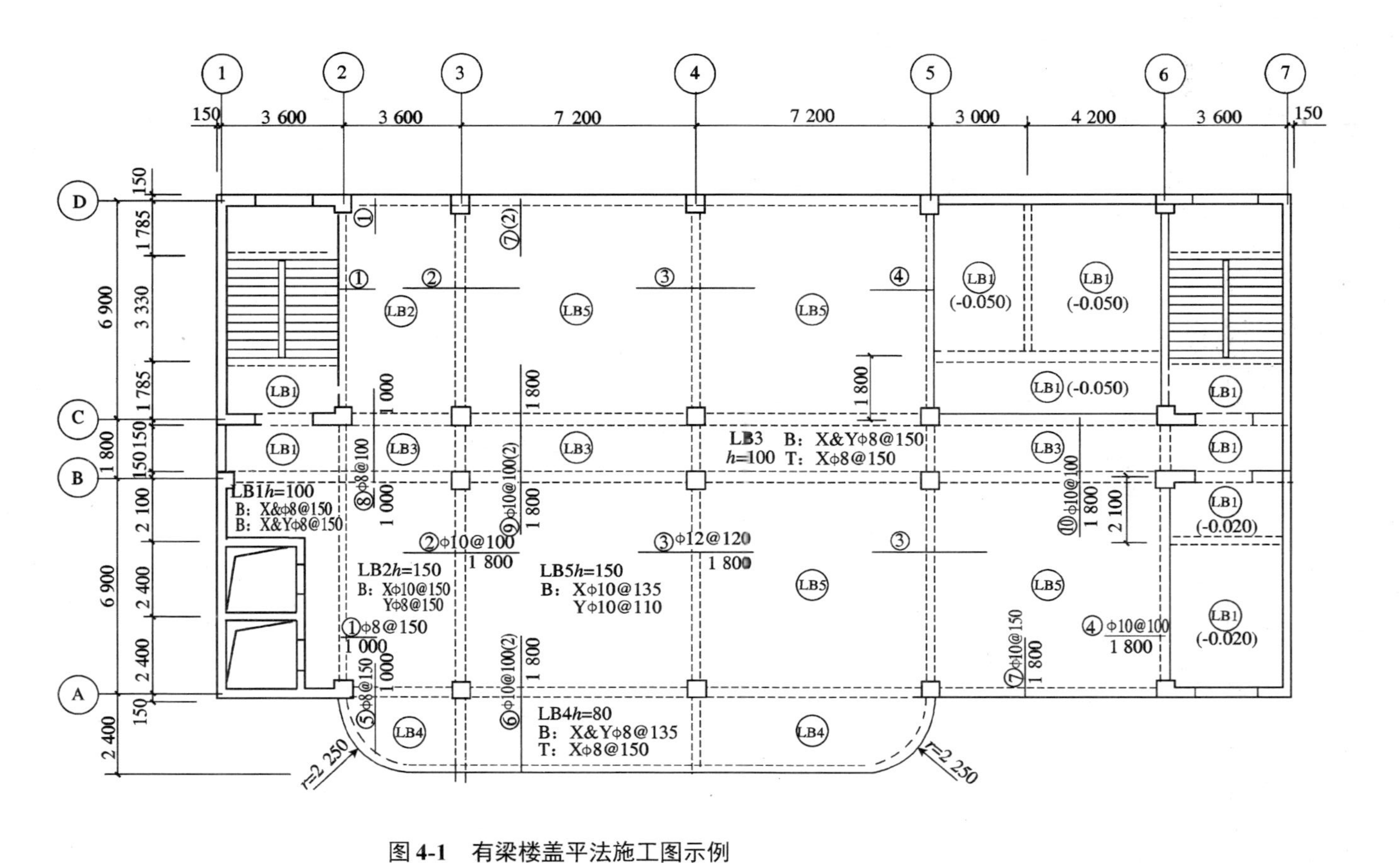

图 4-1　有梁楼盖平法施工图示例

(3)贯通纵筋。贯通纵筋按板块的下部纵筋和上部贯通纵筋分别注写(当板块上部不设贯通纵筋时则不注)，并以B代表下部纵筋，以T代表上部贯通纵筋，B&T代表下部与上部；X向贯通纵筋以X打头，Y向贯通纵筋以Y打头，两向贯通纵筋配置相同时，则以X&Y打头。

当为单向板时，分布筋可不必注写，而在图中统一注明。

当在某些板内(如在悬挑板XB的下部)配置有构造钢筋时，则X向以Xc、Y向以Yc打头注写。

当Y向采用放射配筋时(切向为X向，径向为Y向)，设计者应注明配筋间距的定位尺寸。

当贯通筋采用两种规格钢筋“隔一布一”方式时，表达为ϕxx/yy@×××，表示直径为xx的钢筋和直径为yy的钢筋二者之间间距为×××，直径xx的钢筋的间距为×××的2倍，直径yy的钢筋的间距为×××的2倍。

(4)板面标高高差。板面标高高差是指相对于结构层楼面标高的高差，应将其注写在括号内，且有高差则注，无高差不注。

板面标高高差，是指相对于结构层楼面标高的高差，应将其注写在括号内，且有高差则注，无高差不注。

【例4-1】 有一楼面板块注写为LB5 $h=110$

B：X⌀12@120； Y⌀10@110

它表示5号楼面板，板厚为110 mm，板下部配置的贯通纵筋X向为⌀12@120，Y向为⌀10@110；板上部未配置贯通纵筋。

【例4-2】 有一楼面板块注写为LB5 $h=110$

B：X⌀10/12@100； Y⌀10@110

它表示5号楼面板，板厚为110 mm，板下部配置的纵筋X向为⌀10、⌀12隔一布一，⌀10与⌀12之间间距为100 mm；Y向为⌀10@110；板上部未配置贯通纵筋。

【例4-3】 有一悬挑板注写为XB2 $h=150/100$

B：Xc&Yc⌀8@200

它表示2号悬挑板，板根部厚为150 mm，端部厚为100 mm，板下部配置构造钢筋双向均为⌀8@200(上部受力钢筋见板支座原位标注)。

同一编号板块的类型、板厚和纵筋均应相同，但板面标高、跨度、平面形状以及板支座上部非贯通纵筋可以不同，如同一编号板块的平面形状可为矩形、多边形及其他形状等。施工预算时，应根据其实际平面形状，分别计算各块板的混凝土与钢材用量。

(二)板支座原位标注

板支座原位标注的内容包括板支座上部非贯通纵筋和悬挑板上部受力钢筋。

1. 板支座原位钢筋

板支座原位标注的钢筋，应在配置相同跨的第一跨表达(当在梁悬挑部位单独配置时，则在原位表达)。在配置相同跨的第一跨(或梁悬挑部位)，垂直于板支座(梁或墙)绘制一段适宜长度的中粗实线(当该筋通长设置在悬挑板或短跨板上部时，实线段应画至对边或贯通短跨)，以该线段代表支座上部非贯通纵筋，并在线段上方注写钢筋编号(如①、②等)、配筋值、横向连续布置的跨数(注写在括号内，且当为一跨时可不注)，以及是否横向布置到梁的悬挑端。

【例4-4】 (××)为横向布置的跨数，(××A)为横向布置的跨数及一端的悬挑梁部位，(××B)为横向布置的跨数及两端的悬挑梁部位。

2. 板支座上部非贯通纵筋的标注

自支座中线向跨内的伸出长度，注写在线段的下方位置。

(1)当中间支座上部非贯通纵筋向支座两侧对称伸出时，可仅在支座一侧线段下方标注伸出长度，另一侧不注，如图 4-2(a)所示。

例如，图 4-2(a)所示支座非贯通筋表示：支座上②号非贯通纵筋为 ⌀12@120，自支座中心线向两侧跨的伸出长度均为 1 800 mm。

(2)当向支座两侧非对称伸出时，应分别在支座两侧线段下方注写伸出长度，如图 4-2(b)所示。

例如，图 4-2(b)所示支座非贯通筋表示：支座上部③号非贯通纵筋为 ⌀12@120，自支座中心线向左跨的伸出长度为 1 800 mm，向右跨的伸出长度为 1 400 mm。

(3)对线段画至对边贯通全跨或贯通全悬挑长度的上部通长纵筋，贯通全跨或伸出至悬挑一侧的长度值不注，只注明非贯通筋另一侧的伸出长度值，如图 4-2(c)和图 4-2(d)所示。

例如，图 4-2(c)所示支座非贯通筋表示：支座上部④号非贯通纵筋为 ⌀10@100，自支座中心线向一侧的伸出长度为 1 950 mm，另一侧的伸出长度为全跨长。

(4)当板支座为弧形，支座上部非贯通纵筋呈放射状分布时，应注明配筋间距的度量位置并加注“放射分布”四字，必要时应补绘平面配筋图，如图 4-2(e)所示。

例如，图 4-2(e)所示支座非贯通筋表示：支座上部⑦号非贯通纵筋为 ⌀12@150，沿支座中心线的切线间隔 100 mm 布置，支座一侧的伸入长度为 2 150 mm。

(5)关于悬挑板的注写方式如图 4-2(f)所示。当悬挑板端部厚度不小于 150 mm 时，应指定板端部封边构造方式，当采用 U 形钢筋封边时，还应指定 U 形钢筋的规格、直径。

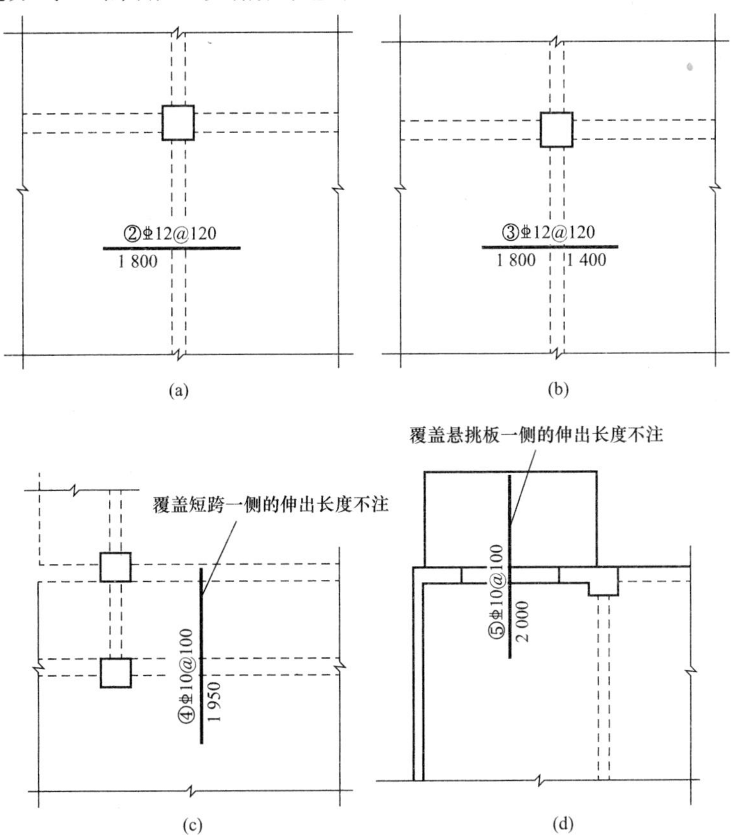

图 4-2　板支座非贯通纵筋的标注

(a)板支座上部非贯通纵筋对称伸出；(b)板支座上部非贯通纵筋非对称伸出；

(c)板支座非贯通筋贯通全跨；(d) 板支座非贯通筋伸出至悬挑端

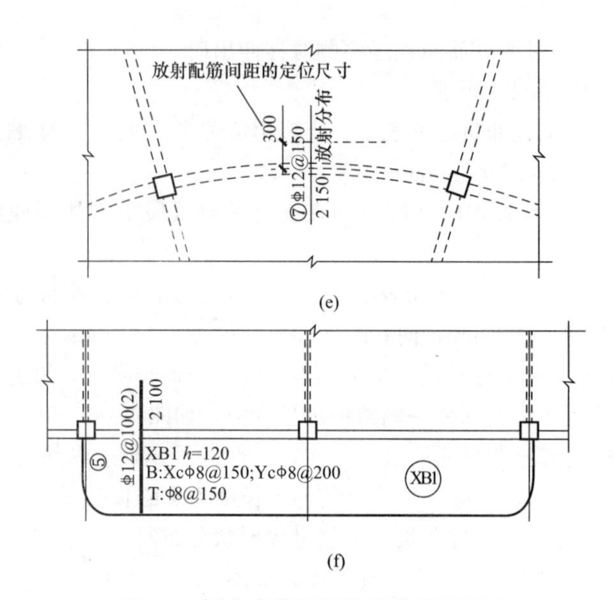

图 4-2　板支座非贯通纵筋的标注(续)

(e)弧形支座处放射配筋；(f)悬挑板支座非贯通筋

3. 不同部位的板支座上部非贯通纵筋及悬挑板上部受力钢筋的标注

在板平面布置图中，不同部位的板支座上部非贯通纵筋及悬挑板上部受力钢筋，可仅在一个部位注写，对其他相同者，则仅在代表钢筋的线段上注写编号或注写横向连续布置的跨数。

二、无梁楼盖平法施工图制图规则

无梁楼盖平法施工图制图规则

无梁楼盖板是指没有梁的楼盖板，楼板由戴帽的柱头支撑，使同高的楼层扩大净空，节省建材，加快施工进度，而且质地更密，抗压性更高，抗振动冲击更强，结构更合理。无梁楼盖板平面注写主要包括板带集中标注和板带支座原位标注两部分，如图 4-3 所示。

(一)板带集中标注

集中标注应在板带贯通纵筋配置相同跨的第一跨(X 向的左端跨为第一跨，Y 向的下端跨为第一跨)注写，相同编号的板带可择其一作集中标注，其他仅注写板带编号。

板带集中标注包括板带编号、板带厚和板带宽、贯通纵筋三项内容。

1. 板带编号

板带编号包括板带类型、代号、序号、跨数及有无悬挑四项内容，各种类型板的编号见表 4-2。

表 4-2　板带编号

板带类型	代号	序号	跨数及有无悬挑
柱上板带	ZSB	××	(××)、(××A)或(××B)
跨中板带	KZB	××	(××)、(××A)或(××B)

注：1. 跨数按柱网轴线计算，两相邻柱轴线之间为一跨。
2. (××A)为一端有悬挑，(××B)为两端有悬挑，悬挑不计入跨数。例如，ZSB4(3B)，表示 4 号柱上板带，3 跨两端悬挑。

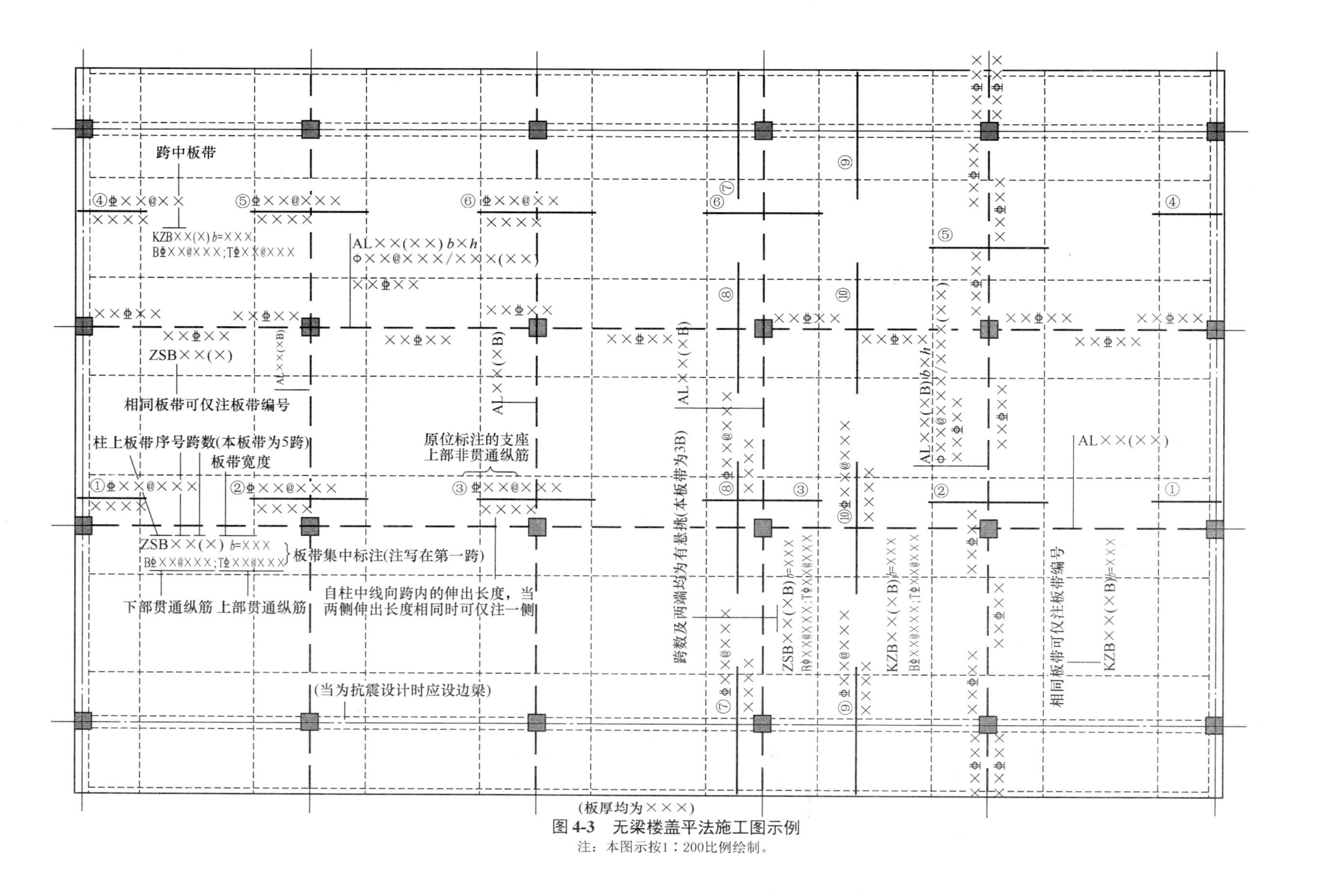

(板厚均为×××)

图 4-3 无梁楼盖平法施工图示例

注：本图示按1：200比例绘制。

2. 板带厚和板带宽

板带厚注写为 $h=\times\times\times$，板带宽注写为 $b=\times\times\times$。当无梁楼盖整体厚度和板带宽度已在图中注明时，此项可不注。

3. 贯通纵筋

贯通纵筋按板带下部和板带上部分别注写，并以 B 代表下部，T 代表上部，B&T 代表下部和上部。例如，某板带注写为

ZSB2(5A)　$h=300$　$b=3\ 000$

B=⌀16@100；T⌀18@200

表示 2 号柱上板带，有 5 跨且一端有悬挑；板带厚为 300 mm，板带宽为 3 000 mm；板带配置贯通纵筋，下部为 ⌀16@100，上部为 ⌀18@200。

(二)板带支座原位标注

(1)板带支座原位标注的具体内容为板带支座上部非贯通纵筋。

以一段与板带同向的中粗实线段代表板带支座上部非贯通纵筋：对柱上板带，实线段贯穿柱上区域绘制；对跨中板带，实线段横贯柱网轴线绘制。在线段上注写钢筋编号(如①、②等)、配筋值及在线段的下方注写自支座中线向两侧跨内的伸出长度。

当板带支座非贯通纵筋自支座中线向两侧对称伸出时，其伸出长度可仅在一侧标注；当配置在有悬挑端的边柱上时，该筋伸出到悬挑尽端，设计时不注。当支座上部非贯通纵筋呈放射分布时，设计者应注明配筋间距的定位位置。

不同部位的板带支座上部非贯通纵筋相同者，可仅在一个部位注写，其余则在代表非贯通纵筋的线段上注写编号。

例如，设有平面布置图的某部位，在横跨板带支座绘制的对称线段上注有⑦⌀18@250，在线段一侧的下方注有 1 500。它表示支座上部⑦号非贯通纵筋为 ⌀18@250，自支座中线向两侧跨内的伸出长度均为 1 500 mm。

(2)当板带上部已经配有贯通纵筋，但需增加配置板带支座上部非贯通纵筋时，应结合已配同向贯通纵筋的直径与间距，采取“隔一布一”的方式配置。

例如，设有一板带上部已配置贯通纵筋 ⌀18@240，板带支座上部非贯通纵筋为⑤⌀18@240，则板带在该位置实际配置的上部纵筋为 ⌀18@120，其中 1/2 为贯通纵筋，1/2 为⑤号非贯通纵筋(伸出长度略)。又如，设有一板带上部已配置贯通纵筋 ⌀18@240，板带支座上部非贯通纵筋为③⌀20@240，则板带在该位置实际配置的上部纵筋为 ⌀18 和 ⌀20 间隔布置，二者之间间距为 120 mm(伸出长度略)。

(三)暗梁的表示方法

暗梁平面注写包括暗梁集中标注和暗梁支座原位标注两项内容。施工图中，在柱轴线处画中粗虚线表示暗梁。

1. 暗梁集中标注

暗梁集中标注包括暗梁编号、暗梁截面尺寸、暗梁箍筋、暗梁上部通长筋或架立筋四部分内容。

(1)暗梁编号包括构件类型、代号、序号、跨数及有无悬挑，其表示方法见表 4-3。

表 4-3　暗梁编号

构件类型	代号	序号	跨数及有无悬挑
暗梁	AL	××	(××)、(××A)或(××B)
注：1. 跨数按柱网轴线计算，两相邻柱轴线之间为一跨。 2. (××A)为一端有悬挑，(××B)为两端有悬挑，悬挑不计入跨数。			

(2)暗梁截面尺寸是指箍筋外皮宽度×板厚。例如：AL3(3B) 2 400×120 Φ8@100/200 4Φ18 表示3号暗梁，3跨且两端悬挑，箍筋外皮宽度为2 400 mm，板厚为120 mm，箍筋为Φ8@100/200，上部通长筋为4Φ18。

2. 暗梁支座原位标注

暗梁支座原位标注包括梁支座上部纵筋、梁下部纵筋。

当在暗梁上集中标注的内容不适用于某跨或某悬挑端时，则将其不同数值标注在该跨或该悬挑端，施工时按原位注写取值。

三、楼板相关构造识图

楼板相关构造制图规则

1. 楼板相关构造类型与表示方法

板构件的相关构造包括纵筋加强带、后浇带、柱帽、局部升降板、板加腋、板开洞、板翻边、角部加强筋、悬挑板阴角附加筋、悬挑板阳角放射筋、抗冲切箍筋、抗冲切弯起筋，其平法表达方式是在板平法施工图上采用直接引注方式表达。

楼板相关构造类型编号见表4-4。

表4-4 楼板相关构造类型编号

构造类型	代号	序号	说明
纵筋加强带	JQD	××	以单向加强筋取代原位置配筋
后浇带	HJD	××	有不同的留筋方式
柱帽	ZM×	××	适用于无梁楼盖
局部升降板	SJB	××	板厚及配筋与所在板相同；构造升降高度≤300 mm
板加腋	JY	××	腋高与腋宽可选注
板开洞	BD	××	最大边长或直径<1 m；加强筋长度有全跨贯通和自洞边锚固两种
板翻边	FB	××	翻边高度≤300 mm
角部加强筋	Crs	××	以上部双向非贯通加强钢筋取代原位置的非贯通配筋
悬挑板阴角附加筋	Cis	××	板悬挑阴角上部斜向附加钢筋
悬挑板阳角放射筋	Ces	××	板悬挑阳角上部放射筋
抗冲切箍筋	Rh	××	通常用于无柱帽无梁楼盖的柱顶
抗冲切弯起筋	Rb	××	通常用于无柱帽无梁楼盖的柱顶

限于篇幅，对表中相关板构件构造，本节不做展开讲解，可参考图集16G101。

2. 纵筋加强带JQD的引注

纵筋加强带的平面形状及定位由平面布置图表达，加强带内配置的加强贯通纵筋等由引注内容表达。纵筋加强带设单向加强贯通纵筋，取代其所在位置板中原配置的同向贯通纵筋。根据受力需要，加强贯通纵筋可在板下部配置，也可在板下部和上部均设置。纵筋加强带的引注如图4-4所示。

当板下部和上部均设置加强贯通纵筋，而板带上部横向无配筋时，加强带上部横向配筋应由设计者注明。

当将纵筋加强带设置为暗梁形式时应注写箍筋，其引注如图4-5所示。

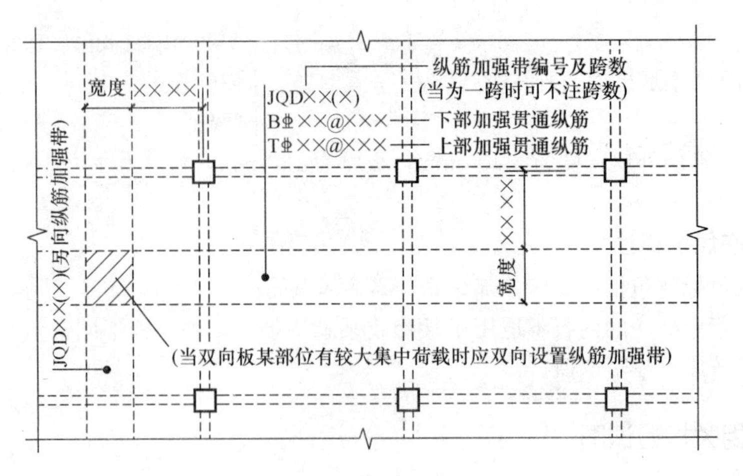

图 4-4　纵筋加强带 JQD 引注图示

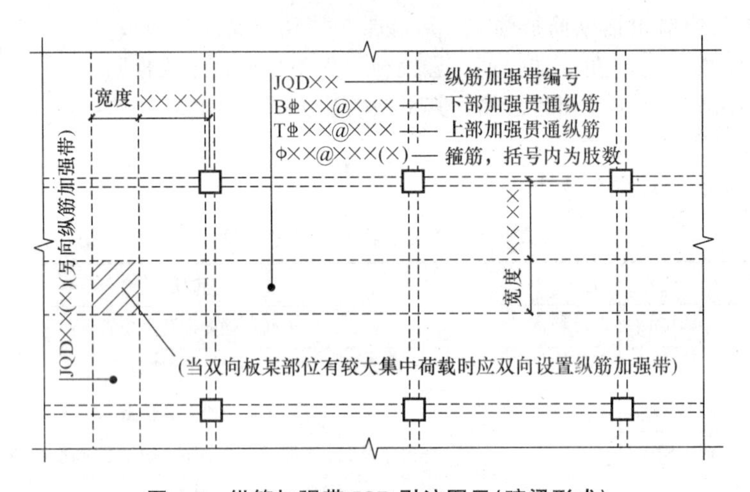

图 4-5　纵筋加强带 JQD 引注图示(暗梁形式)

3. 后浇带 HJD 的引注

后浇带的平面形状及定位由平面布置图表达，后浇带留筋方式等由引注内容表达，包括以下几项：

(1)后浇带编号及留筋方式代号。16G101－1 提供了两种留筋方式，分别为贯通留筋和 100％搭接留筋。

(2)后浇混凝土的强度等级 C××。宜采用补偿收缩混凝土，设计应注明相关施工要求。

(3)当后浇带区域留筋方式或后浇混凝土强度等级不一致时，设计者应在图中注明与图示不一致的部位及做法。

后浇带引注如图 4-6 所示。

贯通留筋的后浇带宽度通常取大于或等于 800 mm；100％搭接钢筋的后浇带宽度通常取 800 mm 与(l_l＋60 mm 或 l_{lE}＋60 mm)的较大值(l_l、l_{lE}为受拉钢筋搭接长度、受拉钢筋抗震搭接长度)。

4. 局部升降板的引注

局部升降板 SJB 的引注如图 4-7 所示。局部升降板的平面形状及定位由平面布置图表达，其他内容由引注内容表达。

局部升降板的板厚、壁厚和配筋，在标准构造详图中取与所在板块的板厚和配筋相同，设计不注；当采用不同板厚、壁厚和配筋时，设计应补充绘制截面配筋图。

局部升降板升高与降低的高度，在标准构造详图中限定为小于或等于 300 mm，当高度大于 300 mm 时，设计应补充绘制截面配筋图。

设计应注意：局部升降板的下部与上部配筋均应设计为双向贯通纵筋。

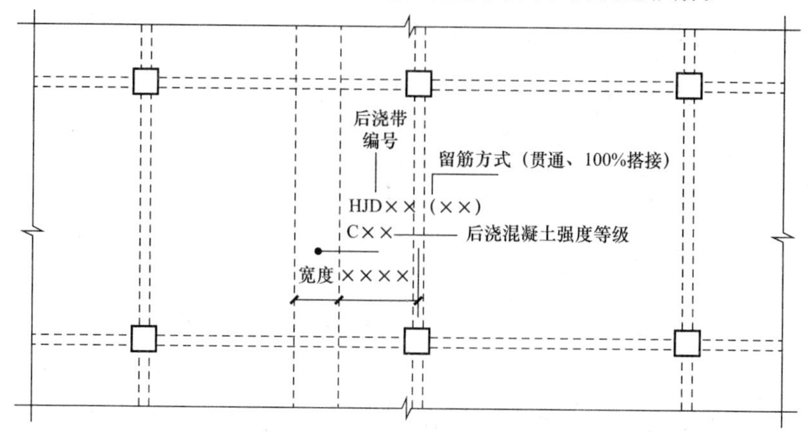

图 4-6　后浇带 HJD 引注图示

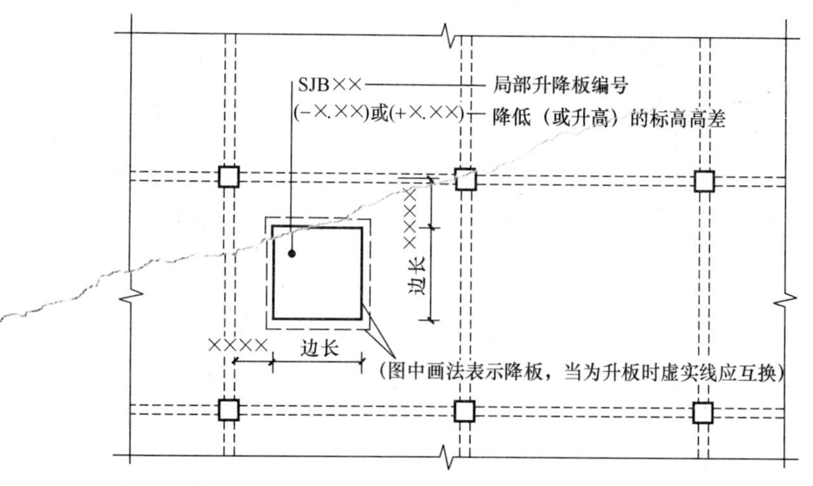

图 4-7　局部升降 SJB 引注图示

5. 板开洞的引注

板开洞 BD 的引注如图 4-8 所示。板开洞的平面形状及定位由平面布置图表达，洞的几何尺寸等由引注内容表达。

当矩形洞口边长或圆形洞口直径小于或等于 1 000 mm，且当洞边无集中荷载作用时，洞边补强钢筋可按标准构造的规定设置，设计不注；当洞口周边加强钢筋不伸至支座时，应在图中画出所有加强钢筋，并标注不伸至支座的钢筋长度。

当具体工程所需要的补强钢筋与标准构造不同时，设计应加以注明。

当矩形洞口边长或圆形洞口直径大于 1 000 mm，或虽小于或等于 1 000 mm 但洞边有集中荷载作用时，设计应根据具体情况采取相应的处理措施。

6. 板翻边的引注

板翻边 FB 的引注如图 4-9 所示。板翻边可为上翻也可为下翻，翻边尺寸等在引注内容中表达，翻边高度在标准构造详图中为小于或等于 300 mm。当翻边高度大于 300 mm 时，由设计者自行处理。

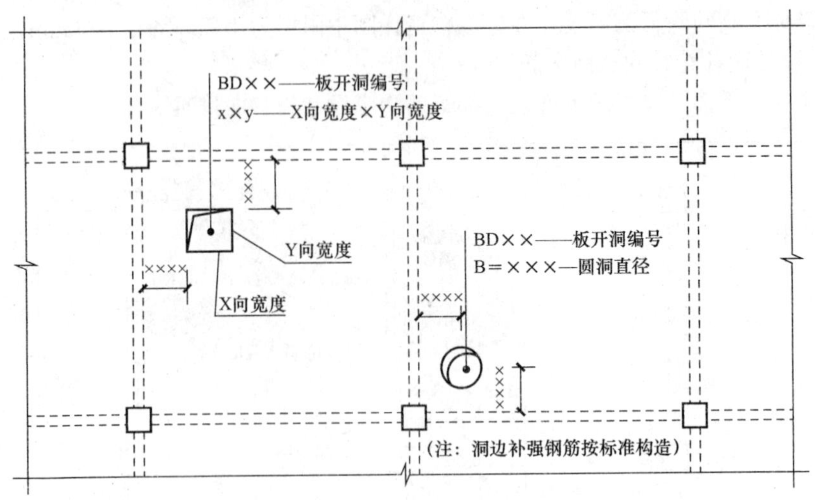

图 4-8　板开洞 BD 引注图示

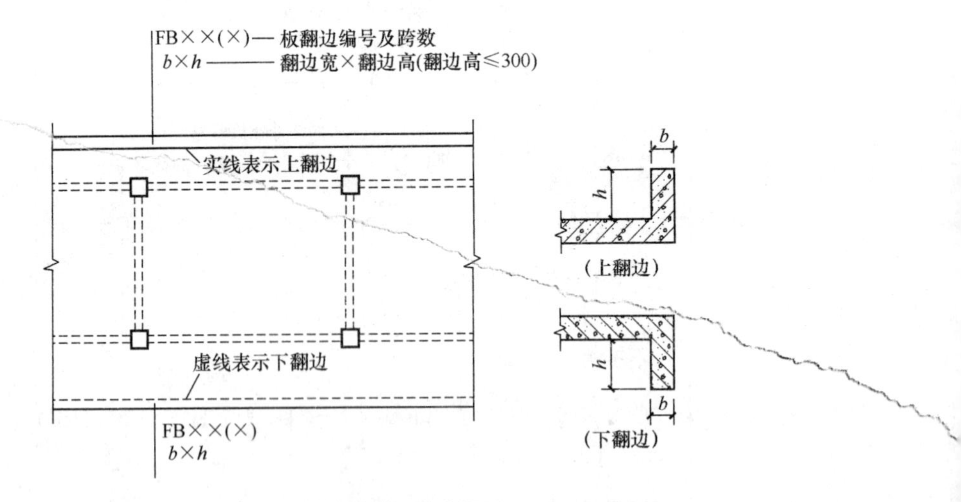

图 4-9　板翻边 FB 引注图示

第二节　板构件构造及算量

一、板底筋钢筋构造

1. 板底筋端部锚固构造

(1)端部支座为普通楼屋面板的边梁。如图 4-10(a)所示为端部支座为普通楼屋面板的边梁的锚固构造，其锚固长度＝max(5d，梁宽/2)。

(2)端部支座为梁板式转换层的楼面板梁。如图 4-10(b)所示为端部支座为梁板式转换层的楼面板梁的锚固构造，其锚固长度＝支座宽－保护层

板标准构造详图

厚度+15d。梁板式转换层的板中 l_{abE}、l_{aE}按抗震等级四级取值，设计也可根据实际工程情况另行指定。图 4-10(a)、(b)中板顶纵筋在端支座应伸至梁支座外侧纵筋内侧后弯折 15d，当平直段长度分别≥l_a、≥l_{aE}时可不弯折。

(3)端部支座为剪力墙中间层。如图 4-10(c)所示为端部支座为剪力墙中间层的锚固构造，其锚固长度=max(5d，墙厚/2)。括号内数值用于梁板式转换层的板，当板下部纵筋直锚长度不足时按图 4-10(b)所示弯锚，锚入平直段≥0.4L_{abE}。

(4)端部支座为剪力墙墙顶。图 4-10(d)～(f)所示为端部支座为剪力墙墙顶的锚固构造，其锚固长度=max(5d，墙厚/2)。

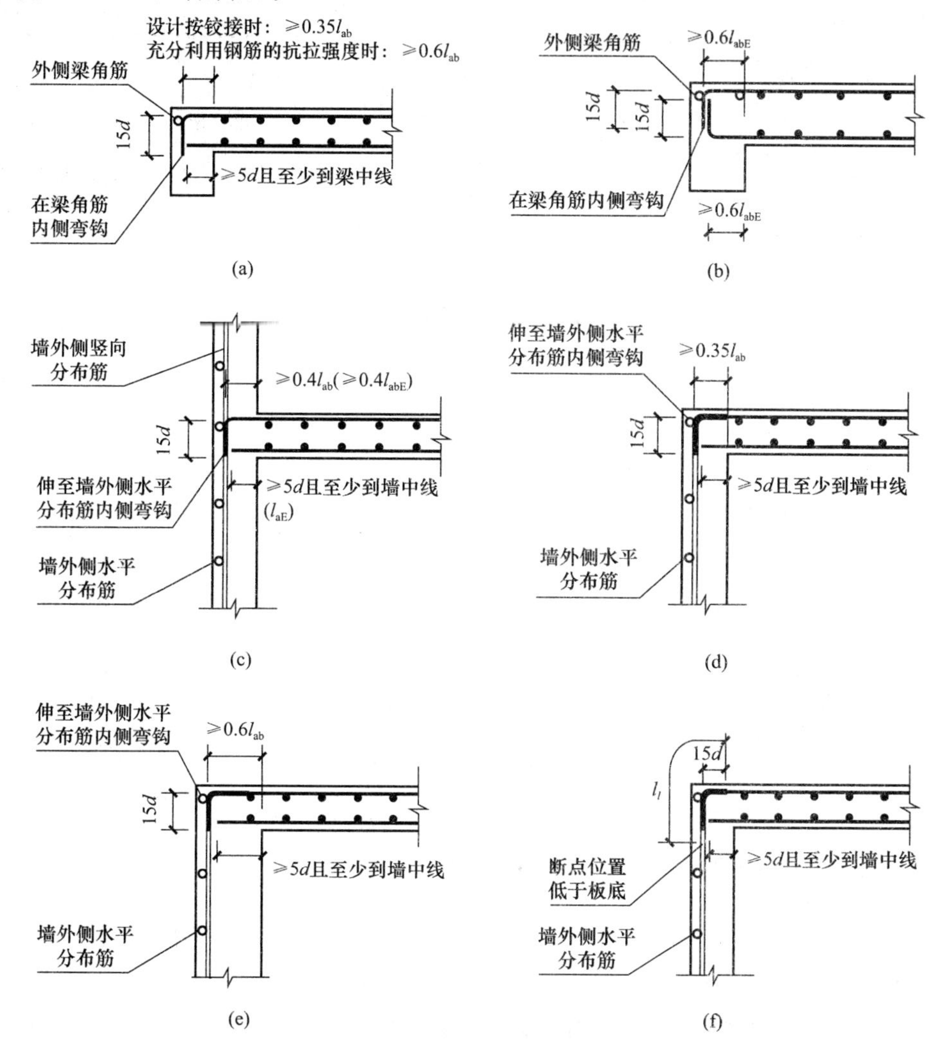

图 4-10　板在端部支座的锚固构造

(a)普通楼屋面板；(b)端部支座为梁板式转换层的楼面板；
(c)端部支座为剪力墙中间层；(d)端部支座为剪力墙墙顶(板端按铰接设计时)；
(e)端部支座为剪力墙墙顶(板端上部纵筋按充分利用钢筋的抗拉强度时)；(f)端部支座为剪力墙墙顶(搭接连接)

2. 板底纵向钢筋计算

(1)板底纵向钢筋长度计算(图 4-11)。

板底筋按“板块”分别锚固，没有板底贯通筋，HPB300 级光圆钢筋两端增加 180°弯钩(板底筋为受拉钢筋)。

板底纵向钢筋长度=左伸进长度+板净跨长+左支座锚固+弯钩长度

(2)板底纵向钢筋根数计算(图 4-11)。

板底钢筋根数=(支座间净距-板筋间距)/板筋间距+1

注意:与支座平行的钢筋,第一根距支座边为板筋间距的 1/2。

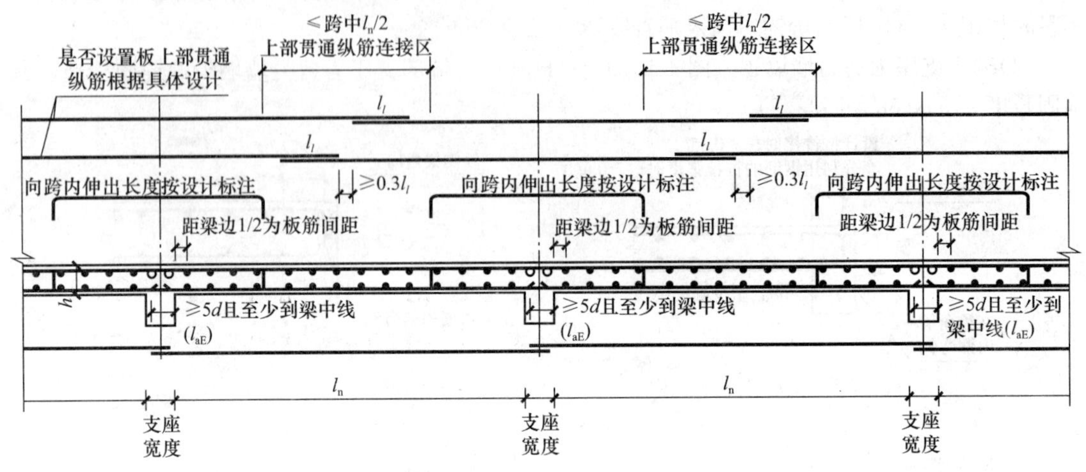

图 4-11　有梁楼盖楼面板 LB 和屋面板 WB 钢筋构造

(括号内的锚固长度 l_{aE} 用于梁板式转换层的板)

二、板顶筋钢筋构造

1. 板顶筋端部锚固构造

板顶筋端部锚固构造要点如下:

(1)板顶筋用于普通楼层面板的锚固构造。端部支座钢筋设计按铰接时,板顶筋平直段伸入支座 $0.35l_{ab}$(铰接)、充分利用钢筋抗拉强度时,伸入支座 $0.6l_{ab}$,弯折长度为 $15d$,如图 4-10(a)所示。端部支座为转换层梁时,板顶筋伸入支座 $0.6l_{abE}$ 弯折,弯折长度为 $15d$,如图 4-10(b)所示。端部支座为钢筋混凝土墙体时,板顶筋伸入支座 $0.4l_{ab}$ 弯折,弯折长度为 $15d$,如图 4-10(c)所示。端部支座为剪力墙墙顶时,有板顶筋伸入支座平直段 $0.35l_{ab}$(铰接)、充分利用钢筋抗拉强度和搭接连接三种情况,$0.6l_{ab}$,弯折长度为 $15d$,如图 4-10(d)~(f)所示。

(2)钢筋起步距离。板顶钢筋布置到支座边,钢筋起步距离为距支座边 1/2 板筋间距。

2. 板顶贯通筋中间连接

(1)相邻跨配筋相同时板顶贯通筋中间连接构造。相邻跨配筋相同时板顶贯通筋中间连接构造如图 4-12 所示,板顶贯通筋的连接区域为跨中 $l_n/2$(l_n 为相邻跨较大跨的轴线尺寸)。

(2)相邻跨配筋不同时板顶贯通筋中间连接构造。当相邻跨配筋不同时,板顶贯通筋中间连接构造如图 4-13 所示。当相邻两跨板顶贯通筋配筋不同时,配筋较大的伸至配置较小的跨中 $l_n/3$ 范围内连接。

(3)有梁楼盖板不等跨板上部贯通纵筋连接构造的三种情况,如图 4-14(a)、(b)、(c)所示,当钢筋足够长时能通则通。图中 l'_{nx} 是轴线Ⓐ左右两跨的较大净跨度值;l'_{ny} 是轴线Ⓒ左右两跨的较大净跨度值。

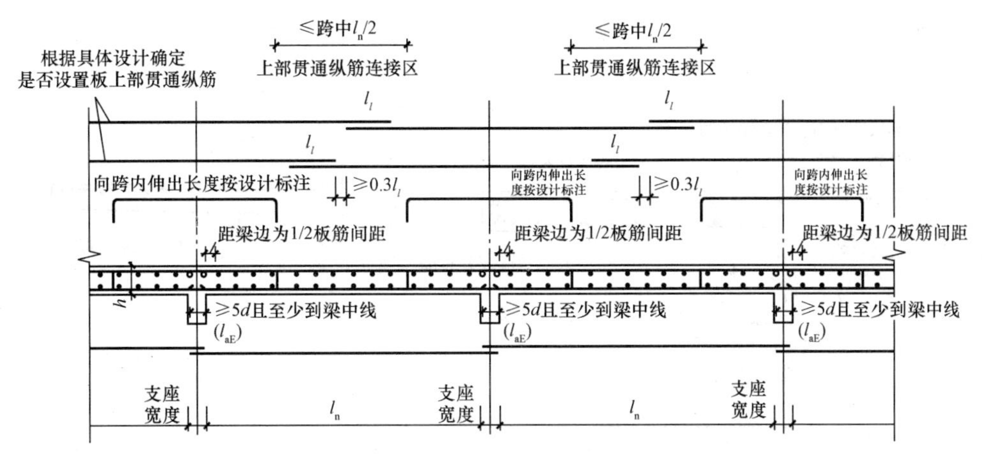

图 4-12 相邻跨配筋相同时板顶贯通筋中间连接构造

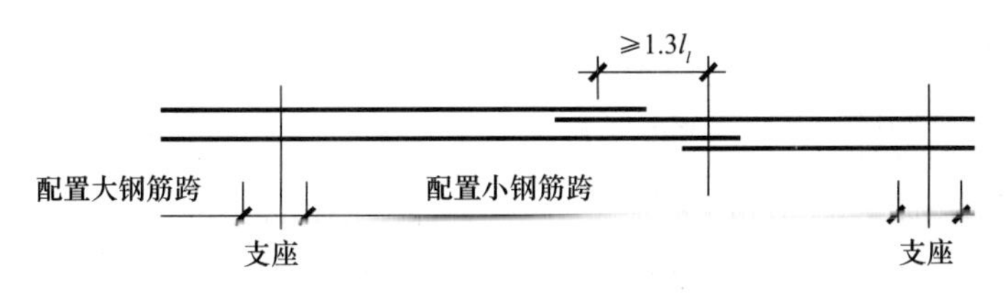

图 4-13 相邻跨配筋不同时板顶贯通筋连接构造

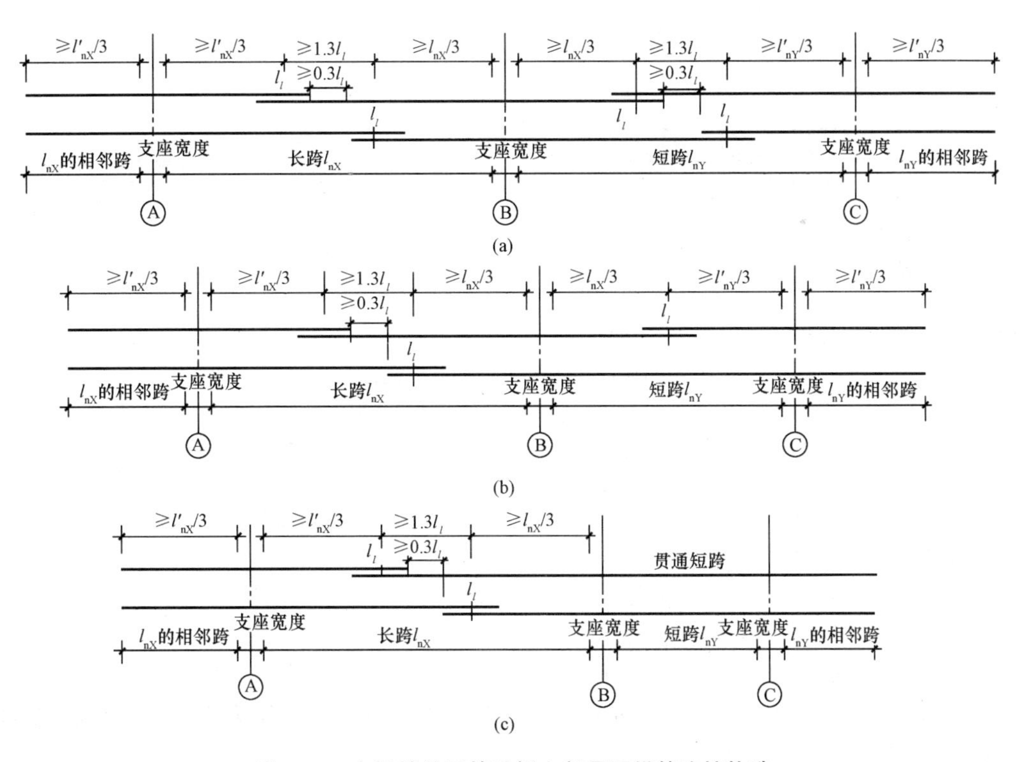

图 4-14 有梁楼盖不等跨板上部贯通纵筋连接构造

3. 延伸悬挑板顶部筋构造

悬挑板顶部筋构造如图 4-15 所示，延伸悬挑板板顶受力筋宜由跨内板顶直接延伸到悬挑端，然后向下弯折至板底；纯悬挑板板顶受力筋在支座一端要满足锚固要求。

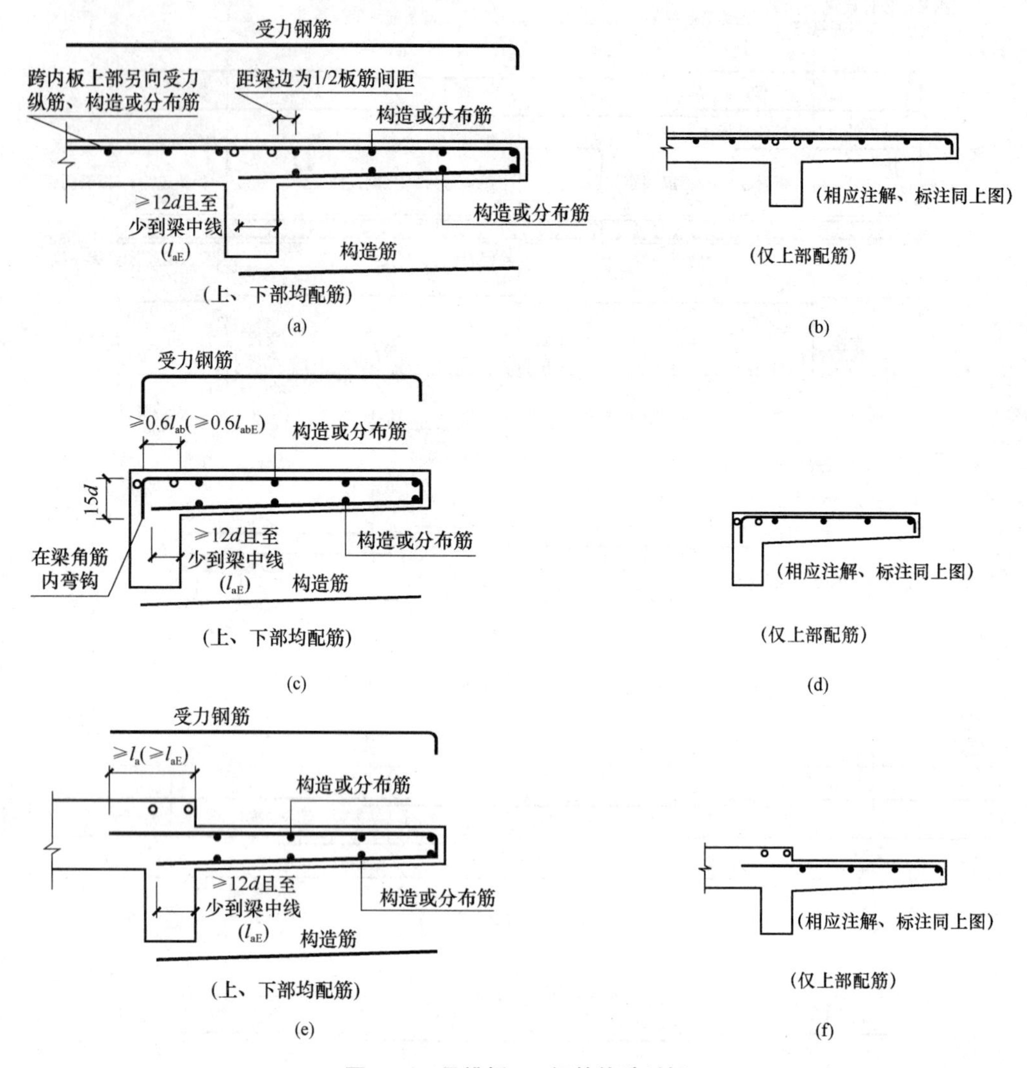

图 4-15　悬挑板 XB 钢筋构造(续)

(a)、(c)构造筋(上、下部均配筋)；(b)、(d)构造筋(仅上部配筋)

(e)构造筋(上、下部均配筋)；(f)构造筋(仅上部配筋)

注：括号中数值用于需考虑竖向地震作用时，由设计明确板面通长钢筋的计算：

(1)板面通长钢筋长度计算。

板面通长钢筋长度＝左支座锚固长度＋净跨长＋右支座锚固长度＋搭接长度

1)当端支座为梁时，端支座锚固长度＝梁宽－梁保护层厚度＋15d；

2)当端支座为剪力墙时，端支座锚固长度＝剪力墙厚－剪力墙保护层厚度＋15d；

3)当端支座为剪力墙时，纵筋在端支座与剪力墙竖向分布筋搭接连接时，端支座锚固长度＝剪力墙厚－剪力墙保护层厚度＋l_l－15d。

(2)板面通长钢筋根数计算。

板面通长筋根数＝(支座间净距－板筋间距)/板筋间距＋1

注意：与支座平行的钢筋，第一根距支座边为板筋间距的 1/2。

三、支座负筋钢筋构造

1. 中间支座负筋一般构造

如图 4-16 所示，中间支座负筋一般构造要点如下：

(1)中间支座负筋的延伸长度是指自支座中心线向跨内的长度。

(2)弯折长度为板厚减板上下保护层厚度，或由设计方会同施工方确定。

(3)支座负筋分布筋长度为支座负筋的排布范围；根数从梁边起步排布。

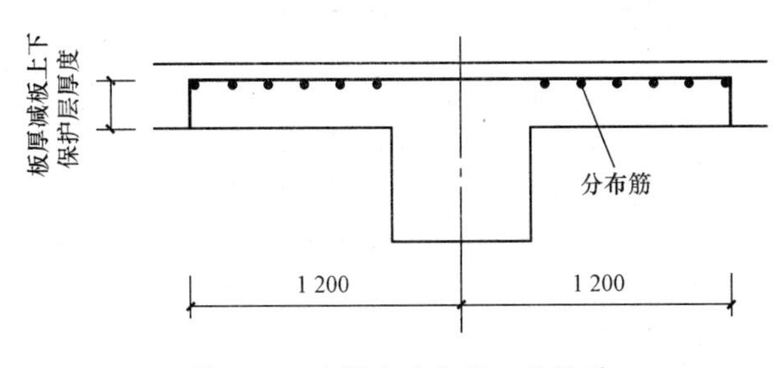

图 4-16　中间支座负筋一般构造

2. 转角处分布筋扣减

在两向支座负筋相交的转角处，两向支座负筋已经形成交叉钢筋网，其各自的分布筋在转角位置切断，与另一方向的支座负筋搭接，搭接长度一般取值为 150 mm。当板配置抗温度、收缩的钢筋时，分布筋及与受力钢筋搭接长度为 l_l，当板支座为混凝土剪力墙、梁、砌体墙圈梁时，角区上部钢筋排布构造如图 4-17～图 4-19 所示，L_1～L_8 为板上部钢筋自支座边缘向跨内的延伸长度，由具体工程设计确定。值得注意的是：分布筋往往在平法标注中不注明，而在结构说明中说明，所以在计算钢筋用量时，应特别注意不要漏算。

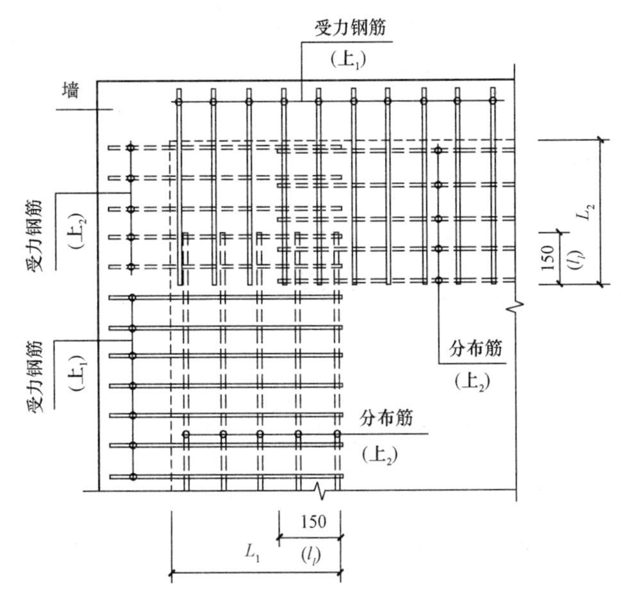

图 4-17　板 L 形角区上部钢筋排布构造

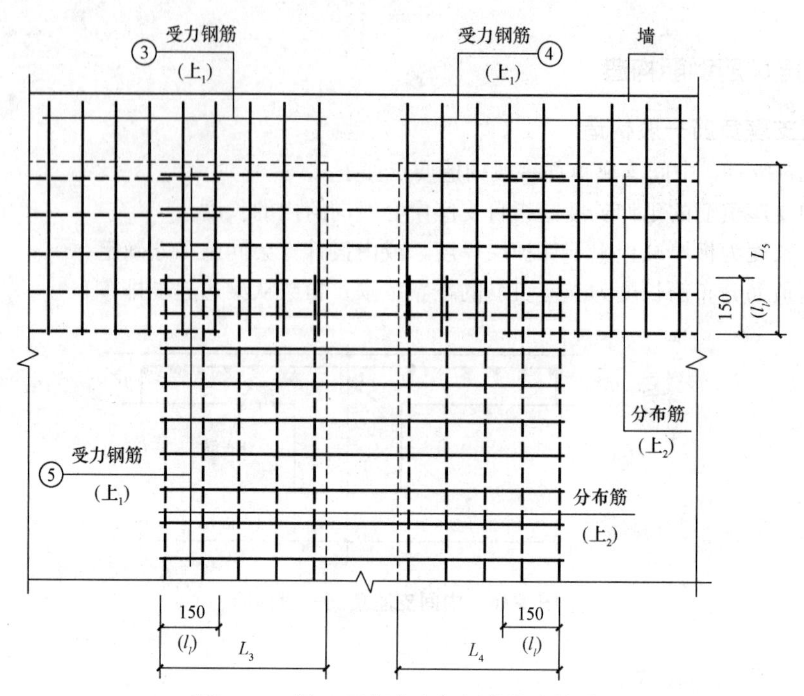

图 4-18　板 T 形角去上部钢筋排布构造

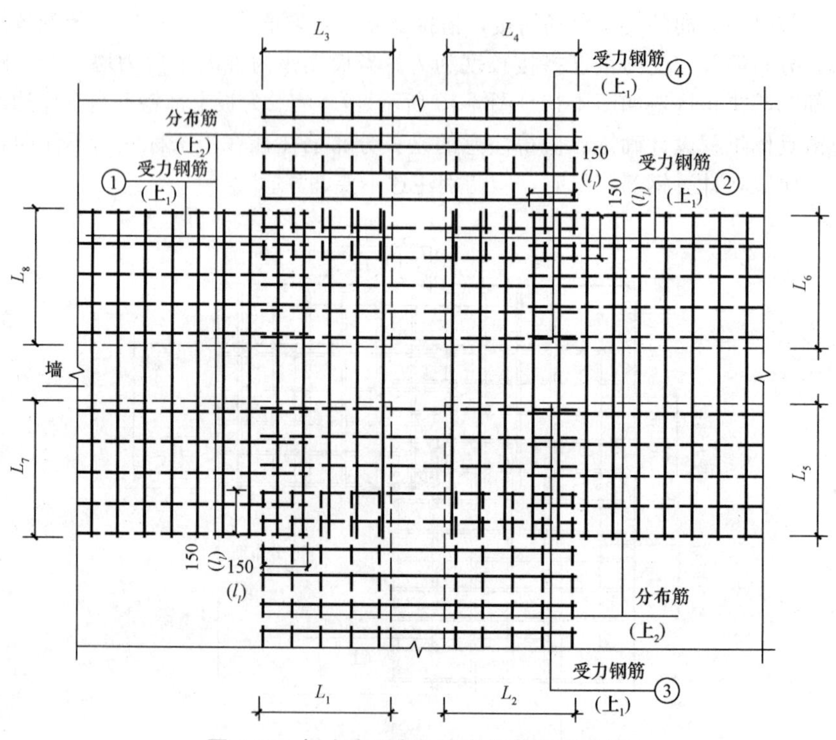

图 4-19　板十字形角区上部钢筋排布构造

板支座负筋的计算：

(1)板端支座负筋长度计算(图 4-20)。

端支座负筋长度＝支座负筋向跨内伸出长度＋支座宽度/2－梁(墙)保护层厚度＋15d＋板厚－板保护层厚度

端支座负筋根数的计算同板面通长筋。

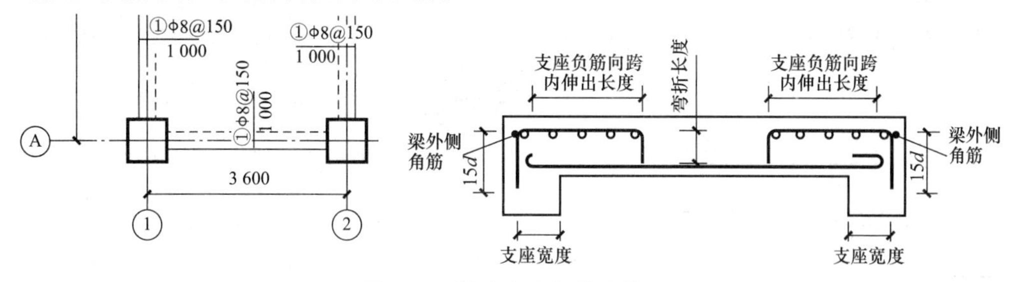

图 4-20　板端支座负筋计算图

(2)板中间支座负筋长度计算(图 4-21)。

中间支座负筋长度＝支座中心线向左跨内伸出长度＋支座中心向右跨内伸出长度＋2×(板厚－板保护层厚度)

中间支座负筋根数的计算同板面通长筋。

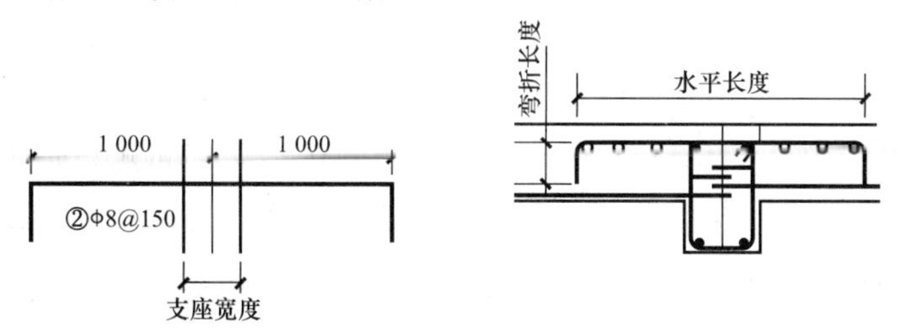

图 4-21　板中间支座负筋计算图

(3)板分布钢筋计算(图 4-22)。

分布钢筋长度＝两端支座负筋净距＋150×2

分布钢筋根数＝(支座负筋板内净长－分布钢筋间距/2)/分布钢筋间距＋1

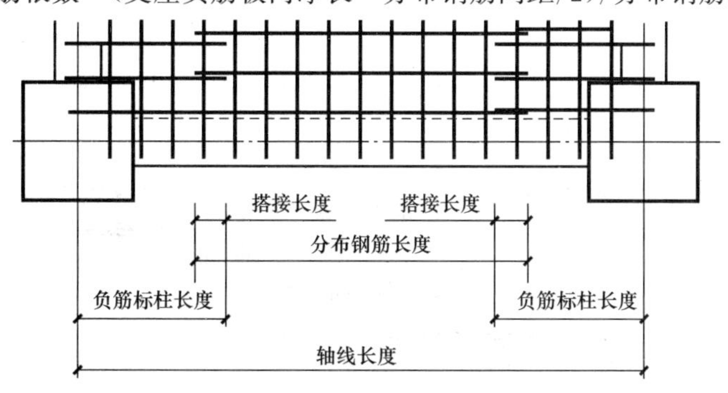

图 4-22　板分布钢筋计算图

四、楼板相关构造

楼板相关构造
标准构造详图

1. 后浇带钢筋构造

后浇带用于梁板、平板式筏形基础和条形基础。后浇带钢筋构造如图 4-23 所示。

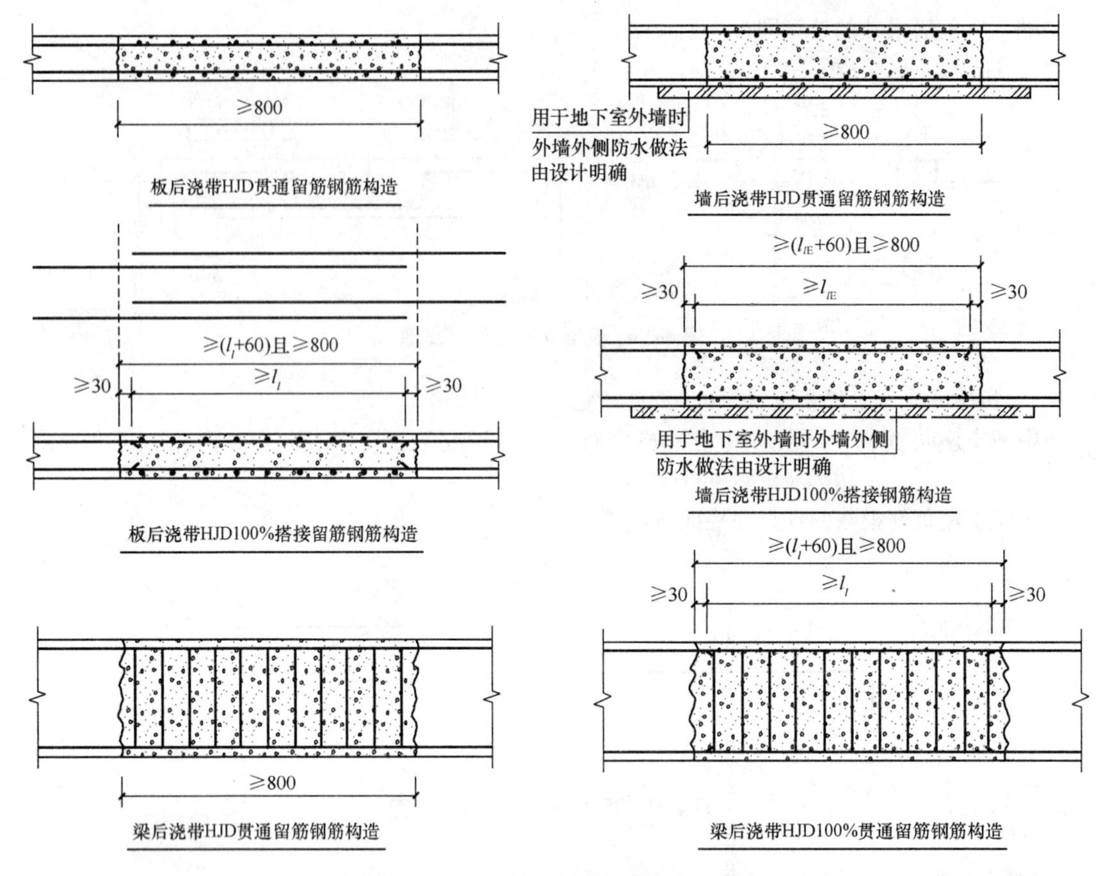

图 4-23　板、墙、梁后浇带钢筋构造

2. 局部升降板

局部升降板构造如图 4-24 和图 4-25 所示。图 4-24 所示的构造适用于局部升降板升高与降低的高度大于板厚的情况；图 4-25 所示的构造适用于局部升降板升高与降低的高度小于板厚的情况。

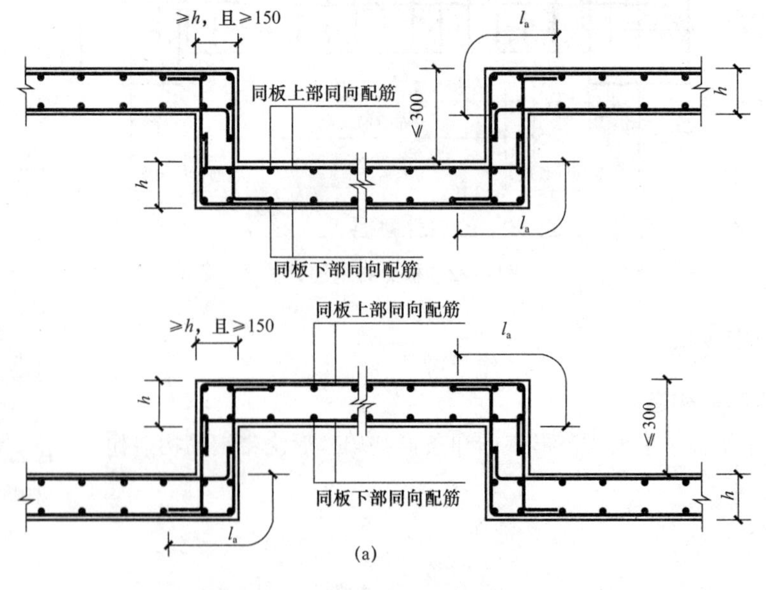

图 4-24　局部升降板 SJB 构造(一)

(a)板中升降

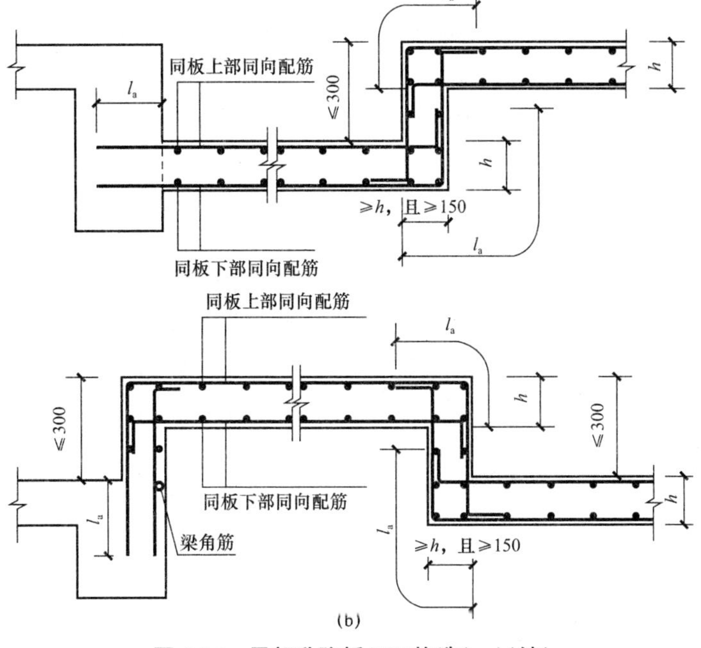

图 4-24 局部升降板 SJB 构造(一)(续)

(b)侧边为梁

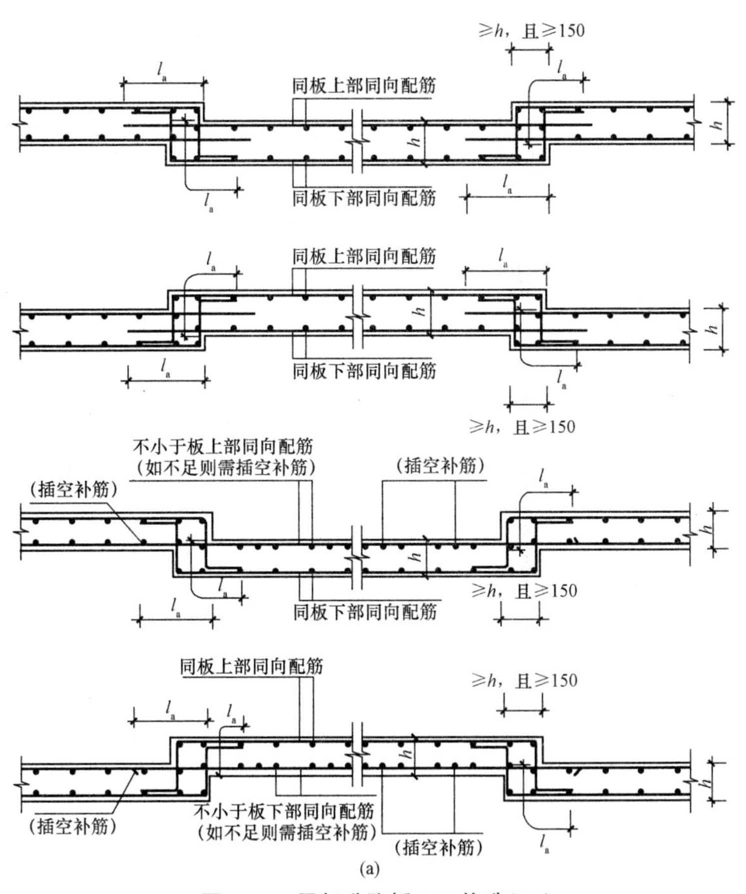

图 4-25 局部升降板 SJB 构造(二)

(a)板中升降

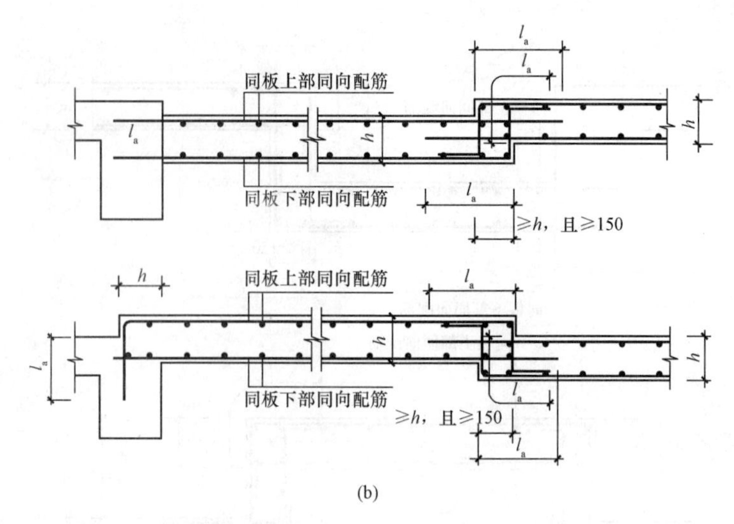

图 4-25　局部升降板 SJB 构造(二)(续)

(b)侧边为梁

3. 板开洞钢筋构造

当洞口直径或边长不大于 300 mm 时，若在梁边或墙边开洞，则可断开一根钢筋[图 4-26(a)]；若在梁交角或墙角开洞，则可断开两根钢筋[图 4-26(b)]；若在板中开洞，则可将钢筋弯折过洞[图 4-26(c)]。

洞口直径或边长不宜大于 1 000 mm。当洞口直径或边长大于 1 000 mm 时，则应在洞口四周布置梁。

当洞口直径或边长不大于 1 000 mm 但大于 300 mm 时，钢筋遇洞口断开，洞口每侧补强钢筋总面积不得小于同方向被切断纵向钢筋总面积的 50%，其强度等级与被切断钢筋相同并布置在同一层面，且每边根数不少于两根，直径不小于 12 mm，两根补强钢筋之间的净距为 30 mm。洞口各侧补强钢筋距洞口边的起步尺寸为 50 mm。洞边补强钢筋由遇洞口被切断的板上、下部钢筋的弯钩分别固定；若洞口位置未设置上部钢筋，则洞边补强钢筋由遇洞口被切断的板下部钢筋的弯钩固定，弯钩水平段的长度不小于 $5d$。如图 4-27 所示。

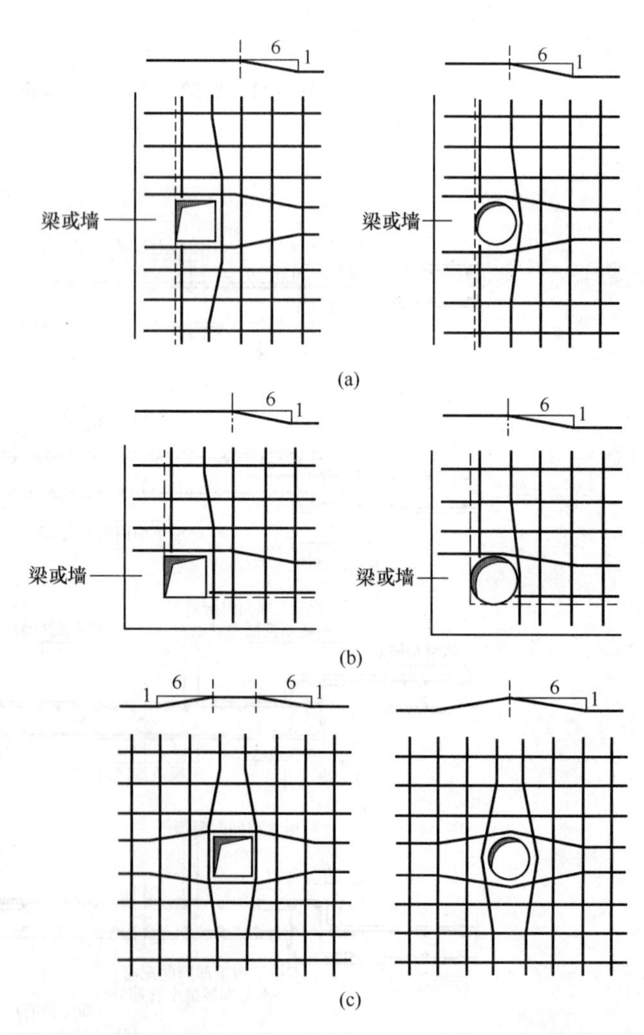

图 4-26　矩形洞边长和圆形洞直径不大于 300 mm 时钢筋构造

(a)梁边或墙边开洞；(b)梁交角或墙角开洞；(c)板中开洞

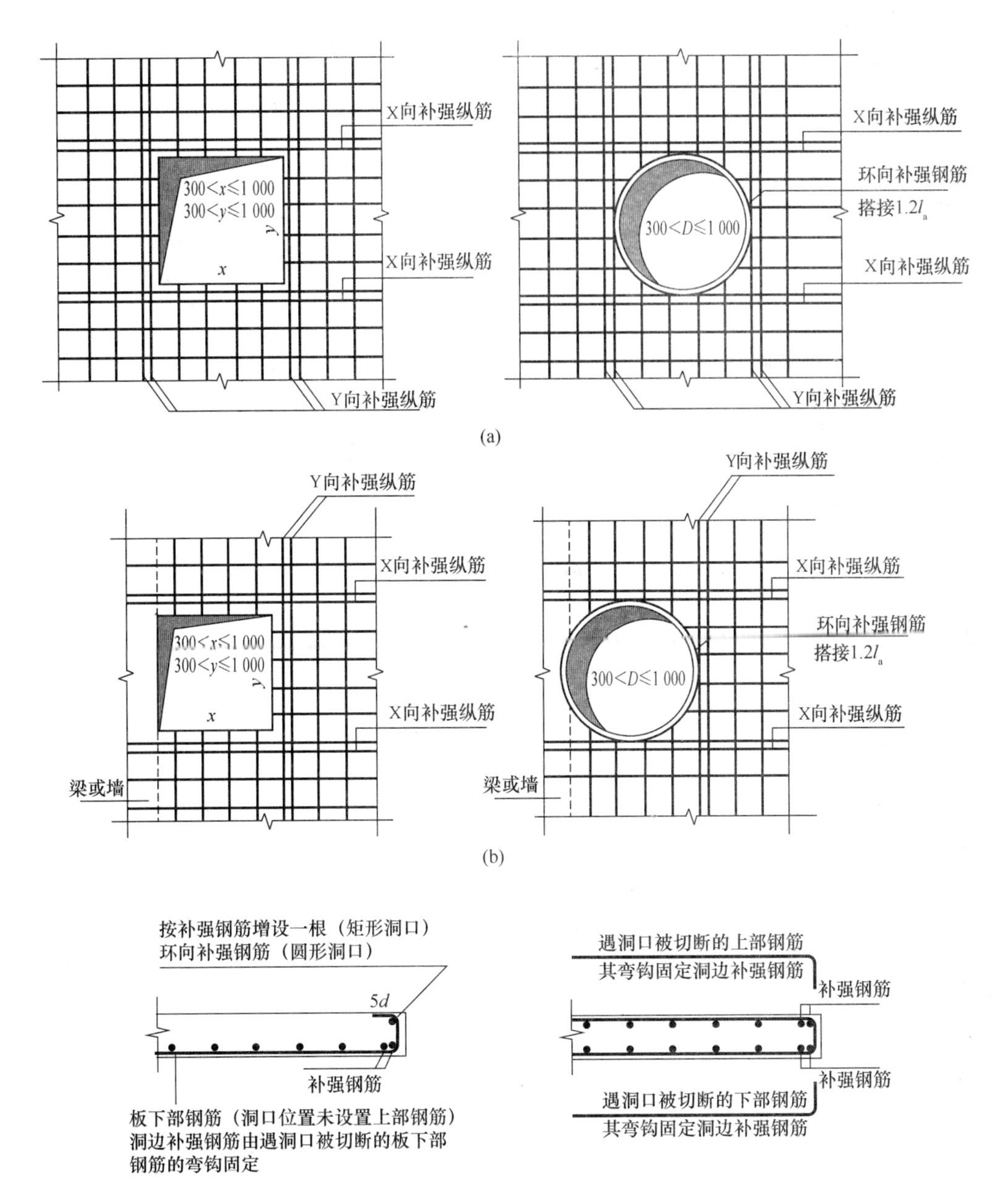

图 4-27　矩形洞边长和圆形洞直径大于 300 mm 但不大于 1 000 mm 时补强钢筋构造

(a)板中开洞；(b)梁边或墙边开洞

4. 板翻边构造

板翻边构造如图 4-28 所示。应注意的是，若钢筋处于阴角位置，则应避免内折角(即钢筋在阴角部位不可直接转折)。

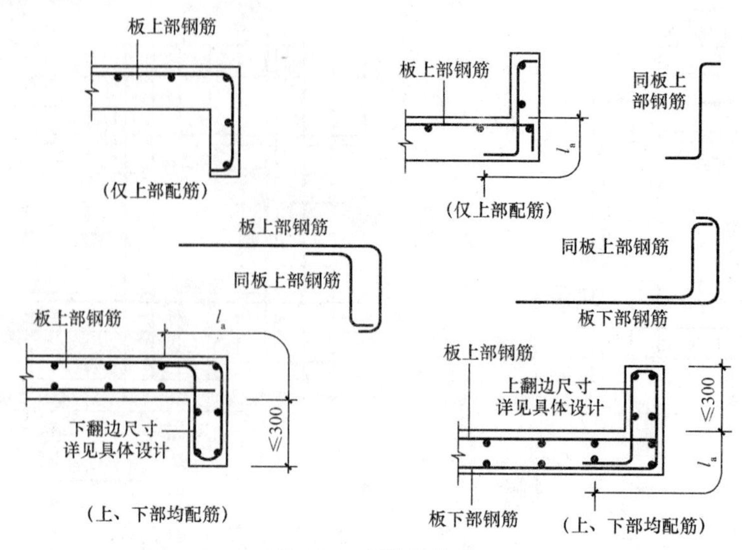

图 4-28　板翻边构造

第三节　板构件算量实例

一、板底钢筋计算实例

1. 单跨板(梁支座)

【例 4-5】 计算图 4-29 所示板底钢筋工程量。

解:

XΦ10:

长度=净长+端支座锚固+弯钩长度

端支座锚固长度=max(b_b/2, 5d)=max(150, 5×10)

=150(mm)

180°弯钩长度=6.25d

单根总长=3 600−300+2×150+2×6.25×10

=3 725(mm)

根数=(钢筋布置范围长度−起步距离)/间距+1

=(6 000−300−100)/100+1=57(根)

YΦ10:

单根总长=6 000−300+2×150+2×6.25×10

=6 125(mm)

根数=(3 600−300−2×75)/150+1=22(根)

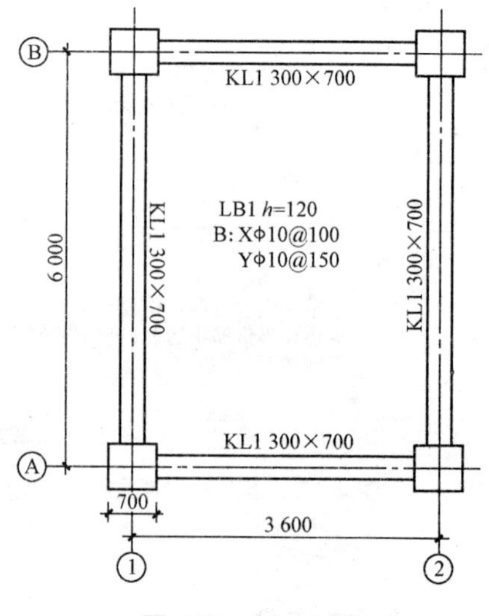

图 4-29　例 4-5 图

2. 单跨板(砖墙支座)

【例 4-6】 计算图 4-30 所示板底钢筋工程量。

解: 详细分析如图 4-31 所示。

(1)LB6 中:

XΦ10:

长度=净长+端支座锚固+弯钩长度

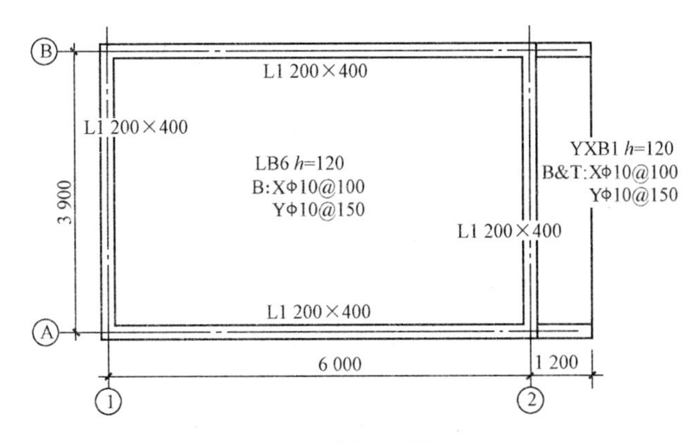

图 4-30 例 4-6 图(一)

端支座锚固长度＝max(b_b/2，5d)＝max(100，5×10)＝100(mm)

180°弯钩长度＝6.25d

单根长度＝6 000－200＋2×100＋2×6.25×10＝6 125(mm)

根数＝(3 900－200－100)/100＋1＝37(根)

YΦ10：

单根长度＝3 900－200＋2×100＋2×6.25×10＝4 025(mm)

根数＝(6 000－200－2×75)/150＋1＝39(根)

(2)YXB1 中：

XΦ10：

长度＝净长＋端支座锚固＋弯钩长度

端支座锚固长度＝12d＝120(mm)

单根长度＝1 200－100－15＋120＋2×6.25×10＝1 330(mm)

根数＝(3 900－200－100)/100＋1＝37(根)

YΦ10：

单根总长度＝3 900－200＋2×100＋2×6.25×10＝4 025(mm)

根数＝(1 200－100－75－15)/150＋1＝8(根)

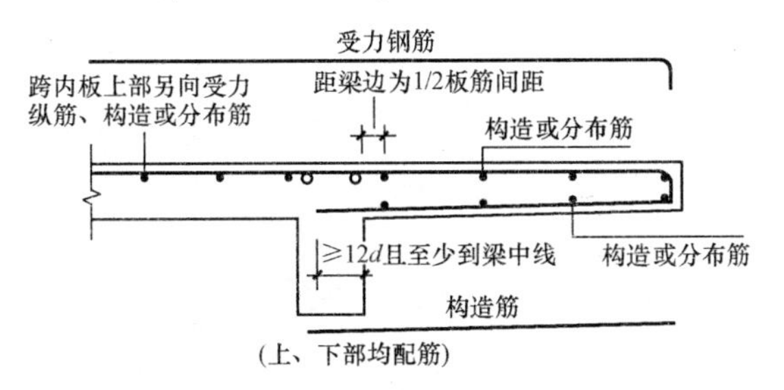

图 4-31 例 4-6 图(二)

3. 单跨板(支座偏心)

【例 4-7】 计算图 4-32 所示板底钢筋工程量。

解：

XΦ10：

计算公式＝净长＋端支座锚固＋弯钩长度

端支座锚固长度$=\max(h_b/2，5d)=\max(100，5\times10)=100$(mm)

180°弯钩长度$=6.25d$

单根总长=3 600+300+2×100+2×6.25×10

　　　=4 225(mm)

根数=(钢筋布置范围长度−起步距离)/间距+1

　　=(6 000+300−100)/100+1=63(根)

YΦ10：

单根总长=6 000+300+2×100+2×6.25×10

　　　=6 625(mm)

根数=(3 600+300−2×75)/150+1=26(根)

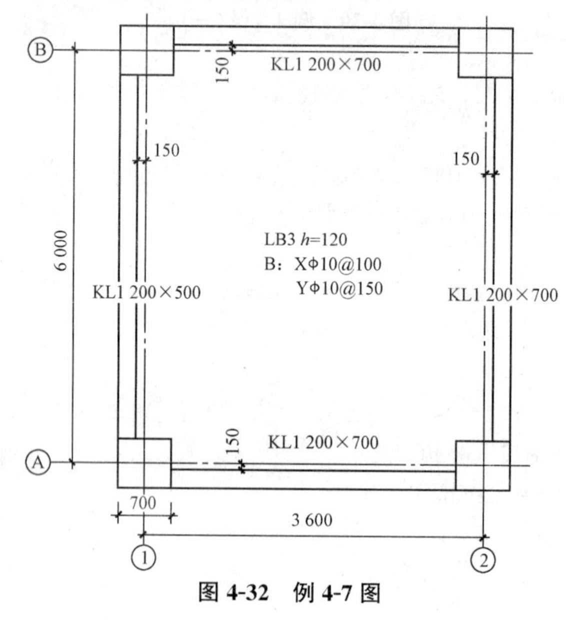

图 4-32　例 4-7 图

4. 板洞口

【例 4-8】 计算图 4-33 所示板底钢筋工程量。

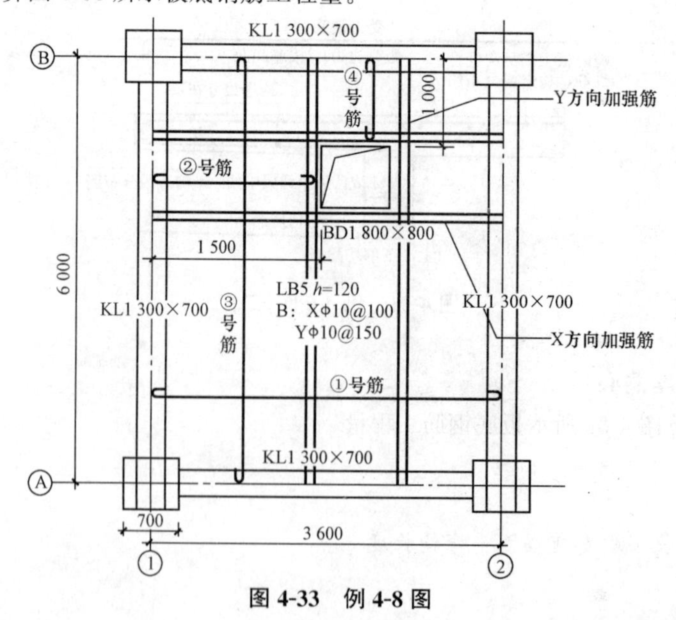

图 4-33　例 4-8 图

解：

①号筋：

长度＝净长＋端支座锚固＋弯钩长度

端支座锚固长度＝max(b_b/2，5d)＝max(150，5×10)＝150(mm)

180°弯钩长度＝6.25d

单根长度＝3 600－300＋2×150＋2×6.25×10＝3 725(mm)

②号筋(右端在洞边弯折，洞口位置未设置上部钢筋)：

长度＝净长＋左端支座锚固＋弯钩长度＋右端弯折长度＋弯钩长度

端支座锚固长度＝max(b_b/2，5d)＝max(150，5×10)＝150(mm)

180°弯钩长度＝6.25d

右端弯折长度＝120－2×15＝90(mm)

单根长度＝(1 500－150－15)＋(150＋6.25×10)＋(90＋6.25×10)＋5×10＝1 750(mm)

③号筋：

单根长度＝6 000－300＋2×150＋2×6.25×10＝6 125(mm)

④号筋(下端在洞边下弯折)：

长度＝净长＋上端支座锚固＋弯钩长度＋下端下弯长度＋弯钩长度

单根长度＝(1 000－150－15)＋(150＋6.25×10)＋(90＋6.25×10)＋5×10＝1 250(mm)

X 向洞口加强筋：同①号筋。

Y 向洞口加强筋：同③号筋。

二、板顶钢筋计算实例

1. 单跨板

【例 4-9】 计算图 4-34 所示板顶钢筋工程量。(c＝25 mm)

解：

XΦ10：

长度＝净长＋端支座锚固

端支座锚固长度＝300－25＋15d＝300－25＋150＝425(mm)

单根长度＝3 600－300＋2×425＝4 150(mm)

根数＝(钢筋布置范围长度－起步距离)/间距＋1

＝(6 000－300－2×75)/150＋1＝38(根)

YΦ10：

单根长度＝6 000－300＋2×425＝6 550(mm)

根数＝(3 600－300－2×75)/150＋1＝22(根)

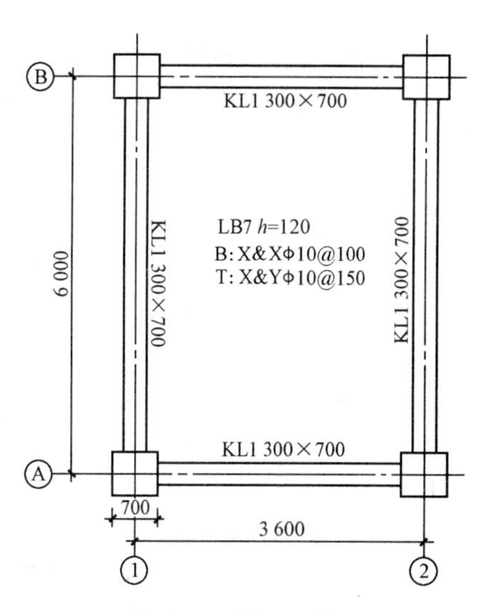

图 4-34　例 4-9 图

2. 多跨板

【例 4-10】 计算图 4-35 所示板顶钢筋工程量。

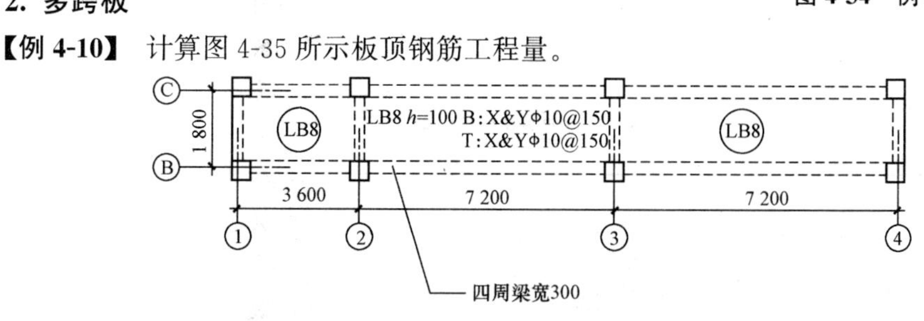

图 4-35　例 4-10 图(一)

解：图集规定了板顶以跨中 $l_n/2$ 范围内进行连接，本例中板顶筋采用三跨贯通方式，如图 4-36 所示。

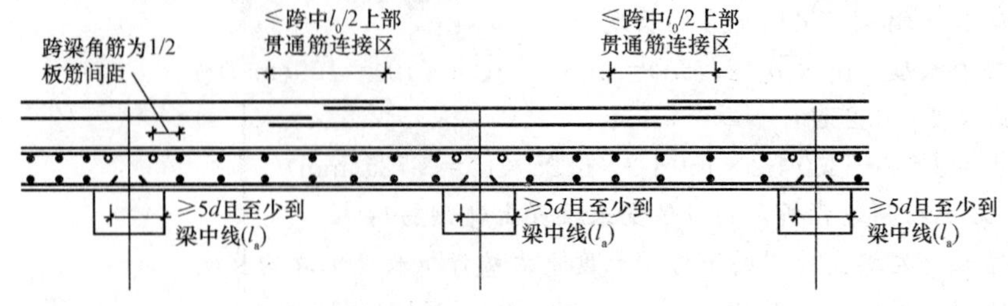

图 4-36　例 4-10 图(二)

XΦ10(3 跨贯通计算)：

端支座锚固长度＝300－25＋15d＝300－25＋150＝425(mm)

单根长度＝3 600＋2×7 200－300＋2×425＝18 550(mm)

根数＝(钢筋布置范围长度－两端起步距离)/间距＋1

　　＝(1 800－300－2×75)/150＋1＝10(根)

YΦ10：

单根总长度＝1 800－300＋2×425＝2 350(mm)

根数

①～②轴＝(3 600－300－2×75)/150＋1＝22(根)

②～③轴＝(7 200－300－2×75)/150＋1＝46(根)

③～④轴＝(7 200－300－2×75)/150＋1＝46(根)

3. 多跨板(相邻跨配筋不同)

【例 4-11】 计算图 4-37 所示板顶钢筋工程量。

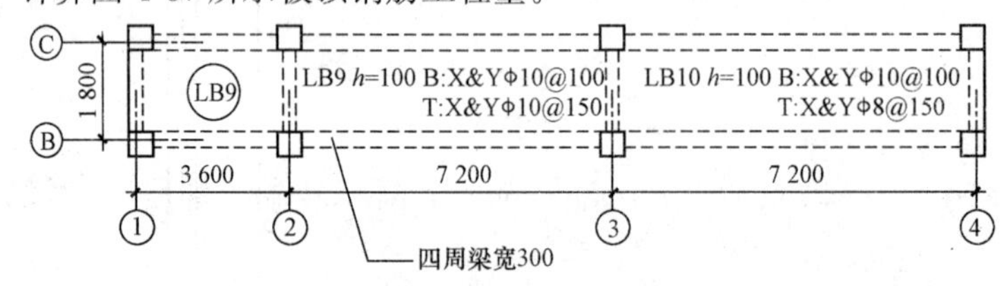

图 4-37　例 4-11 图(一)

解：如图 4-38 所示，在跨中连接的板顶钢筋长度计算公式为(l_n＋支座宽度)/2＋l_l/2。

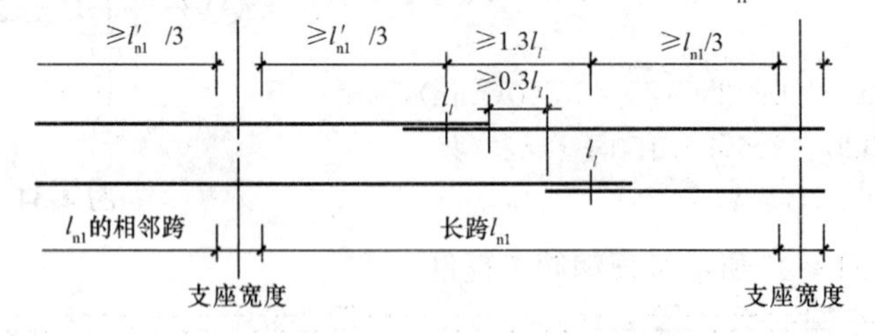

图 4-38　例 4-11 图(二)

(1)LB9 中：

XΦ10(①～②跨贯通计算)：

长度＝净长＋左端支座锚固＋右端伸入③～④轴跨中连接

端支座锚固长度＝300－25＋15d＝300－25＋150＝425(mm)

单根长度＝3 600＋7 200－150＋425＋(7 200/3＋42/2×d)

　　　　＝3 600＋7 200－150＋425＋(7 200/3＋21×10)＝13 685(mm)

根数＝(1 800－300－2×75)/150＋1＝10(根)

YΦ10：

单根总长度＝1 800－300＋2×425＝2 350(mm)

根数：

①～②轴根数＝(3 600－300－2×75)/150＋1＝22(根)

②～③轴根数＝(7 200－300－2×75)/150＋1＝46(根)

(2)LB10 中：

XΦ8：

端支座锚固长度＝300－25＋15d＝300－25＋15×8＝395(mm)

单根长度＝7 200/3×2＋42/2×d－150＋395＝7 200/3×2＋21×8－150＋395＝5 213(mm)

根数＝(1 800－300－2×75)/150＋1＝10(根)

YΦ8：

单根总长度＝1 800－300＋2×395＝2 290(mm)

根数＝(7 200－300－2×75)/150＋1＝46(根)

4. 支座负筋替代板顶筋分布筋

【例 4-12】 计算图 4-39 中所示 LB13 板顶钢筋工程量。

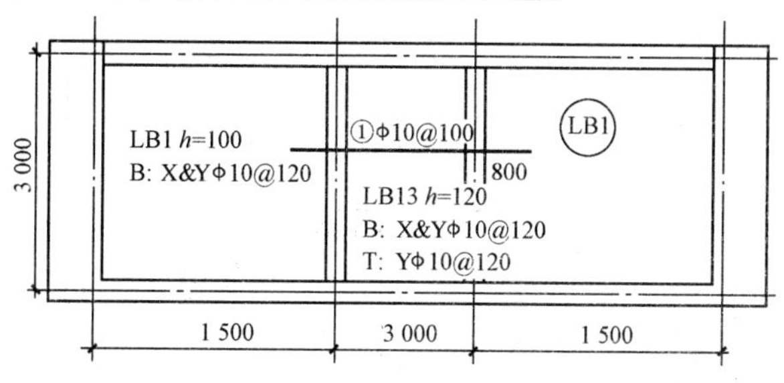

图 4-39　例 4-12 图

解：

YΦ10(板顶筋 X 方向的分布筋不计算)。

端支座锚固长度＝300－25＋15d＝425(mm)

单根长度＝(3 000－300)＋2×425＝3 550(mm)

根数＝(3 000－300－120)/120＋1＝23(根)

①号筋不在此处计算，计算方法见例 4-15。

三、板支座负筋钢筋计算实例

1. 中间支座负筋

【例 4-13】 计算图 4-40 所示支座负筋工程量。

解： 详细分析如图 4-41 所示。

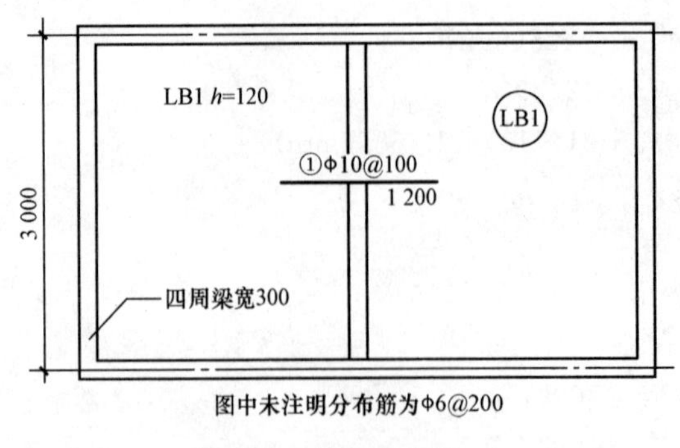

图 4-40　例 4-13 图(一)

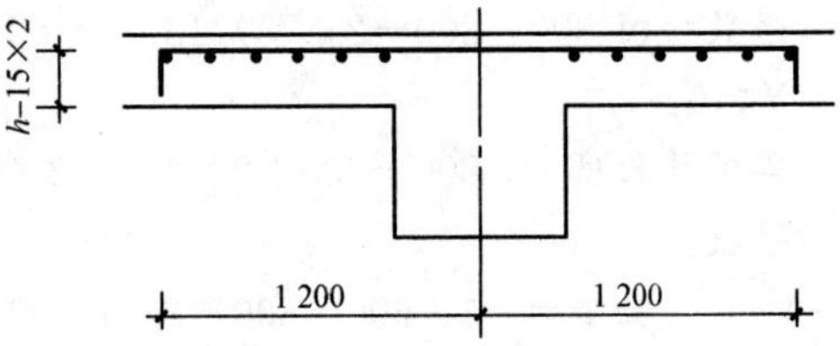

图 4-41　例 4-13 图(二)

①号支座负筋：

长度＝平直段长度＋两端弯折

弯折长度＝h－15×2＝120－15×2＝90(mm)

单根长度＝2×1 200＋2×90＝2 580(mm)

根数＝(3 000－300－2×50)/100＋1＝27(根)

①号支座负筋的分布筋(其长度为负筋布置范围长)：

单根长度＝3 000－300＝2 700(mm)

单侧根数＝(1 200－150)/200＋1＝7(根)，两侧共 14 根。

【例 4-14】 计算图 4-42 所示支座负筋工程量。

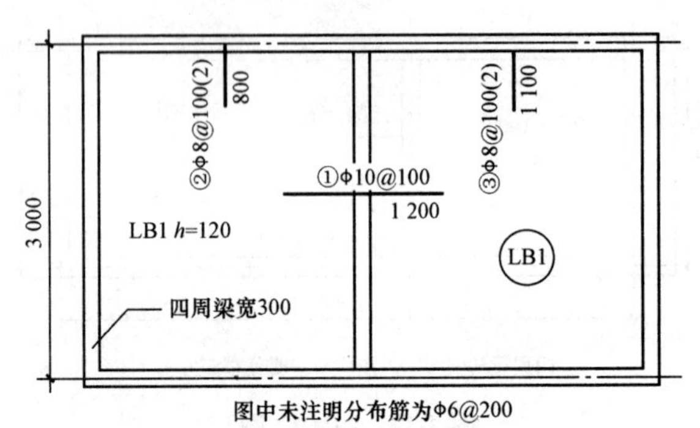

图 4-42　例 4-14 图

解：与不同长度支座负筋相交，转角处分布筋扣减。分布筋自身及与受力主筋、构造钢筋的搭接长度为 150 mm。

①号支座负筋：

长度＝平直段长度＋两端弯折

弯折长度＝h－15×2＝120－30＝90(mm)

单根长度＝2×1 200＋2×90＝2 580(mm)

根数＝27(根)

①号支座负筋的左侧分布筋：

长度＝负筋布置范围长－与其相交的另向支座负筋长＋150 搭接

　　＝3 000－150－800＋150＝2 200(mm)

注：800 是指②号筋自支座中心线向跨内的延伸长度，本例中②号筋只出现在一根梁上。

根数＝(1 200－150)/200＋1＝7(根)

①号支座负筋的右侧分布筋：

单根总长度=3 000−150−1 100+150=1 900(mm)

根数=(1 200−150)/200+1=7(根)

【例 4-15】 计算图 4-43 所示①号支座负筋工程量。

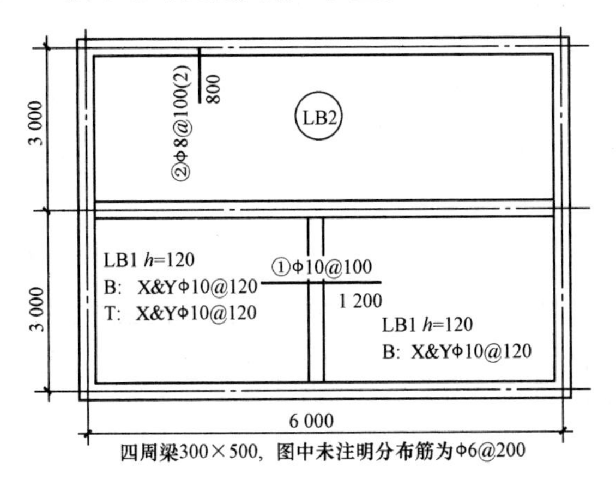

图 4-43　例 4-15 图

解：①号支座负筋：

单根长度=2×1 200+2×(120−15×2)=2 580(mm)

根数=(3 000−300−2×50)/100+1=27(根)

①号支座负筋的左侧分布筋：

左侧不需要分布筋，由 LB1 板顶 Y 向替代负筋分布筋。

①号支座负筋的右侧分布筋：

长度=3 000−300=2 700(mm)

根数=(1 200−150)/200+1=7(根)

2. 端支座负筋

【例 4-16】 计算图 4-44 所示②号支座负筋工程量。

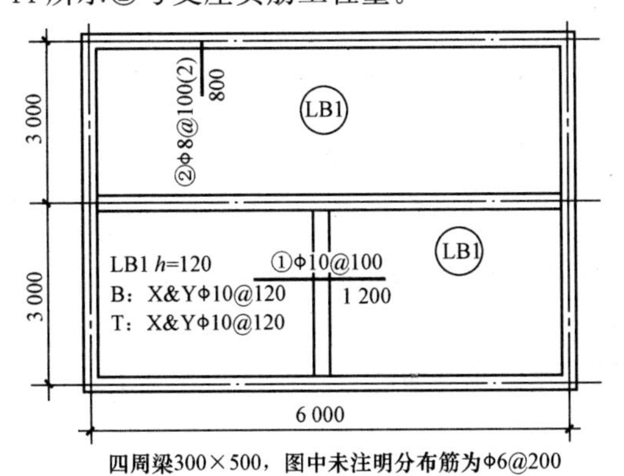

图 4-44　例 4-16 图

解：②号支座负筋：

长度=净长+一端支座锚固+一端弯折

端支座锚固长度=300−25+15d=300−25+120=395(mm)

弯折长度$=h-15\times2=120-30=90$(mm)

②号支座负筋：

单根长度=800−150+395+90=1 135(mm)

根数=(钢筋布置范围长度−起步距离)/间距+1

=(6 000−300−2×50)/100+1=57(根)

②号支座负筋的分布筋：

长度=6 000−300=5 700(mm)

根数=(800−150)/200+1=5(根)

3. 跨板支座负筋

【例 4-17】 计算图 4-45 所示①号支座负筋工程量。

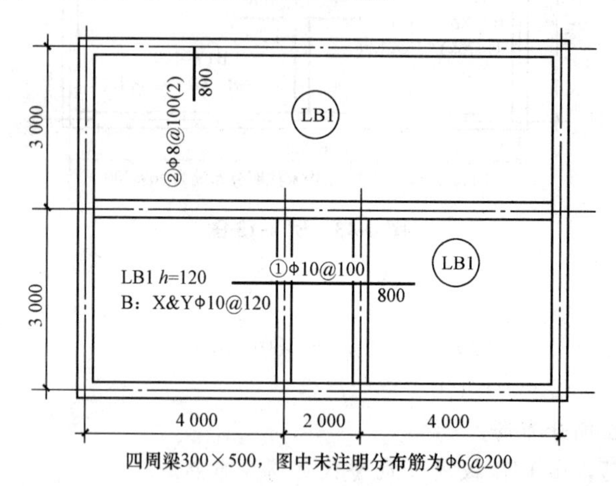

图 4-45 例 4-17 图

解：①号支座负筋：

单根长度=2×1 200+2×(120−15×2)=2 580(mm)

根数=(3 000−300−2×50)/100+1=27(根)

①支座负筋的左侧分布筋：

左侧不需要分布筋，由 LB1 板顶 Y 向替代负筋分布筋。

①号支座负筋的右侧分布筋：

长度=3 000−300=2 700(mm)

根数=(1 200−150)/200+1=7(根)

【例 4-18】 如图 4-46 所示，已知梁截面尺寸为 200 mm×500 mm，柱截面尺寸为 400 mm×400 mm，梁保护层厚度为 25 mm，板保护层厚度为 15 mm，板分布钢筋为 Φ8@200。试计算②～③之间板的贯通筋、负筋及分布钢筋。

解：(1)板贯通筋。

X 向：Φ10@100 $L=5.8+2\times\max(0.2/2, 5\times0.01)$

$=5.8+2\times0.1=6$(m)

$n=(5.9-0.1)/0.1+1=59$(根)

Y 向：Φ10@100 $L=5.9+2\times\max(0.2/2, 5\times0.01)$

$=5.9+2\times0.1=6.1$(m)

$n=(5.8-0.1)/0.1+1=58$(根)

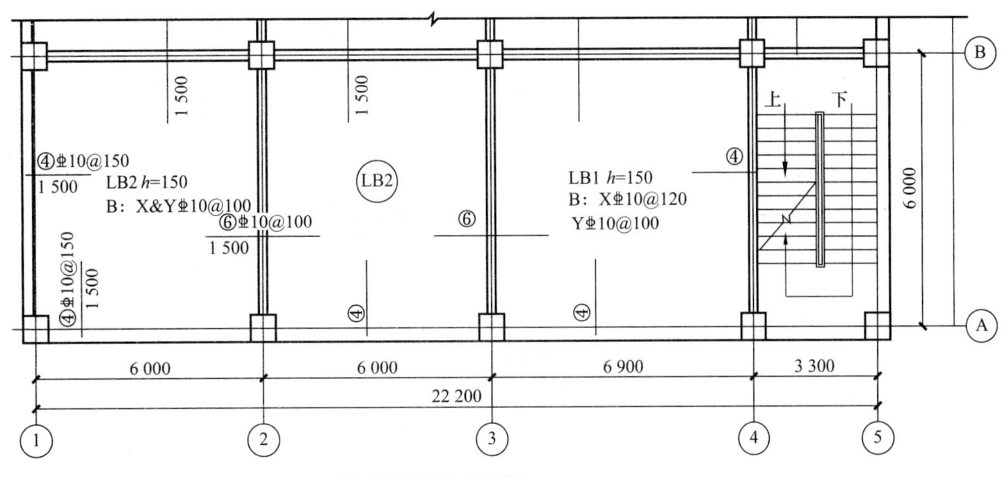

图 4-46　例 4-18 图

(2)支座负筋。

④号端支座负筋：Φ10@150

$L=1.4+(0.2-0.025+15\times0.01)+(0.15-0.015)=1.86$(m)

$n=(5.8-0.15)/0.15+1=39$(根)

②轴线⑥号中间支座负筋：Φ10@150

$L=1.5\times2+(0.15-0.015)\times2=3.27$(m)

$n=(5.9-0.15)/0.15+1=40$(根)

(3)分布钢筋计算。

④号负筋下分布钢筋：Φ8@200

$L=6.0-1.5\times2+0.015\times2+2\times6.25\times0.008=3.13$(m)

$n=(1.4-0.2/2)/0.2+1=8$(根)

②轴线⑥号负筋下分布钢筋：Φ8@200

$L=6.0-1.5\times2+0.015\times2+2\times6.25\times0.008=3.13$(m)

$n=[(1.4-0.2/2)/0.2+1]\times2=16$(根)

本章小结

有梁楼盖板平法施工图即在楼面板和屋面板布置图上，采用平面注写的表达方式。有梁楼盖的制图规则适用于以梁为支座的楼面与屋面板平法施工图设计。本章主要介绍了板平法施工图制图规则、板构件钢筋构造及钢筋工程量计算。

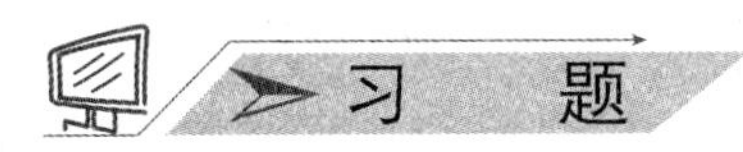

习　题

1. 简述图 4-47 所示楼板结构钢筋平法标注的含义。

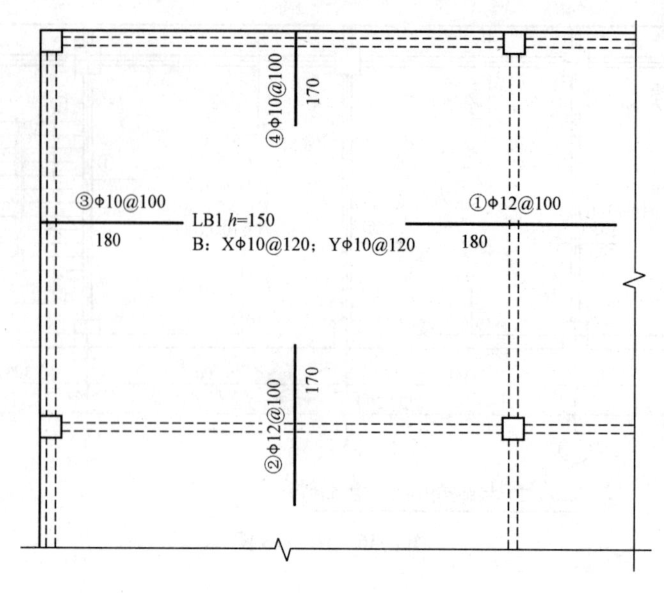

图 4-47　平法标注的楼板结构施工图

2. 板带集中标注包括哪些内容？

3. 简述板顶筋端部锚固构造要点。

4. 板顶贯通筋中间连接有哪些要求？

5. 中间支座负筋一般构造要点有哪些？

6. 简述后浇带钢筋构造要求。

7. 某一层楼的现浇板平法施工图(有梁板)，如图 4-48 所示，各轴线居中，梁宽均为 300 mm，未注明分布筋为 Φ6@250，计算板钢筋工程量。

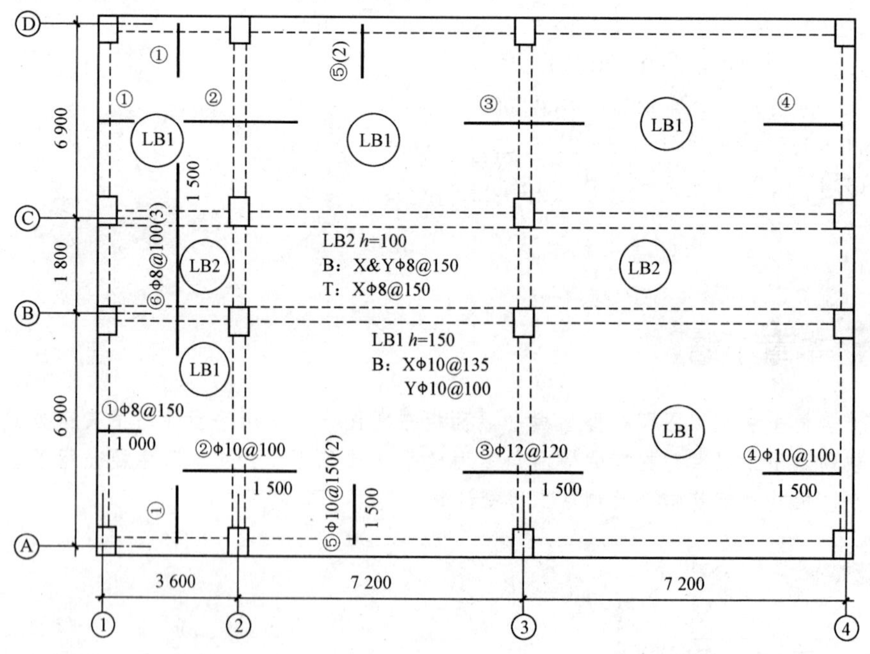

图 4-48　习题 7 图

第五章　剪力墙平法识图与钢筋算量

知识目标

通过本章的学习熟悉剪力墙平面图上采用列表注写方式、截面注写方式、剪力墙洞口的表示方法、地下室外墙的表示方法，剪力墙墙身水平钢筋构造、剪力墙墙身竖向钢筋及拉筋构造、剪力墙墙柱钢筋构造、剪力墙墙梁钢筋构造一般规定；掌握剪力墙钢筋算量的基本公式及两根钢筋算量的应用。

能力目标

具备看懂剪力墙平法施工图的能力；具备剪力墙钢筋算量的基本能力。

第一节　剪力墙平法施工制图规则

剪力墙是利用建筑外墙和内隔墙位置布置的钢筋混凝土结构墙，由于它主要承受水平力，因此俗称剪力墙。剪力墙构件主要包括墙身、墙柱、墙梁等。

剪力墙平法施工图是指在剪力墙平面布置图上采用列表注写方式或截面注写方式表达。剪力墙平面布置图可采用适当比例单独绘制，也可与柱或梁平面布置图合并绘制。在剪力墙平法施工图中，应注明各结构层的楼面标高、结构层高及相应的结构层号，还应注明上部结构嵌固部位位置。

剪力墙平法施工图制图规则

一、列表注写方式

列表注写方式是指在剪力墙柱表、剪力墙身表和剪力墙梁表中，对应于剪力墙平面布置图上的编号，用绘制截面配筋图并注写几何尺寸与配筋具体数值的方式来表达剪力墙平法施工图，如图 5-1 所示。

(一)剪力墙柱

1. 剪力墙柱编号

剪力墙柱编号由墙柱类型代号和序号组成，其表达形式见表 5-1。

表 5-1　剪力墙柱编号

墙柱类型	代号	序号	示例
约束边缘构件	YBZ	××	YBZ1
构造边缘构件	GBZ	××	GBZ10
非边缘暗柱	AZ	××	AZ13
扶壁柱	FBZ	××	FBZ6

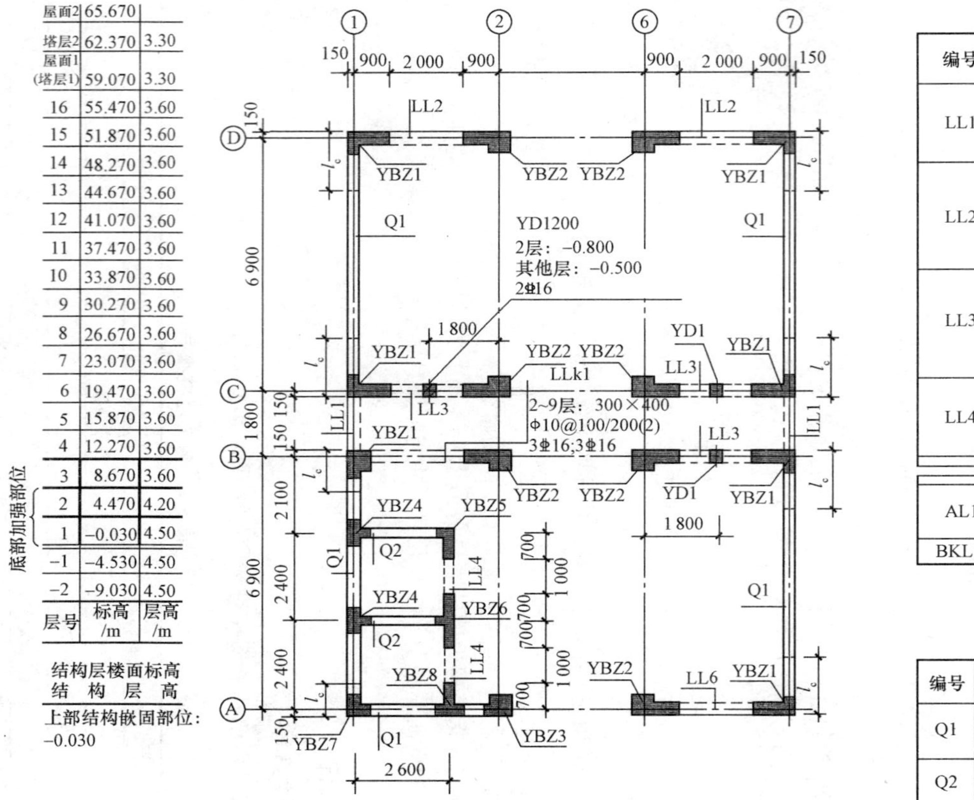

图 5-1　剪力墙列表注写方式

剪力墙梁表

编号	所在楼层号	梁顶相对标高高差	梁截面 $b\times h$	上部纵筋	下部纵筋	箍筋
LL1	2~9	0.800	300×2 000	4⌀25	4⌀25	ф10@100(2)
	10~16	0.800	250×2 000	4⌀22	4⌀22	ф10@100(2)
	屋面1		250×1 200	4⌀20	4⌀20	ф10@100(2)
LL2	3	-1.200	300×2 520	4⌀25	4⌀25	ф10@150(2)
	4	-0.900	300×2 070	4⌀25	4⌀25	ф10@150(2)
	5~9	-0.900	300×1 770	4⌀25	4⌀25	ф10@150(2)
	10~屋面1	-0.900	250×1 770	4⌀22	4⌀22	ф10@150(2)
LL3	2		300×2 070	4⌀25	4⌀25	ф10@100(2)
	3		300×1 770	4⌀25	4⌀25	ф10@100(2)
	4~9		300×1 170	4⌀25	4⌀25	ф10@100(2)
	10~屋面1		250×1 170	4⌀22	4⌀22	ф10@100(2)
LL4	2		250×2 070	4⌀20	4⌀20	ф10@120(2)
	3		250×1 770	4⌀20	4⌀20	ф10@120(2)
	4~屋面1		250×1 170	4⌀20	4⌀20	ф10@120(2)
AL1	2~9		300×600	3⌀20	3⌀20	ф8@150(2)
	10~16		250×500	3⌀18	3⌀18	ф8@150(2)
BKL1	屋面1		500×750	4⌀22	4⌀22	ф10@150(2)

剪力墙身表

编号	标高	墙厚	水平分布筋	垂直分布筋	拉筋(矩形)
Q1	-0.030~30.270	300	⌀12@200	⌀12@200	ф6@600@600
	30.270~59.070	250	⌀10@200	⌀10@200	ф6@600@600
Q2	-0.030~30.270	250	⌀10@200	⌀10@200	ф6@600@600
	30.270~59.070	200	⌀10@200	⌀10@200	ф6@600@600

屋面2	65.670	
塔层2	62.370	3.30
屋面1 (塔层1)	59.070	3.30
16	55.470	3.60
15	51.870	3.60
14	48.270	3.60
13	44.670	3.60
12	41.070	3.60
11	37.470	3.60
10	33.870	3.60
9	30.270	3.60
8	26.670	3.60
7	23.070	3.60
6	19.470	3.60
5	15.870	3.60
4	12.270	3.60
3	8.670	3.60
2	4.470	4.20
1	−0.030	4.50
−1	−4.530	4.50
−2	−9.030	4.50
层号	标高/m	层高/m

底部加强部位（1～3层）

结构层楼面标高
结构层高

上部结构嵌固部位：
−0.030

剪力墙柱表

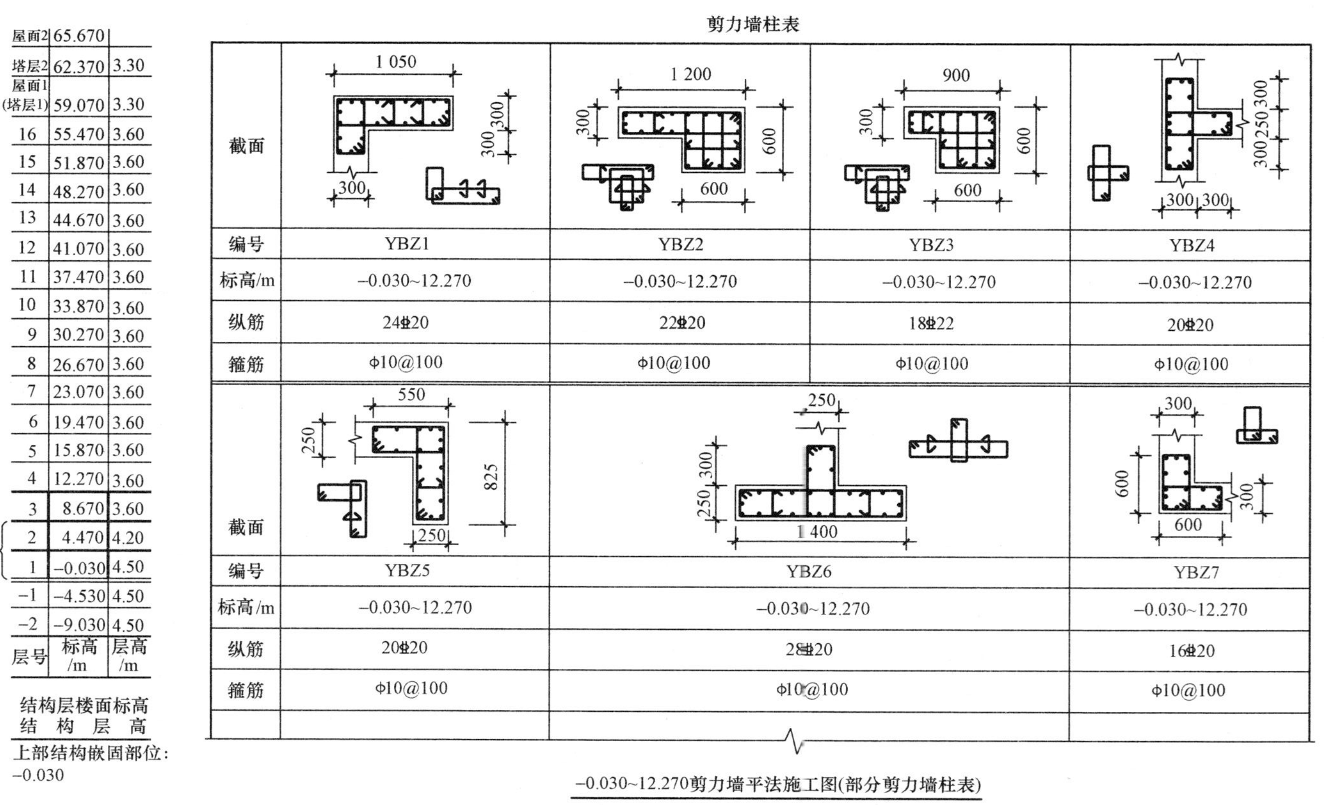

截面	（截面图）	（截面图）	（截面图）	（截面图）
编号	YBZ1	YBZ2	YBZ3	YBZ4
标高/m	−0.030~12.270	−0.030~12.270	−0.030~12.270	−0.030~12.270
纵筋	24⌀20	22⌀20	18⌀22	20⌀20
箍筋	Φ10@100	Φ10@100	Φ10@100	Φ10@100

截面	（截面图）	（截面图）	（截面图）
编号	YBZ5	YBZ6	YBZ7
标高/m	−0.030~12.270	−0.030~12.270	−0.030~12.270
纵筋	20⌀20	28⌀20	16⌀20
箍筋	Φ10@100	Φ10@100	Φ10@100

−0.030~12.270剪力墙平法施工图(部分剪力墙柱表)

图 5-1　剪力墙列表注写方式（续）

2. 约束边缘构件

约束边缘构件包括约束边缘暗柱[图 5-2(a)]、约束边缘端柱[图 5-2(b)]、约束边缘翼墙[图 5-2(c)]、约束边缘转角墙[图 5-2(d)]。

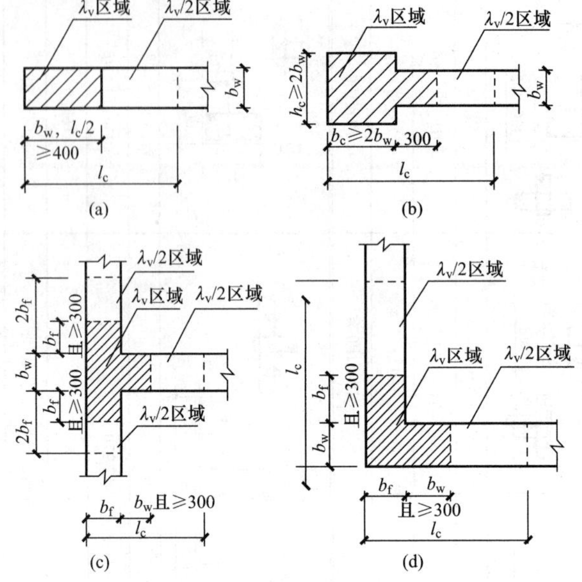

图 5-2　约束边缘构件

(a)约束边缘暗柱；(b)约束边缘端柱；(c)约束边缘翼墙；(d)约束边缘转角墙

3. 构造边缘构件

构造边缘构件包括构造边缘暗柱[图 5-3(a)]、构造边缘端柱[图 5-3(b)]、构造边缘翼墙[图 5-3(c)]、构造边缘转角墙[图 5-3(d)]四种。

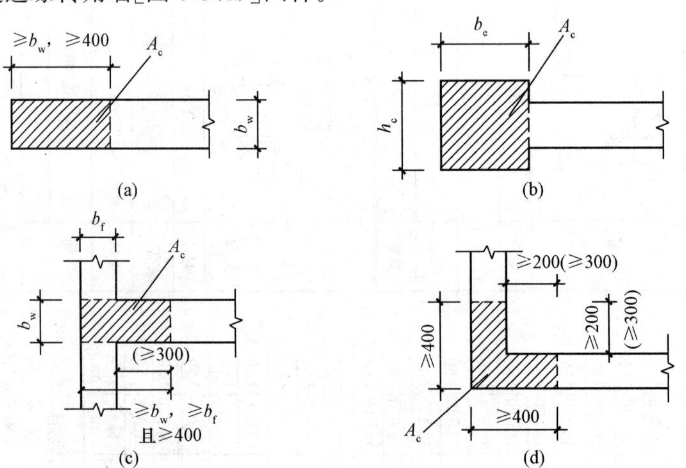

图 5-3　构造边缘构件

(a)构造边缘暗柱；(b)构造边缘端柱；(c)构造边缘翼墙(括号中数值用于高层建筑)；
(d)构造边缘转角墙(括号中数值用于高层建筑)

4. 剪力墙柱表中表达的内容

在剪力墙柱表中表达的内容，规定如下：

(1)注写墙柱编号(表 5-1)，绘制该墙柱的截面配筋图，标注墙柱几何尺寸。

1)约束边缘构件(图 5-2)、构造边缘构件(图 5-3)需注明阴影部分尺寸。

2)扶壁柱及非边缘暗柱需标注几何尺寸。

(2)注写各段墙柱的起止标高，自墙柱根部往上以变截面位置或截面未变但配筋改变处为界分段注写。墙柱根部标高一般指基础顶面标高(部分框支剪力墙结构则为框支梁顶面标高)。

(3)注写各段墙柱的纵向钢筋和箍筋，注写值应与在表中绘制的截面配筋图对应一致。纵向钢筋注总配筋值；墙柱箍筋的注写方式与柱箍筋相同。

图 5-2 中，l_c 为约束边缘构件沿墙肢的伸出长度(实际工程中应注明具体数值)，约束边缘构件非阴影区拉筋(除图中有标注外)，竖向与水平钢筋交点处均设置，直径为 8 mm。

(二)剪力墙身

墙身编号由墙身代号、序号及墙身所配置的水平与竖向分布钢筋的排数组成，其中，排数注写在括号内，表达形式为：Q××(××)排。在编号中，如若干墙柱的截面尺寸与配筋均相同，仅截面与轴线的关系不同时，可将其编为同一墙柱号；又如若干墙身的厚度尺寸和配筋均相同，仅墙厚与轴线的关系不同或墙身长度不同时，也可将其编为同一墙身号，但应在图中注明与轴线的几何关系。

当墙身所设置的水平与竖向分布钢筋的排数为 2 时可不注。对于分布钢筋网的排数规定：当剪力墙厚度不大于 400 mm 时，应配置双排；当剪力墙厚度大于 400 mm，但不大于 700 mm 时，宜配置三排；当剪力墙厚度大于 700 mm 时，宜配置四排。各排水平分布钢筋和竖向分布钢筋的直径与间距宜保持一致。当剪力墙配置的分布钢筋多于两排时，剪力墙拉筋两端应同时勾住外排水平纵筋和竖向纵筋，还应与剪力墙内排水平纵筋和竖向纵筋绑扎在一起。

在剪力墙身表中表达的内容，规定如下：

(1)注写墙身编号，包括水平与竖向分布钢筋的排数。

(2)注写各段墙身起止标高，自墙身根部往上以变截面位置或截面未变但配筋改变处为界分段注写。墙身根部标高一般指基础顶面标高(部分框支剪力墙结构则为框支梁的顶面标高)。

(3)注写水平分布钢筋、竖向分布钢筋和拉筋的具体数值。注写数值为一排水平分布钢筋和竖向分布钢筋的规格与间距，具体设置几排已经在墙身编号后面表达。

拉筋应注明布置方式"矩形"或"梅花"布置，如图 5-4 所示(图中，a 为竖向分布钢筋间距，b 为水平分布钢筋间距)。

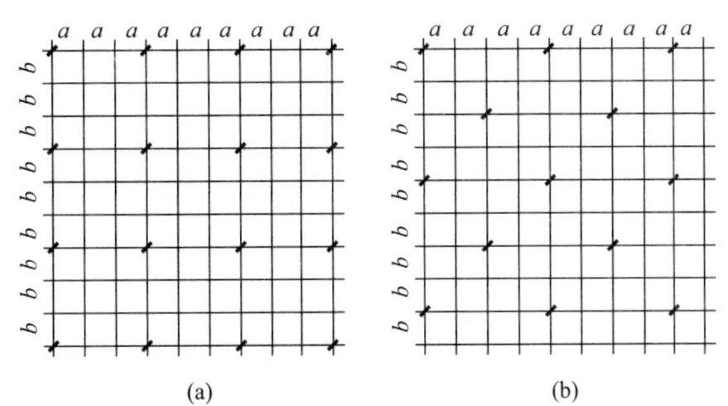

图 5-4　拉结筋设置示意

(a)拉筋@$3a3b$ 矩形(a≤200，b≤200)；(b)拉筋@$4a4b$ 梅花(a≤150，b≤150)

(三)剪力墙梁

墙梁编号由墙梁类型代号和序号组成，表达形式应符合表 5-2 的规定。

表 5-2 剪力墙梁编号

墙梁类型	代号	序号	示例
连梁	LL	××	LL1
连梁(对角暗撑配筋)	LL(JC)	××	LL(JC)2
连梁(交叉斜筋配筋)	LL(JX)	××	LL(JX)3
连梁(集中对角斜筋配筋)	LL(DX)	××	LL(DX)4
连梁(跨高比不小于 5)	LLk	××	LLk7
暗梁	AL	××	AL5
边框梁	BKL	××	BKL6

注：1. 在具体工程中，当某些墙身需设置暗梁或边框梁时，宜在剪力墙平法施工图中绘制暗梁或边框梁的平面布置图并编号，以明确其具体位置。
2. 跨高比不小于 5 的连梁按框架梁设计时，代号为 LLk。

在剪力墙梁表中表达的内容，规定如下：

(1)注写墙梁编号。

(2)注写墙梁所在楼层号。

(3)注写墙梁顶面标高高差，是指相对于墙梁所在结构层楼面标高的高差值。高于者为正值，低于者为负值，当无高差时不注。

(4)注写墙梁截面尺寸 $b\times h$，上部纵筋、下部纵筋和箍筋的具体数值。

(5)当连梁设有对角暗撑时[代号为 LL(JC)××]，注写暗撑的截面尺寸(箍筋外皮尺寸)；注写一根暗撑的全部纵筋，并标注×2 表明有两根暗撑相互交叉；注写暗撑箍筋的具体数值。

(6)当连梁设有交叉斜筋时[代号为 LL(JX)××]，注写连梁一侧对角斜筋的配筋值，并标注×2 表明对称设置；注写对角斜筋在连梁端部设置的拉筋根数、规格及直径，并标注×4 表示四个角都设置；注写连梁一侧折线筋配筋值，并标注×2 表明对称设置。

(7)当连梁设有集中对角斜筋时[代号为 LL(DX)××]，注写一条对角线上的对角斜筋，并标注×2 表明对称设置。

(8)跨高比不小于 5 的连梁，按框架梁设计时(代号为 LLk××)，采用平面注写方式，注写规则同框架梁，可采用适当比例单独绘制，也可与剪力墙平法施工图合并绘制。

墙梁侧面纵筋的配置，当墙身水平分布钢筋满足连梁、暗梁及边框梁的梁侧面纵向构造钢筋的要求时，该筋配置同墙身水平分布钢筋，表中不注，施工按标准构造详图的要求即可；当不满足时，应在表中补充注明梁侧面纵筋的具体数值；当为 LLk 时，平面注写方式以大写字母“N”打头。梁侧面纵向钢筋在支座内锚固要求同连梁中受力钢筋。

二、截面注写方式

截面注写方式是在标准层绘制的剪力墙平面布置图上，以直接在墙柱、墙身、墙梁上注写截面尺寸和配筋具体数值的方式来表达剪力墙平法施工图，如图 5-5 所示。

截面注写方式按以下规定：

(1)从相同编号的墙柱中选择一个截面，注明几何尺寸，标注全部纵筋及箍筋的具体数值。例如，图 5-5 中 GBZ7 的几何尺寸为 150 mm、450 mm、250 mm、300 mm(墙厚)；全部纵筋为 16 根直径 20 mm 的 HRB400 级钢筋，箍筋为直径 10 mm 的 HPB300 级钢筋，间距为 150 mm(两个单肢箍组合而成)。

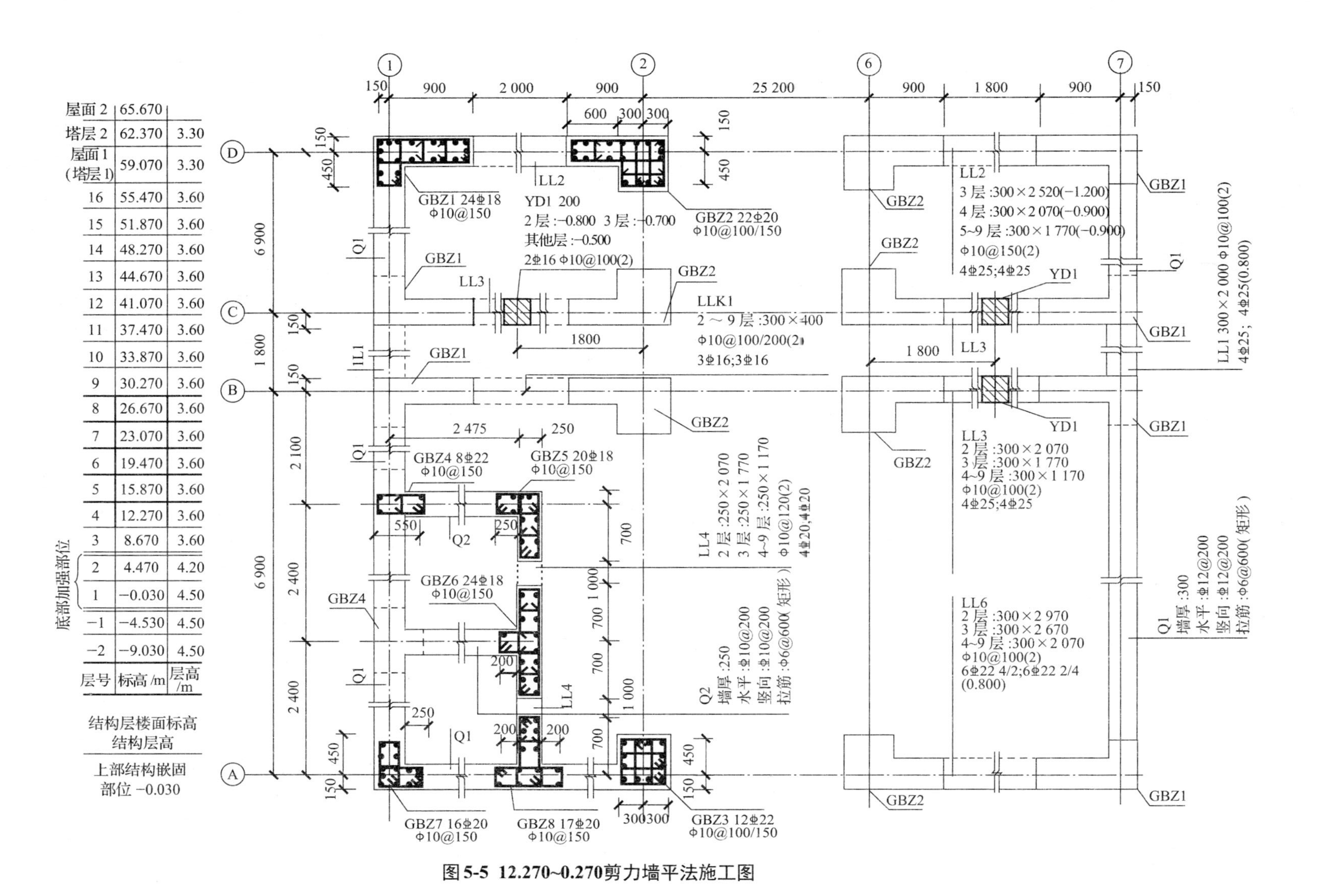

层号	标高 /m	层高 /m
屋面 2	65.670	
塔层 2	62.370	3.30
屋面 1 (塔层 1)	59.070	3.30
16	55.470	3.60
15	51.870	3.60
14	48.270	3.60
13	44.670	3.60
12	41.070	3.60
11	37.470	3.60
10	33.870	3.60
9	30.270	3.60
8	26.670	3.60
7	23.070	3.60
6	19.470	3.60
5	15.870	3.60
4	12.270	3.60
3	8.670	3.60
2	4.470	4.20
1	−0.030	4.50
−1	−4.530	4.50
−2	−9.030	4.50

图 5-5 12.270~0.270剪力墙平法施工图

(2)从相同编号的墙身中选择一道墙身，按顺序引注的内容为：墙身编号(应包括注写在括号内墙身所配置的水平与竖向分布钢筋的排数)，墙厚尺寸，水平分布钢筋、竖向分布钢筋和拉筋的具体数值。例如，图 5-5 中 Q2 的引注内容为：墙身编号 Q2(分布钢筋的排数为 2 排，可省略不写)；墙厚为 250 mm；水平分布钢筋与竖向分布钢筋均为直径 10 mm 的 HRB400 级钢筋，间距为 200 mm；拉筋为直径 6 mm 的 HPB300 级钢筋，间距为 600 mm。

(3)从相同编号的墙梁中选择一根墙梁，按顺序引注的内容为：注写墙梁编号、墙梁截面尺寸 $b\times h$、墙梁箍筋、上部纵筋、下部纵筋和墙梁顶面标高高差的具体数值。例如，图 5-5 中 LL5 的引注内容为：墙梁编号 LL5；墙梁截面尺寸，2 层 300 mm×2 970 mm，3 层 300 mm×2 670 mm 等；箍筋为直径 10 mm 的 HPB300 级钢筋，间距为 100 mm，双肢箍；上、下部纵筋均为 4 根直径 22 mm 的 HRB400 级钢筋；墙梁顶面标高相对于本楼层高 0.8 m。

三、剪力墙洞口的表示方法

无论采用列表注写方式还是截面注写方式，剪力墙上的洞口均可在剪力墙平面布置图上原位表达。

(1)在剪力墙平面布置图上绘制洞口示意，并标注洞口中心的平面定位尺寸。

(2)在洞口中心位置引注：洞口编号、洞口几何尺寸、洞口中心相对标高、洞口每边补强钢筋，共四项内容。具体规定如下：

1)洞口编号：矩形洞口为 JD××(××为序号)，圆形洞口为 YD××(××为序号)。

2)洞口几何尺寸：矩形洞口为洞宽×洞高($b\times h$)，圆形洞口为洞口直径 D。

3)洞口中心相对标高，是相对于结构层楼(地)面标高的洞口中心高度。当其高于结构层楼面时为正值，低于结构层楼面时为负值。

4)洞口每边补强钢筋，分为以下几种不同情况：

①当矩形洞口的洞宽、洞高均不大于 800 mm 时，此项注写为洞口每边补强钢筋的具体数值。当洞宽、洞高方向补强钢筋不一致时，分别注写洞宽方向、洞高方向补强钢筋，以“/”分隔。

【例 5-1】 JD2　400×300　+3.100　3⌀14，表示 2 号矩形洞口，洞宽为 400 mm，洞高为 300 mm，洞口中心距本结构层楼面 3 100 mm，洞口每边补强钢筋为 3⌀14。

【例 5-2】 JD3　400×300　+3.100，表示 3 号矩形洞口，洞宽为 400 mm，洞高为 300 mm，洞口中心距本结构层楼面 3 100 mm，洞口每边补强钢筋按构造配置。

【例 5-3】 JD4　800×300　+3.100 3⌀18/3⌀14，表示 4 号矩形洞口，洞宽为 800 mm、洞高为 300 mm，洞口中心距本结构层楼面 3 100 mm，洞宽方向补强钢筋为 3⌀18，洞高方向补强钢筋为 3⌀14。

②当矩形或圆形洞口的洞宽或直径大于 800 mm 时，在洞口的上、下需设置补强暗梁，此项注写为洞口上、下每边暗梁的纵筋与箍筋的具体数值(在标准构造详图中，补强暗梁梁高一律定为 400 mm，施工时按标准构造详图取值，设计不注。当设计者采用与该构造详图不同的做法时，应另行注明)，圆形洞口时还需注明环向加强钢筋的具体数值；当洞口上、下边为剪力墙连梁时，此项免注；洞口竖向两侧设置边缘构件时，也不在此项表达(当洞口两侧不设置边缘构件时，设计者应给出具体做法)。

【例 5-4】 JD5　1 800×2 100　+1.800　6⌀20　φ8@150，表示 5 号矩形洞口，洞宽为 1 800 mm、洞高为 2 100 mm，洞口中心距本结构层楼面 1 800 mm，洞口上下设补强暗梁，每边暗梁纵筋为 6⌀20，箍筋为 φ8@150。

【例 5-5】 YD5　1 000　+1.800　6⌀20　φ8@150 2⌀16，表示 5 号圆形洞口，直径为

1 000 mm，洞口中心距本结构层楼面 1 800 mm，洞口上下设补强暗梁，每边暗梁纵筋为 6⏀20，箍筋为 Φ8@150，环向加强钢筋 2⏀16。

③当圆形洞口设置在连梁中部 1/3 范围(且圆洞直径不应大于 1/3 梁高)时，需注写在圆洞上下水平设置的每边补强纵筋与箍筋。

④当圆形洞口设置在墙身或暗梁、边框梁位置，并且洞口直径不大于 300 mm 时，此项注写为洞口上下左右每边布置的补强纵筋的具体数值。

⑤当圆形洞口直径大于 300 mm，但不大于 800 mm 时，此项注写为洞口上下左右每边布置的补强纵筋的具体数值，以及环向加强钢筋的具体数值。

四、地下室外墙的表示方法

本点所述地下室外墙的表示方法，仅适用于起挡土作用的地下室外围护墙。地下室外墙中墙柱、连梁及洞口等的表示方法同地上剪力墙。

地下室外墙编号由墙身代号、序号组成，表达为：DWQ××。

地下室外墙平法注写方式，包括集中标注墙体编号、厚度、贯通筋、拉筋等和原位标注附加非贯通筋等内容。当仅设置贯通筋，未设置附加非贯通筋时，则仅做集中标注。

1. 地下室外墙的集中标注

地下室外墙的集中标注规定如下：

(1)注写地下室外墙编号，包括代号、序号、墙身长度(注为××～××轴)。

(2)注写地下室外墙厚度 b_w=×××。

(3)注写地下室外墙的外侧、内侧贯通筋和拉筋。

1)以 OS 代表外墙外侧贯通筋。其中，外侧水平贯通筋以 H 打头注写，外侧竖向贯通筋以 V 打头注写。

2)以 IS 代表外墙内侧贯通筋。其中，内侧水平贯通筋以 H 打头注写，内侧竖向贯通筋以 V 打头注写。

3)以 tb 打头注写拉筋直径、强度等级及间距，并注明“矩形”或“梅花”。

例如：DWQ2(①～⑥)，b_w=300

OS：H⏀18@200，V⏀20@200

IS：H⏀16@200，V⏀18@200

tb Φ6@400@400 矩形

表示 2 号外墙，长度范围为①～⑥之间，墙厚为 300 mm；外侧水平贯通筋为 ⏀18@200，竖向贯通筋为 ⏀20@200；内侧水平贯通筋为 ⏀16@200，竖向贯通筋为 ⏀18@200；拉结筋为 Φ6，矩形布置，水平间距为 400 mm，竖向间距为 400 mm。

2. 地下室外墙的原位标注

地下室外墙的原位标注，主要表示在外墙外侧配置的水平非贯通筋或竖向非贯通筋。

当配置水平非贯通筋时，在地下室墙体平面原位标注。在地下室外墙外侧绘制粗实线段代表水平非贯通筋，在其上注写钢筋编号并以 H 打头注写钢筋强度等级、直径、分布间距，以及自支座中线向两边跨内的伸出长度值。当自支座中线向两侧对称伸出时，可仅在单侧标注跨内伸出长度，另一侧不注，此种情况下非贯通筋总长度为标注长度的 2 倍。边支座处非贯通钢筋的伸出长度值，从支座外边缘算起。

地下室外墙外侧非贯通筋通常采用“隔一布一”方式与集中标注的贯通筋间隔布置，其标注间距应与贯通筋相同，两者组合后的实际分布间距为各自标注的 1/2。

第二节　剪力墙构造及算量

剪力墙标准构造详图

一、剪力墙墙身水平钢筋构造

1. 剪力墙身水平筋构造

剪力墙身水平分布钢筋构造，可分为一字形剪力墙水平分布钢筋构造、转角墙水平分布钢筋构造、带翼墙水平分布钢筋构造和带端柱剪力墙水平分布钢筋构造四种情况。

(1)一字形剪力墙水平分布钢筋构造，如图 5-6 所示。

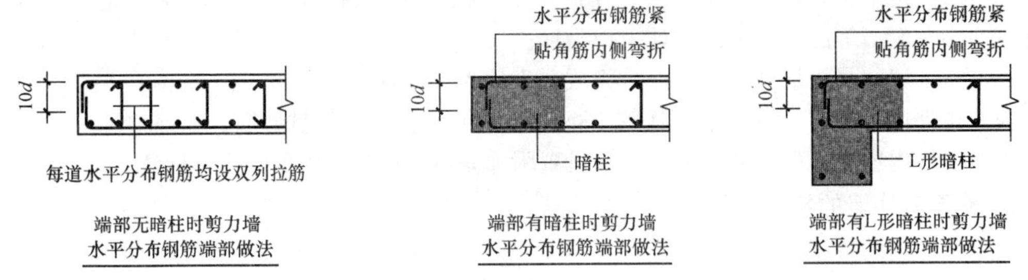

图 5-6　一字形剪力墙水平分布钢筋构造

1)当端部无暗柱时，水平分布筋应伸至端部对折 $10d$，箍住端部竖向分布筋。

2)当端部有暗柱时，水平分布筋应伸入暗柱对折 $10d$，弯入暗柱端部纵向钢筋内侧。

(2)转角墙水平分布钢筋构造，如图 5-7 所示。

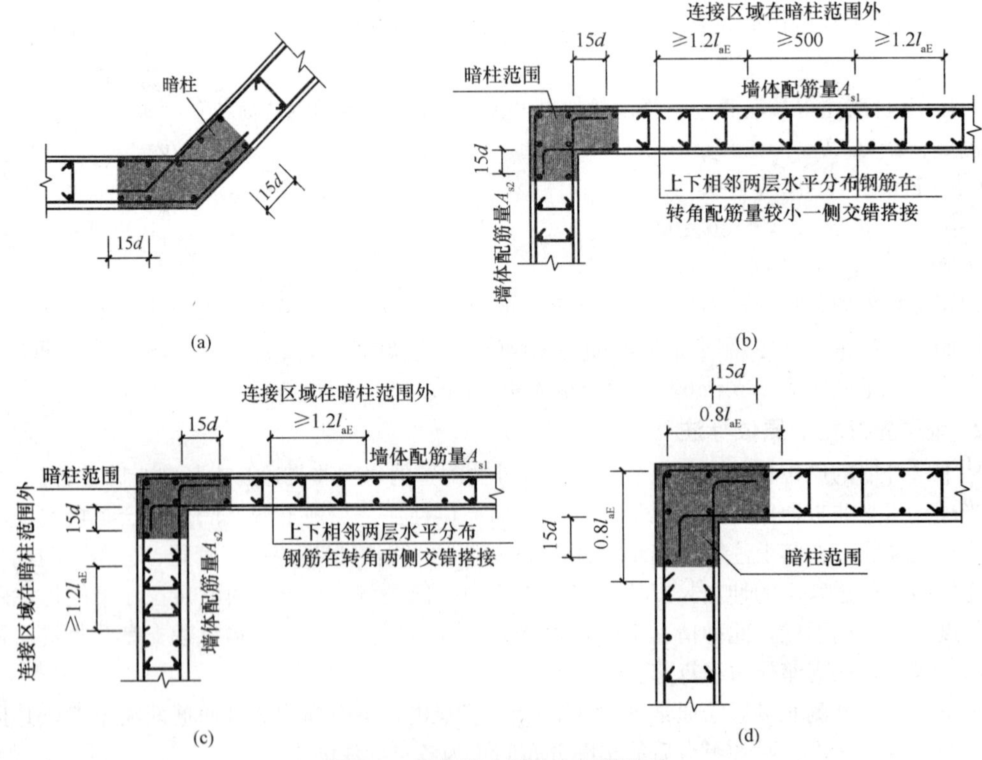

图 5-7　转角墙水平分布钢筋构造

(a)斜交转角墙；(b)、(c)、(d)转角墙斜交转角墙，内侧水平分布筋伸至对边竖向分布筋内侧弯折 15d，外侧水平分布筋可以连续通过，也可以参照图 5-7(a)在暗柱范围内搭接。

转角墙，内侧水平分布筋伸至对边竖向分布筋内侧弯折 15d，外侧水平分布筋可以连续通过[图 5-7(b)、(c)]，也可以在暗柱范围内搭接[图 5-7(d)]。

(3)带翼墙水平分布钢筋构造，如图 5-8 所示。带翼墙的剪力墙水平分布筋，应伸入翼墙暗柱对边纵筋内侧弯折 15d。

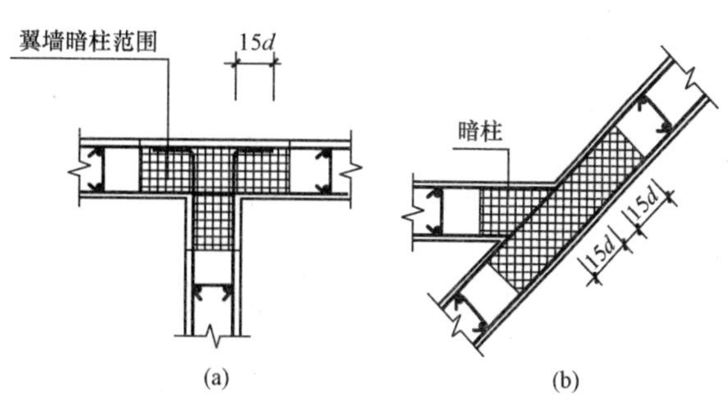

图 5-8　带翼墙水平分布钢筋构造

(a)翼墙；(b)斜交翼墙

(4)带端柱剪力墙水平分布钢筋构造，如图 5-9 所示。

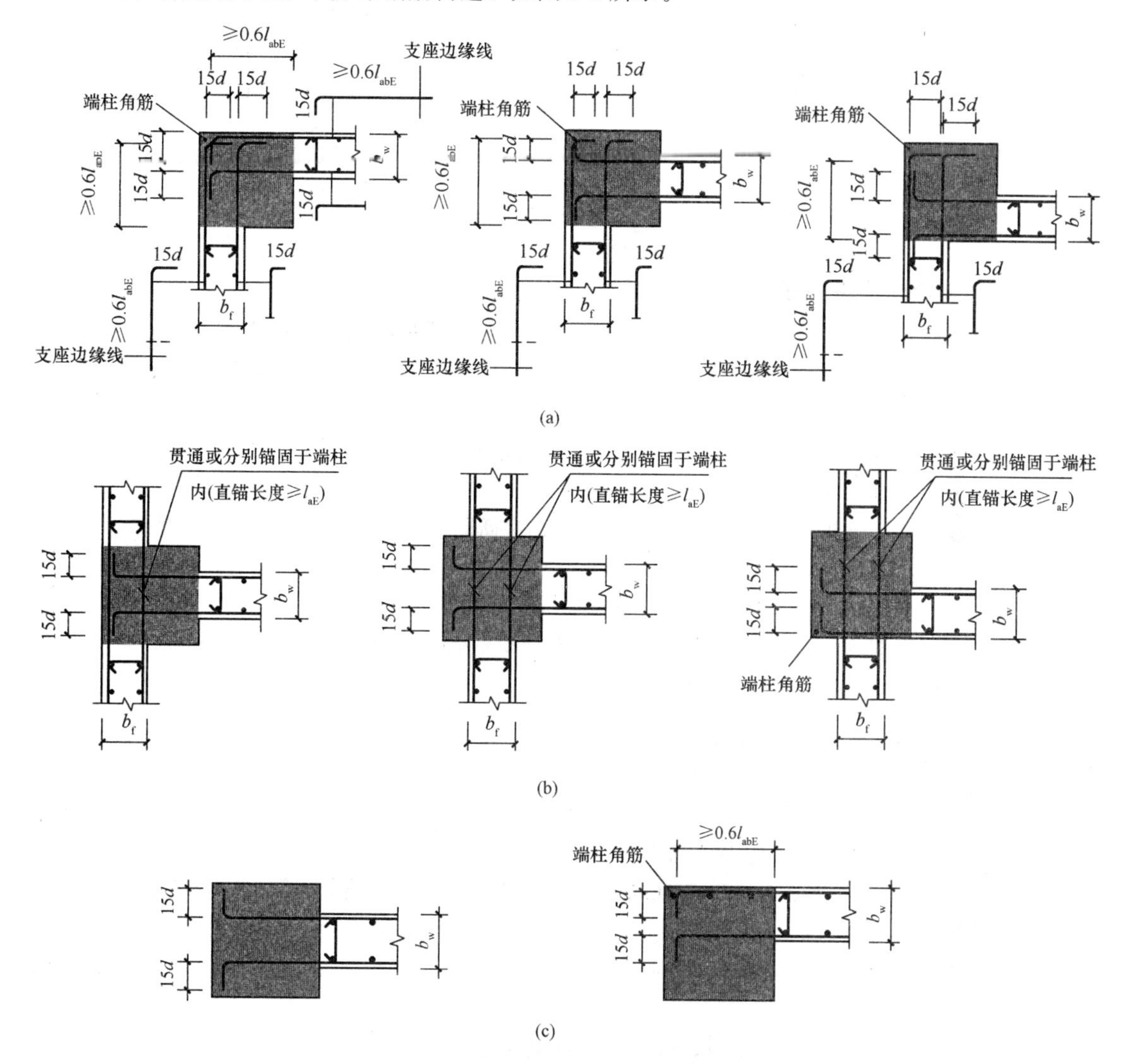

图 5-9　带端柱剪力墙水平分布钢筋构造

(a)端柱转角墙；(b)端柱翼墙；(c)端柱端部墙

带端柱的剪力墙，当剪力墙内侧水平分布筋伸入端柱的长度≥l_{aE}时，水平分布筋伸入端柱纵筋内l_{aE}即可；否则，伸入端柱纵筋内侧后水平弯折15d，而且在端柱范围内弯折前的长度≥0.6l_{aE}。

剪力墙水平分布钢筋采用搭接连接时，沿高度每层错开搭接，如图5-10所示。

剪力墙水平变截面处，水平分布钢筋构造在变截面处有分别锚固和连续通过两种情况，如图5-11所示。

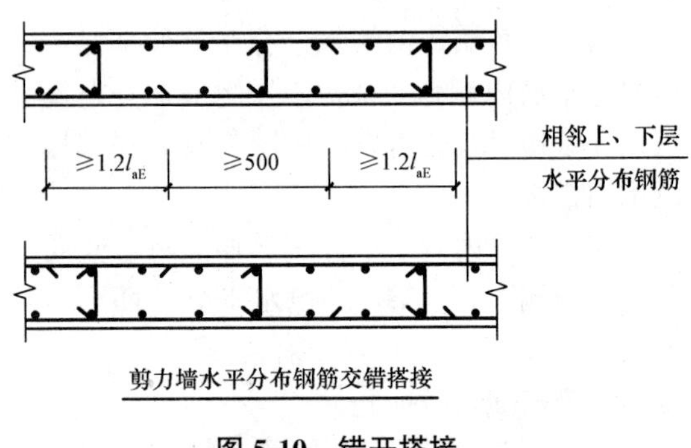

图 5-10　错开搭接

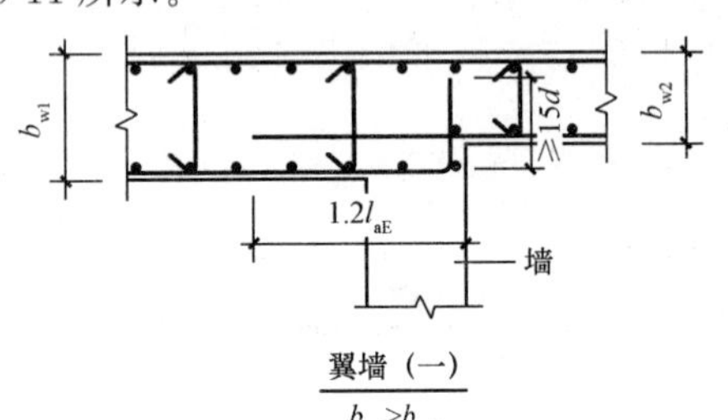

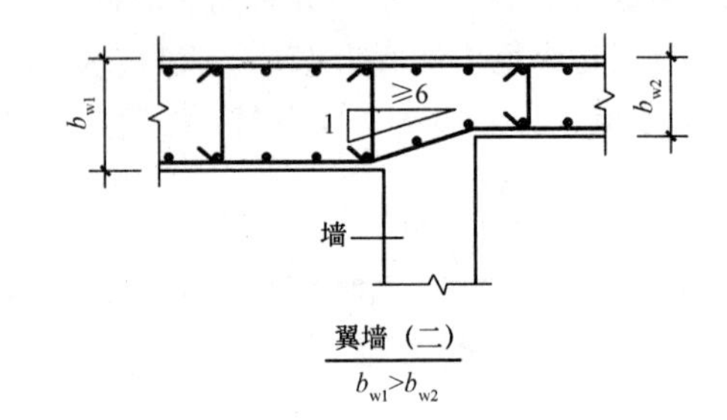

图 5-11　水平分布钢筋构造

2. 剪力墙身水平筋的根数

水平分布钢筋的长度和根数计算简单归纳如下(实际计算时，需要根据工程实际适当调整)：

(1)长度＝墙体净长度＋锚固长度＝墙长－2×墙体保护层厚度＋左锚固长度＋右锚固长度。

(2)根数：

1)基础内情况。墙插筋锚固区内正常情况下均要设置横向钢筋，即设置间距≤500 mm且不少于两道水平分布钢筋与拉筋。但当墙外侧插筋保护层厚度≤5d时，墙外侧锚固区横向钢筋应满足直径≥d/4(d为插筋最大直径)，间距≤10d(d为插筋最小直径)且≤100mm的要求。

基础高度满足直锚，其单侧横向根数＝max[2，(l_{aE}－100)/500＋1]；基础高度不满足直锚，基础内单侧横向根数＝max[2，(h_j－100－基础保护层厚度)/500＋1]。

2)墙身中间层和顶层应连续布置(注意：水平分布钢筋起步距离楼面50 mm)。

各楼层单侧根数＝(层高－50)/间距＋1。

二、剪力墙墙身竖向钢筋及拉筋构造

1. 墙插筋在基础中的锚固

墙插筋在基础中锚固构造，如图5-12所示。

(1)当墙插筋保护层厚度>5d，基础高度满足直锚时，墙插筋“隔二下一”伸至基础底板，支在底板钢筋网上，再做弯锚max(6d，150)。

(2)当墙插筋保护层厚度>5d，基础高度不满足直锚时，墙插筋插至基础底板，支在底板钢筋网上，再做弯锚15d。

(3)当墙插筋保护层厚度≤5d时，墙外侧插筋插至基础底板，支在底板钢筋网上，再做弯锚。基础高度满足直锚时，弯锚长度为max(6d，150)；基础高度不满足直锚时，弯锚长度为15d。

2. 墙身竖向分布连接构造

剪力墙竖向分布钢筋连接形式，有搭接连接、机械连接和焊接连接。

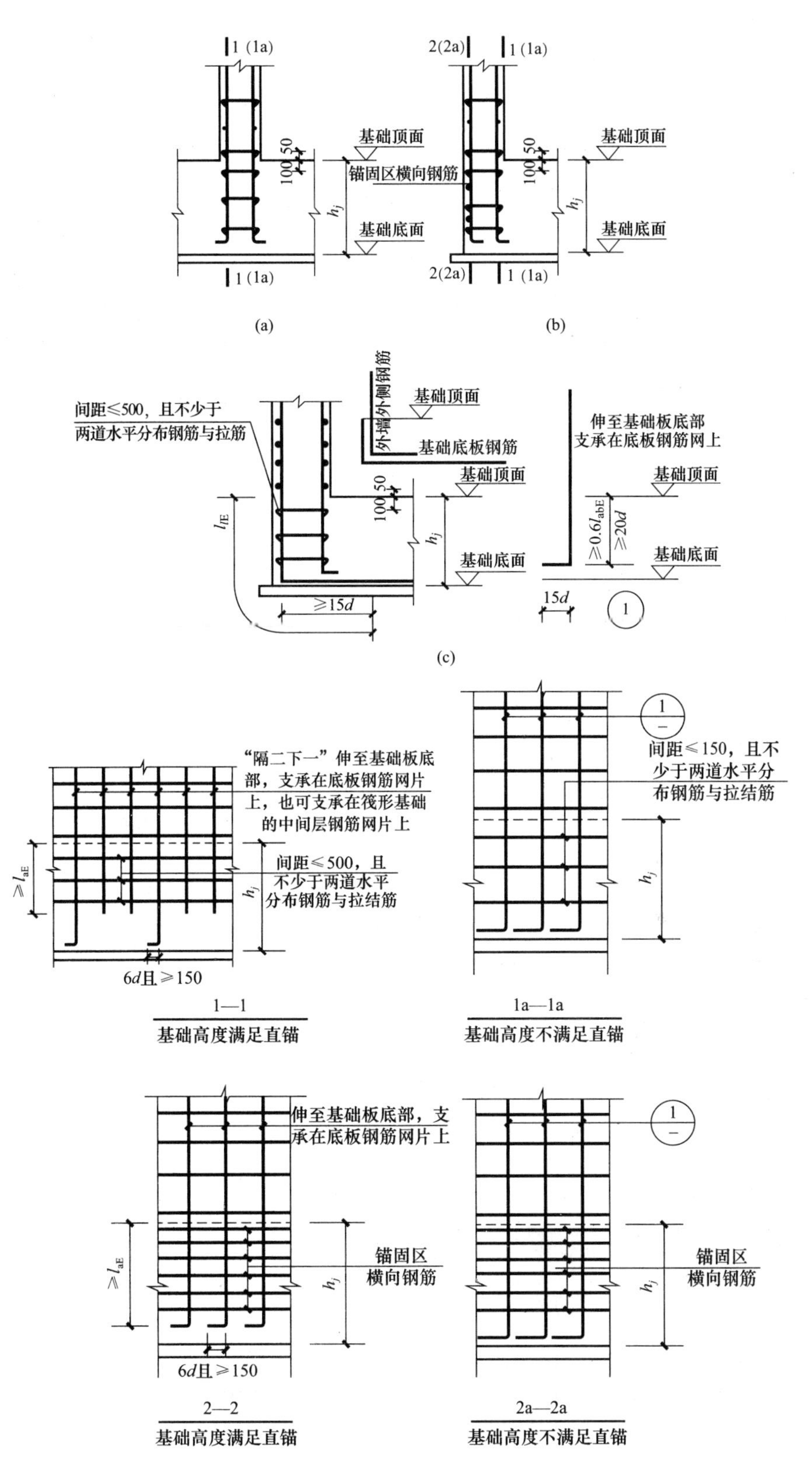

图 5-12　墙插筋在基础中锚固构造

(a)墙插保护层厚度＞5d；(b)墙外侧插筋保护层厚度≤5d；
(c)墙外侧纵筋与底板纵筋搭接

(1)搭接连接：一、二级抗震等级剪力墙非底部加强部位，三、四级抗震等级剪力墙竖向分布钢筋可在同一部位搭接连接。一、二级抗震等级剪力墙底部加强部位，剪力墙竖向分布钢筋应错开搭接连接，相邻钢筋错开距离≥500 mm。

(2)机械连接：各级抗震等级剪力墙采用机械连接时应相互错开连接，相邻钢筋错开距离≥35d，且低位钢筋连接点与楼板或基础顶面距离≥500 mm。

(3)焊接连接：各级抗震等级剪力墙采用机械连接时应相互错开连接，相邻钢筋错开距离≥max(35d，500 mm)，而且低位钢筋连接点与楼板或基础顶面距离≥500 mm。

竖向分布钢筋连接构造，如图 5-13 所示。

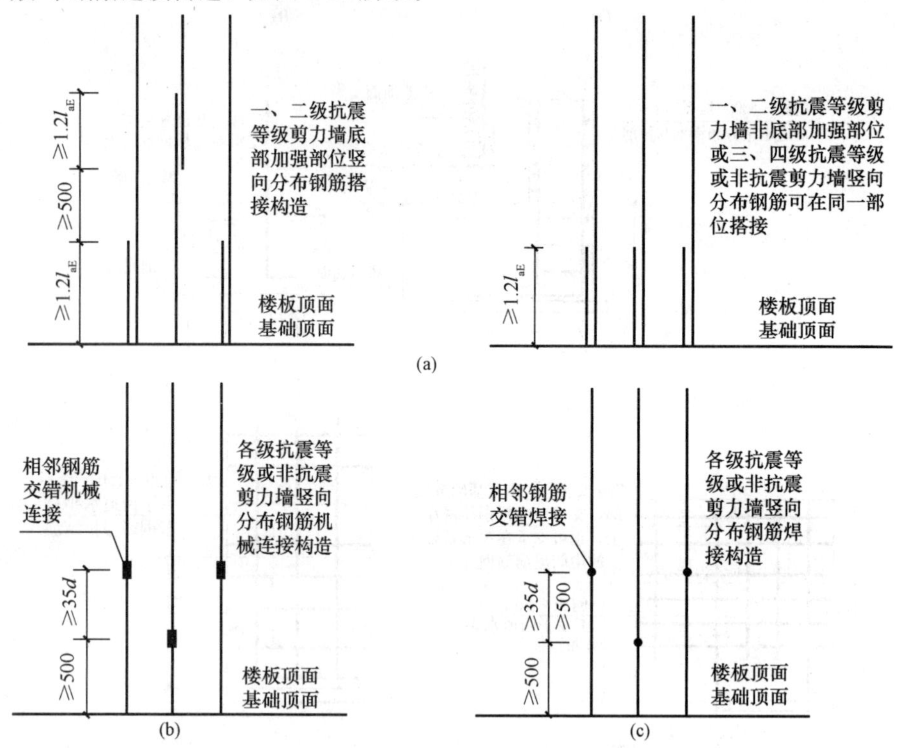

图 5-13 剪力墙身竖向分布钢筋连接构造

(a)搭接连接；(b)机械连接；(c)焊接连接

3. 剪力墙变截面处竖向分布钢筋构造

剪力墙变截面处竖向分布钢筋构造，如图 5-14 所示。

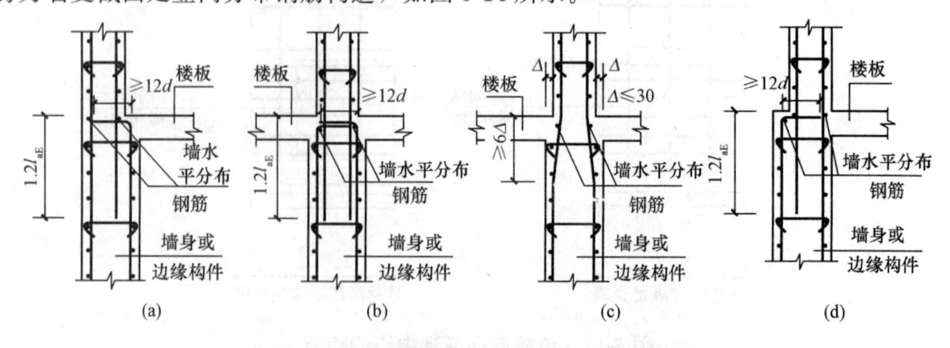

图 5-14 剪力墙变截面处竖向分布钢筋构造

(a)当墙体外侧共面时；(b)当上部墙体与下部墙体侧面偏移量Δ=30 时；

(c)当上部墙体与下部墙体侧面偏移量Δ≤30 mm 时；(d)当墙体内侧共面时

(1)外墙变截面处竖向分布钢筋构造。当墙体外侧共面时[图 5-14(a)]，外侧钢筋连通设置，内侧钢筋：上部墙体竖向分布钢筋向下部墙体内锚固 $1.2l_{aE}$，下部墙体竖向分布钢筋向上延伸至板顶，然后弯折≥12d。当墙体内侧共面时，如图 5-14(d)所示，内侧钢筋连通设置，外侧钢筋：上部墙体竖向分布钢筋向下部墙体内锚固 $1.2l_{aE}$，下部墙体竖向分布钢筋向上延伸至板顶，然后弯折≥12d。

(2)内墙变截面处竖向分布钢筋构造。当上部墙体与下部墙体侧面偏移量 $\Delta>30$ mm 时[图 5-14(b)]，上部墙体竖向分布钢筋向下部墙体内锚固 $1.2l_{aE}$，下部墙体竖向分布钢筋向上延伸至板顶，然后弯折≥12d。当上部墙体与下部墙体侧面偏移量 $\Delta\leqslant30$ mm 时[图 5-14(c)]，则墙体内的竖向分布钢筋在楼板节点处连续弯折布置。

4. 墙身竖向分布钢筋顶部构造

剪力墙竖向分布钢筋顶部构造，如图 5-15 所示。

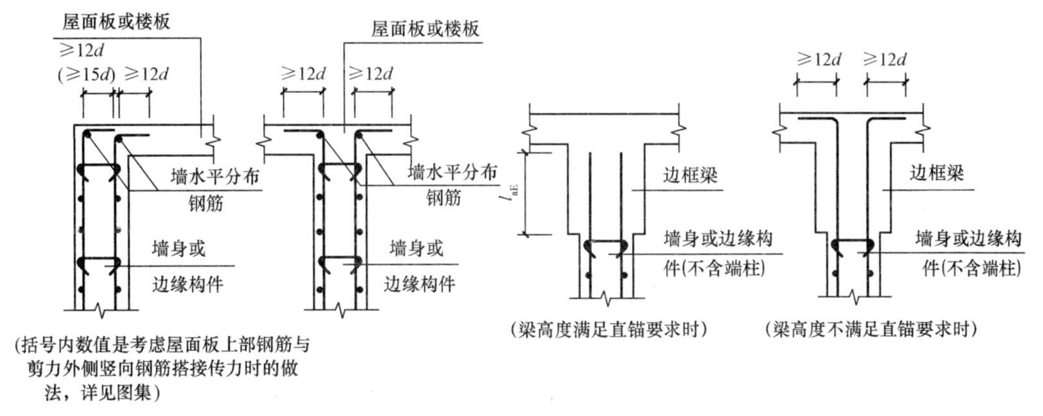

图 5-15 剪力墙竖向钢筋顶部构造

无论剪力墙是内墙还是外墙，竖向分布钢筋延伸至墙顶部的屋面板或楼板内时，均弯锚≥12d；当顶部设有边框梁时，则从梁底向梁内延伸 l_{aE}。

5. 墙身拉筋构造

墙身拉筋有梅花形和矩形两种形式，如图 5-4 所示。当设计未注明时，宜采用梅花形排布方案。一般情况下，拉筋间距是墙水平筋或竖向筋间距的 2 倍，即“隔一拉一”。当然，实际工程中也有“隔二拉一”的做法。例如，当剪力墙身水平分布筋和垂直分布筋的间距设计为 200 mm，而拉筋间距设计为 400 mm 时，就是“隔一拉一”；如果拉筋间距设计为 600 mm 时，就是“隔二拉一”。拉筋直径不小于 6 mm。

拉筋排布规定：层高范围内由底部板顶向上第二排水平分布筋处开始设置，至顶部板底向下第一排水平分布筋处终止；墙身宽度范围内由距离边缘构件边第一排墙身竖向分布筋处开始设置。位于边缘构件范围的水平分布筋也应设置拉筋，此范围拉筋间距不大于墙身拉筋间距，或按设计标注。

墙身拉筋应同时勾住竖向分布筋与水平分布筋。当墙身分布筋多于两排时，拉筋应与墙身内部的每排竖向和水平分布筋同时牢固绑扎。

竖向分布钢筋的长度和根数计算简单归纳如下(实际计算时，需要根据工程实际适当调整)：

(1)长度：基础插筋长度＝弯折长度＋基础内竖向锚固长度＋上层搭接长度＝弯折长度＋(h_j－基础保护层厚度)＋上层搭接长度；中间层长度＝层高＋上层搭接长度；顶层长度＝层高－

保护层厚度+12d(或锚入 BKL 内 l_{aE})。

(2)根数：单侧根数=(墙净长度+2×保护层厚度−2×起步距离)/间距+1(注意：起步距离距边缘构件为剪力墙竖向分布筋间距)。

拉筋的长度和根数计算：

(1)长度：长度=墙厚−2×保护层厚度+2×6.9d。

(2)根数：矩形布置时，根数=墙体净面积/(横向间距×竖向间距)；梅花布置时，根数=(横向长度/0.5 横向间距+1)×(竖向长度/0.5 竖向间距+1)×50%(注意：当横向间距和竖向间距相同时，梅花拉筋用量约为矩形拉筋的 2 倍)。

三、剪力墙墙柱钢筋构造

1. 剪力墙约束边缘构件箍筋和拉结筋构造

剪力墙约束边缘构件箍筋和拉结筋构造，如图 5-16 所示。

2. 剪力墙边缘构件纵向钢筋连接构造

剪力墙边缘构件纵向分布钢筋连接方式有搭接连接、机械连接和焊接连接，如图 5-17 所示。

根据目前我国施工习惯，剪力墙是逐层施工的，所以，剪力墙边缘构件纵筋在每层必有一个连接接头。

(1)非连接区。三种连接方式的底部非连接区长度都是 500 mm。

(2)接头相互错开。为了避免剪力墙边缘构件所有纵筋在同一个位置连接而造成明显的薄弱区，纵筋应在高低位分别连接，每批连接一半，这样连接面积百分率为 50%。上下连接区错开距离(图 5-17)。注意：当某层连接区的总高度小于纵筋分两批搭接连接所需的高度时，应改用机械连接或焊接连接。

剪力墙暗柱内纵筋和箍筋的计算简单归纳如下：

(1)纵筋长度：基础插筋长度=弯折长度+基础内竖向锚固长度+上层搭接长度=弯折长度+(h_j−基础保护层厚度)+上层搭接长度；中间层长度=层高+上层搭接长度；顶层长度=层高−保护层厚度−楼面伸出钢筋长度+12d[或锚入 BKL 内 l_{aE}]。

(2)箍筋计算：长度计算同框架柱箍筋。

根数：基础层根数=max[2，(h_j−100−基础保护层厚度)/500+1]。各楼层根数，当为机械连接(焊接连接)时，根数=(层高−50)/间距+1；当为绑扎搭接时，根数=绑扎区域加密箍筋根数+非加密区箍筋根数，其中，绑扎区域加密箍筋根数=2l_{lE}/min(5d，100)+1，非加密区箍筋根数=(层高−2.3l_{lE}−50)/间距+0.3l_{lE}/间距。

注意：当采用绑扎搭接时，搭接长度范围内箍筋应加密，箍筋间距不大于纵向搭接钢筋最小直径的 5 倍，并且不大于 100 mm。

四、剪力墙墙梁钢筋构造

1. 剪力墙连梁钢筋构造

剪力墙连梁的钢筋种类，包括纵向钢筋、箍筋、拉筋和墙身水平钢筋，如图 5-18 所示。

(1)连梁的纵向钢筋。连梁以暗柱或端柱为支座，连梁主筋锚固起点应当从暗柱或端柱的边缘算起。当端部洞口连梁的纵向钢筋在端支座(暗柱或端柱)的直锚长度≥l_{aE}且≥600 mm 时，可不必弯锚；当连梁端部暗柱或端柱的长度≤l_{aE}或≤600 mm 时，需要弯锚，连梁主筋伸至暗柱或端柱外侧纵筋的内侧后弯锚 15d。

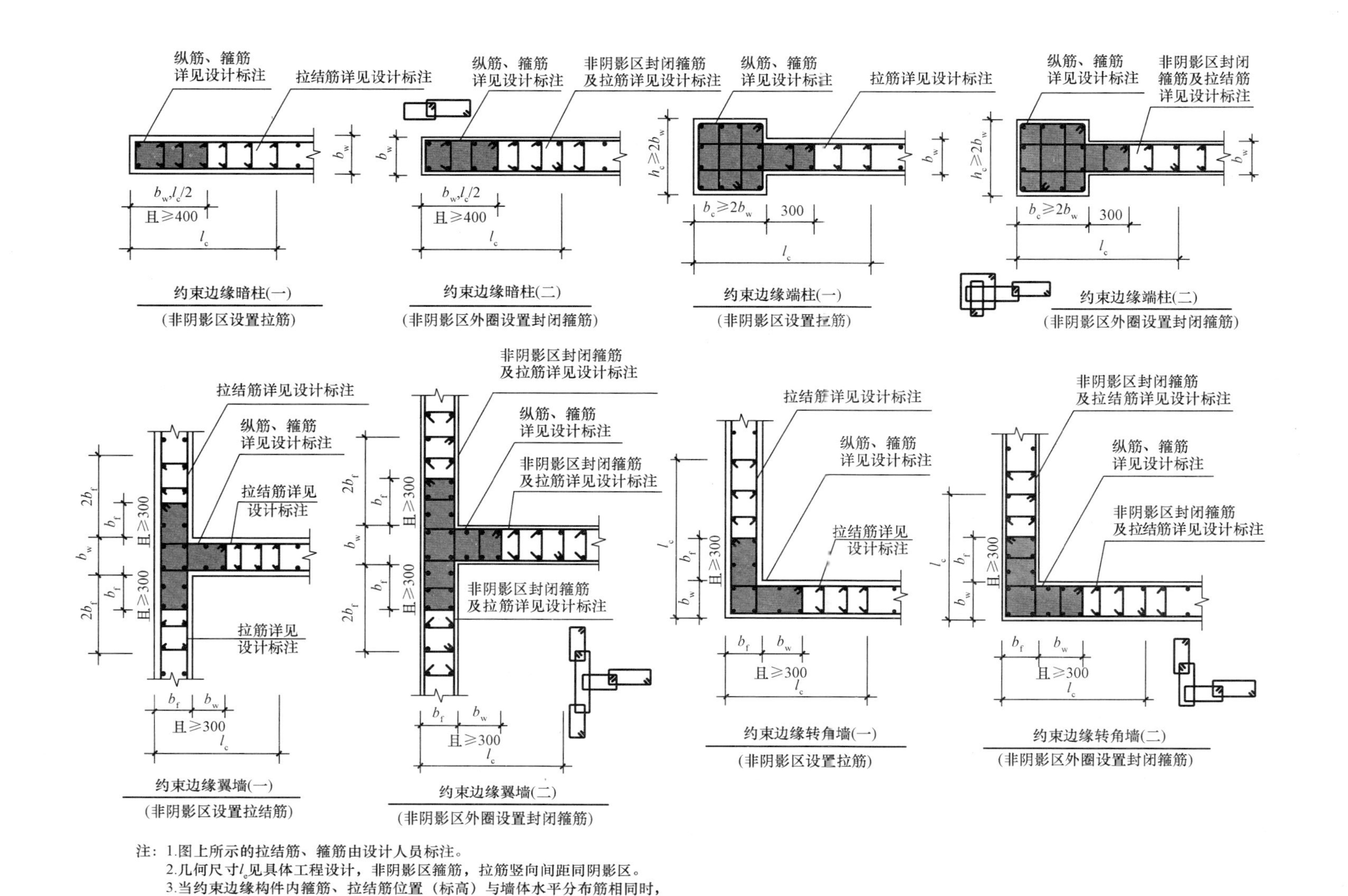

注：1.图上所示的拉结筋、箍筋由设计人员标注。
2.几何尺寸l_c见具体工程设计，非阴影区箍筋，拉筋竖向间距同阴影区。
3.当约束边缘构件内箍筋、拉结筋位置（标高）与墙体水平分布筋相同时，可采用详图（一）或（二），不同时应采用详图（二）。

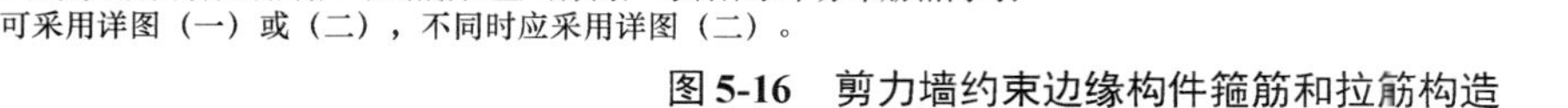

图 5-16　剪力墙约束边缘构件箍筋和拉筋构造

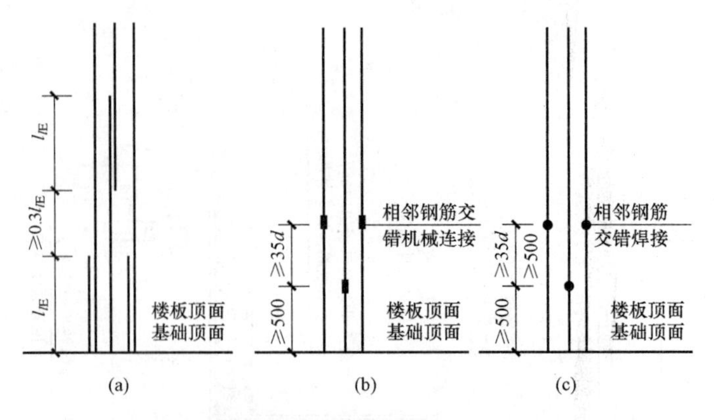

图 5-17 剪力墙边缘构件纵向钢筋连接构造

(适用于约束边缘构件的阴影部分和构造边缘构件的纵向钢筋)

(a)绑扎搭接；(b)机械连接；(c)焊接连接

(2)剪力墙水平分布钢筋与连梁的关系。

1)剪力墙水平分布钢筋从暗梁的外侧通过连梁。

2)洞口范围内的连梁箍筋详见具体工程设计。

3)连梁侧面的构造纵筋，当设计未标注时，即为剪力墙的水平分布钢筋。

(3)连梁的箍筋。

1)楼层连梁的箍筋仅在洞口范围内布置，第一根箍筋距支座边缘 50 mm。

2)顶层连梁的箍筋在梁全长范围内设置，洞口范围内的第一根箍筋距离支座边缘 50 mm；支座范围内的第一根箍筋距离支座边缘 100 mm；支座范围内箍筋的间距为 150 mm(设计时不注)。

(4)连梁内的拉筋设置要求同暗梁内的拉筋设置。

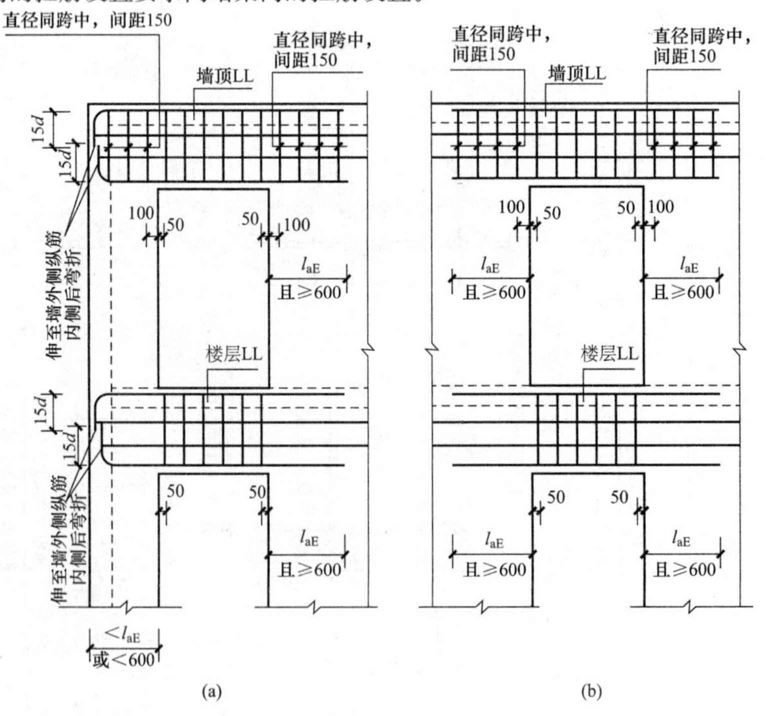

图 5-18 连梁配筋构造

(a)小墙垛处洞口连梁(端部墙肢较多)；(b)单洞口连梁(单跨)

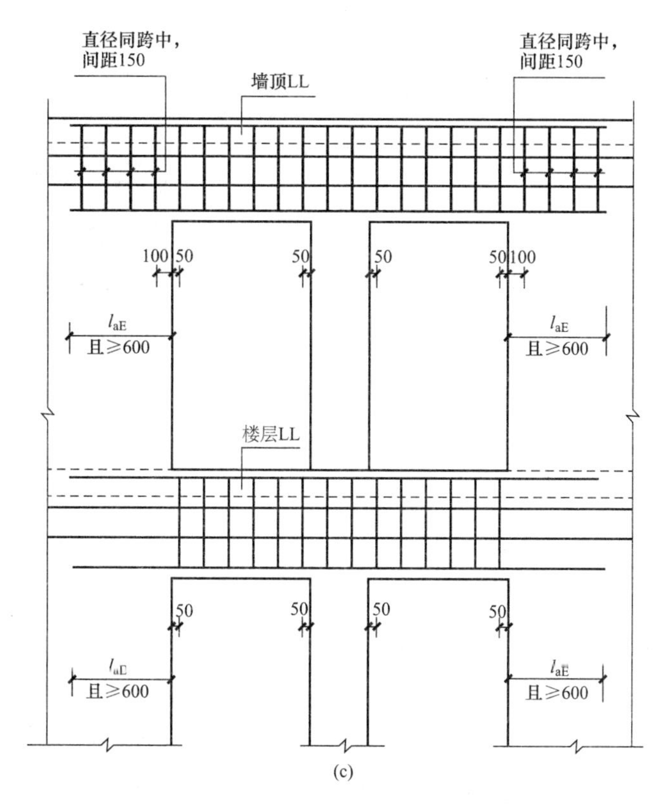

图 5-18　连梁配筋构造(续)

(c)双洞口连梁(双跨)

2. 连梁斜筋和暗撑配筋构造

(1)连梁交叉斜筋配筋构造。当洞口连梁截面宽度不小于 250 mm 时，可采用交叉斜筋配筋。交叉斜筋配筋连梁的对角斜筋在端部应设置拉筋，如图 5-19 所示。

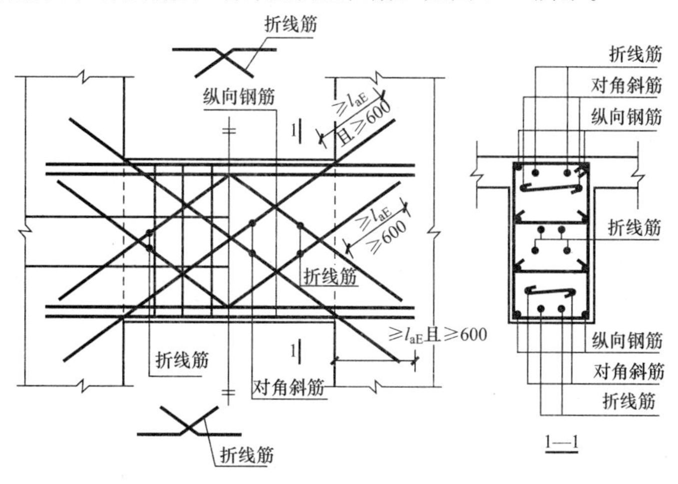

图 5-19　连梁交叉斜筋配筋构造

(2)连梁集中对角斜筋配筋构造。当连梁截面宽度不小于 400 mm 时，可采用集中对角斜筋配筋。集中对角斜筋配筋连梁应在梁截面内沿水平方向及竖直方向设置双向拉筋，拉筋应勾住外侧纵向钢筋，间距不应大于 200 mm，直径不应小于 8 mm，如图 5-20 所示。

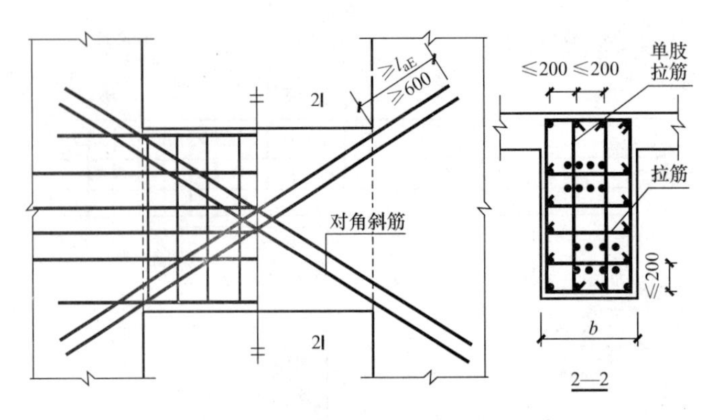

图 5-20 连梁集中对角斜筋配筋构造

(3)连梁对角暗撑配筋构造。当连梁截面宽度不小于 400 mm 时，可采用对角暗撑配筋。对角暗撑配筋连梁中暗撑箍筋的外缘沿梁截面宽度方向不宜小于梁宽的一半，另一方向不宜小于梁宽的 1/5；对角暗撑约束箍筋肢距不应大于 350 mm，如图 5-21 所示(用于筒中筒结构时，l_{aE} 均取为 $1.15l_a$)。

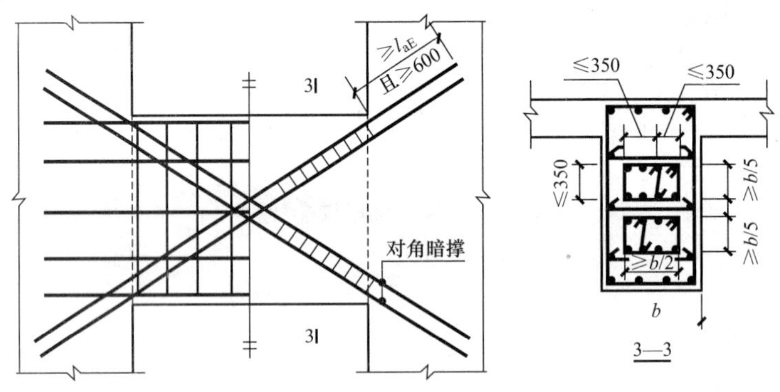

图 5-21 连梁对角暗撑配筋构造

3. 暗梁钢筋构造

暗梁一般设置在剪力墙靠近楼板底部的位置，就像砖混结构的圈梁那样。暗梁对剪力墙有阻止开裂的作用，是剪力墙的一道水平线性加强带。

楼层、顶层暗梁钢筋排布构造如图 5-22 所示。暗梁的钢筋包括纵向钢筋、箍筋、拉筋和暗梁侧面筋。暗梁的纵筋沿墙肢长度方向贯通布置，箍筋也沿墙肢方向全长均匀布置，不存在加密区和非加密区。在实际工程中，暗梁和暗柱经常配套使用，暗梁的第一根箍筋距暗柱主筋中心为暗梁箍筋间距的 1/2 的地方布置。暗梁拉筋的计算同剪力墙墙身拉筋，竖向沿侧面水平筋隔一拉一。

暗梁不是剪力墙身的支座，而是剪力墙的加强带。所以，当每个楼层的剪力墙顶部设置有暗梁时，则剪力墙竖向钢筋不能锚入暗梁；如果当前层是中间层，则剪力墙竖向钢筋穿越暗梁直伸入上一层；如果当前层是顶层，则剪力墙的竖向钢筋应穿越暗梁锚入现浇板内。

4. 边框梁钢筋构造

边框梁可以认为是剪力墙的加强带，是剪力墙的边框，有了边框梁就可以不设暗梁。边框梁的上部纵筋和下部纵筋都是贯通布置，箍筋沿边框梁全长均匀布置。边框梁一般都与端柱发生联系，边框梁纵筋与端柱纵筋之间的关系可参照框架梁纵筋与框架柱纵筋的关系。剪力墙边框梁钢筋排布构造如图 5-23 所示。边框梁的钢筋包括纵向钢筋、箍筋、拉筋和边框梁侧面筋。

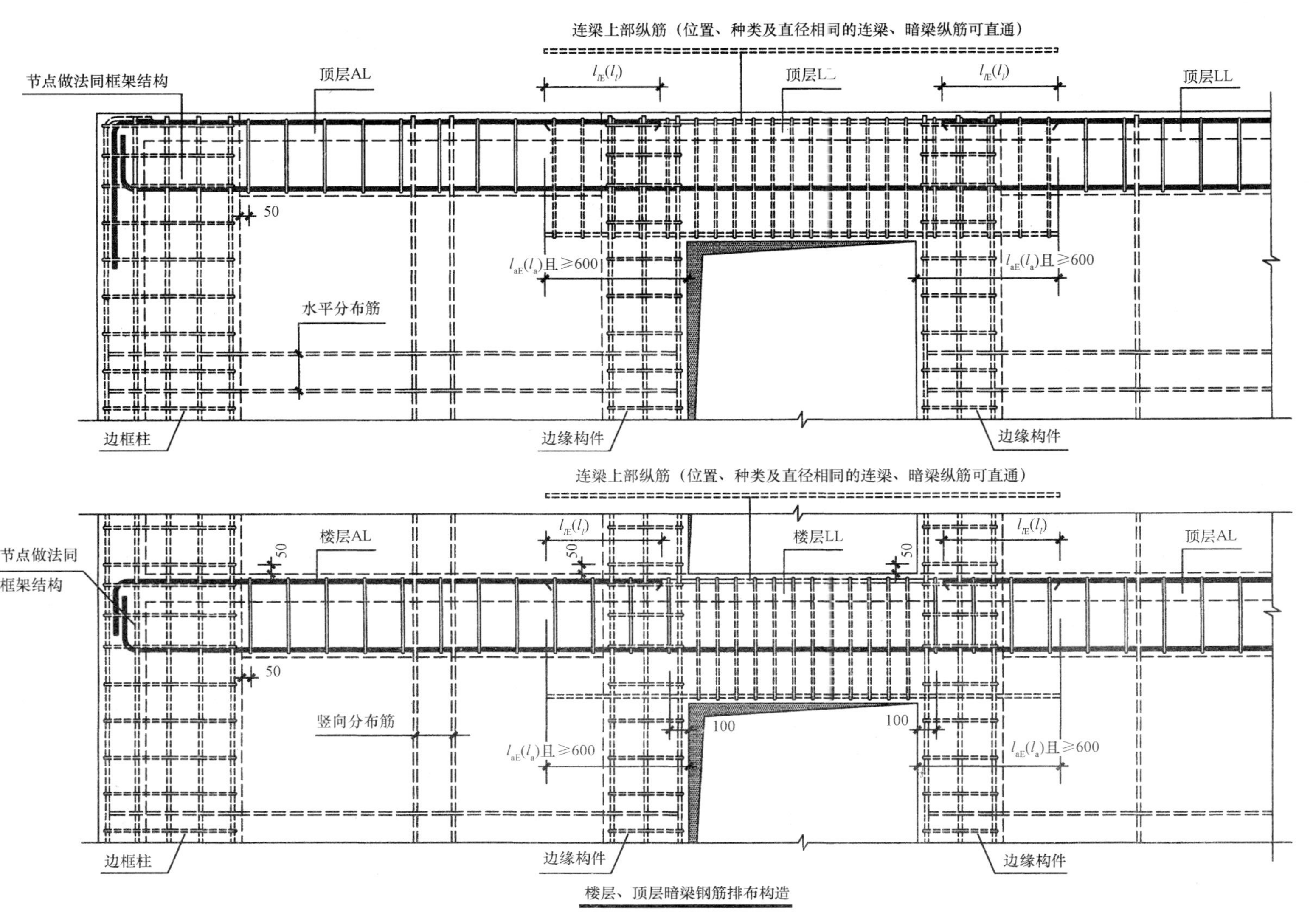

楼层、顶层暗梁钢筋排布构造

图 5-22　剪力墙暗梁钢筋排面构造

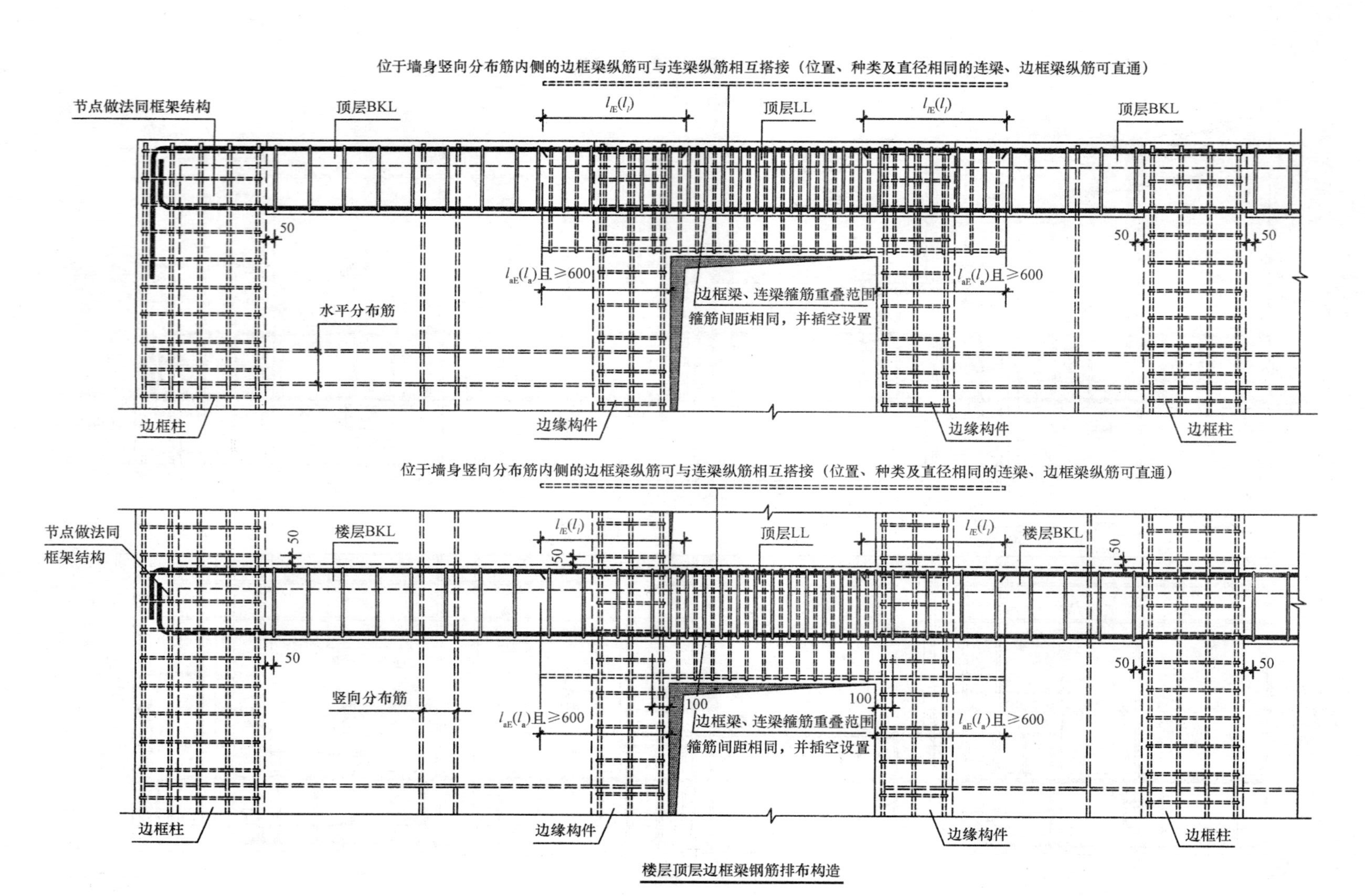

楼层顶层边框梁钢筋排布构造

图 5-23　剪力墙边框梁钢筋排布构造

剪力墙梁钢筋计算：

(1)剪力墙连梁钢筋计算。剪力墙连梁钢筋分为上下部纵筋、侧面构造筋、箍筋和拉筋。

1)连梁上下部纵筋计算。

①单洞口连梁。

上下部纵筋长度=连梁长度+左锚固长度+右锚固长度

②双洞口连梁。

上下部纵筋长度=连梁长度+洞间墙长度+左锚固长度+右锚固长度

说明：连梁纵筋锚固有直锚和弯锚两种情况，直锚长度=max(l_{aE}，600 mm)；弯锚长度=端部墙肢长度+15d。

2)连梁侧面构造筋计算。一般，连梁侧面构造筋是利用剪力墙身的水平分布筋，所以，连梁侧面构造筋放在剪力墙身水平分布筋中计算。

3)连梁箍筋和拉筋计算。箍筋长度=(连梁宽-保护层厚度×2-侧面纵筋直径×2)×2+(连梁高-保护层厚度×2)×2+11.9d

中间层连梁箍筋根数=(连梁长度-0.05×2)/间距+1

顶层连梁箍筋根数=(连梁长度-0.05×2)/间距+2×[max(l_{aE}，0.6)-0.1]/间距+1

(2)剪力墙暗梁钢筋计算。剪力墙暗梁钢筋计算与连梁完全相同。

(3)剪力墙边框梁钢筋计算。剪力墙边框梁钢筋计算与框架梁完全相同。

第三节　剪力墙算量实例

一、剪力墙墙身水平钢筋计算实例

1. 锚入端柱(直锚)

【例 5-6】 计算图 5-24 所示墙身内侧水平钢筋工程量。

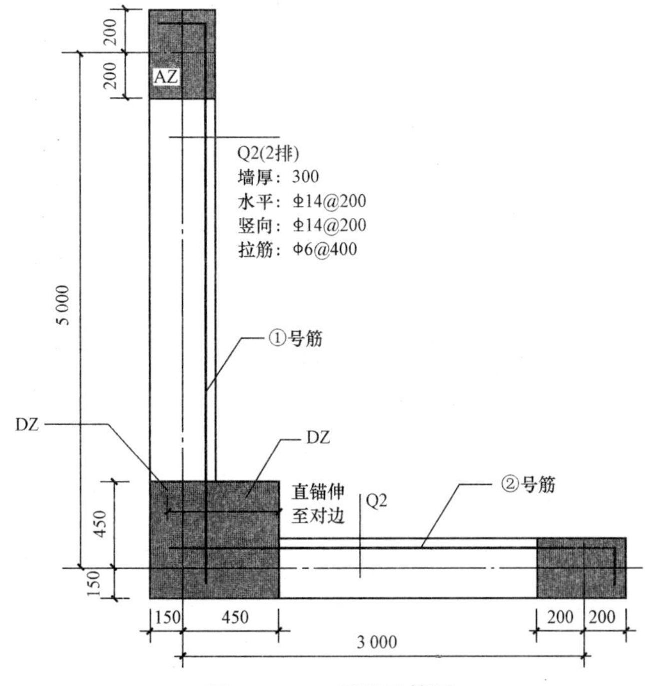

图 5-24　Q2 平法配筋图

解：判断内侧钢筋端柱锚固方式，$(h_c=600)>(l_{aE}=33d=462)$，故采用直锚。

①号筋：

计算公式=墙长−保护层厚度+暗柱端弯锚+端柱直锚

=5 000−450+200−15+10×14+(600−20)=5 455(mm)(满足直锚条件时也要伸至支座对边)

②号筋：

计算施工时=计算公式=墙长−保护层厚度+暗柱端弯锚+端柱直锚

=3 000−450+200−15+10×14+(600−20)=3 455(mm)

2. 锚入端柱(弯锚)

【例 5-7】 计算图 5-25 所示墙身内侧水平钢筋工程量。

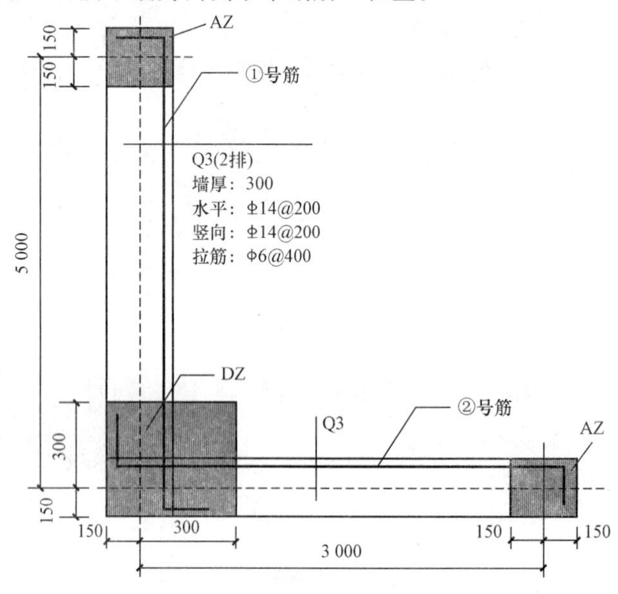

图 5-25　Q3 平法配筋图

解：判断内侧钢筋端柱锚固方式：

$(h_c=450)<(l_{aE}=33d=462>450)$，故采用弯锚。

①号筋：

计算公式=墙长−保护层厚度+15d+10d

=5 000+2×150−2×15+10×14+15×14=5 620(mm)(端柱外侧混凝土保护层厚度为 30 mm)

②号筋：

计算公式=墙长−保护层厚度+15d+10d

=3 000+2×150−2×15+10×14+15×14=3 620(mm)

3. 斜交墙

【例 5-8】 计算图 5-26 所示墙身内侧水平钢筋工程量。

解：计算公式=墙长−保护层厚度+端部弯折 10d+斜交处弯折 15d

=4 000−15×2+15×14+10×14

=4 000−15×2+15×14+10×14

=4 320(mm)

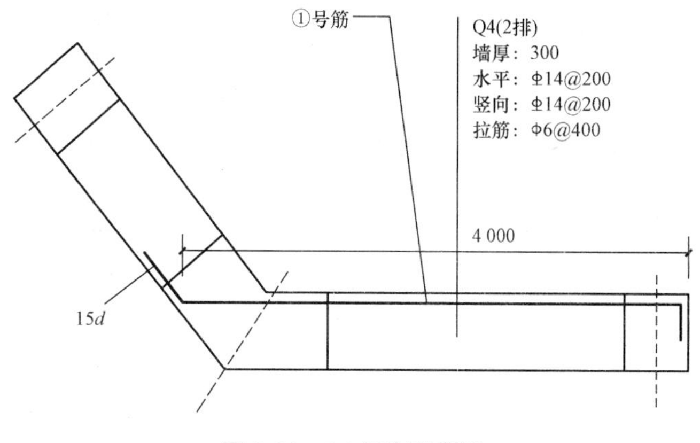

图 5-26　Q4 平法配筋图

二、剪力墙墙身竖向钢筋及拉筋计算实例

1. 墙伸入基础的插筋

【例 5-9】 计算图 5-27 所示墙插筋工程量(机械连接)。

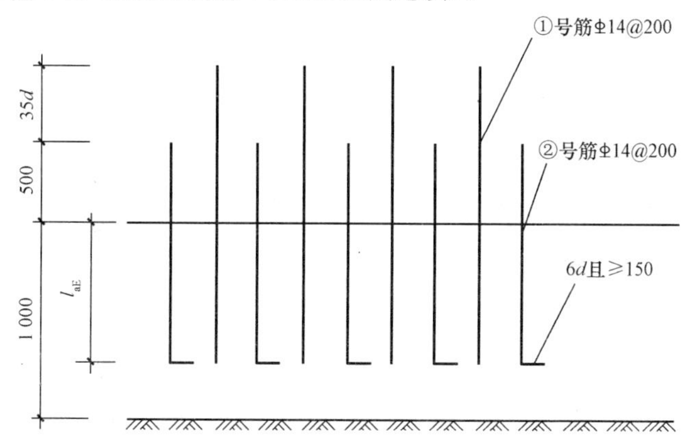

图 5-27　钢筋计算图

解： 基础内锚固方式判断(容许竖向直锚深度＝1 000—40)＞(l_{aE}＝33×14＝462)，因此，墙插筋采用伸至 l_{aE} 位置部分钢筋弯折的构造。本例中假设隔一根设弯折。

①号筋：

计算公式＝基础内长度＋伸出基础顶面非连接区高度

基础内长度＝l_{aE}＝34×14＝476(mm)

伸出基础高度＝500＋35d＝500＋35×14＝990(mm)

总长＝476＋990＝1 466(mm)

②号筋：

计算公式＝基础内长度＋伸出基础顶面非连接区高度

基础内长度＝l_{aE}＋max(6d，150)

　　　　＝34×14＋max(6×16，150)

　　　　＝626(mm)

伸出基础高度＝500 mm

总长度＝626＋500＝1 126(mm)

2. 变截面

【例 5-10】 计算图 5-28 所示①～④号竖向钢筋变截面工程量(焊接连接)，钢筋直径为 ⌀16。

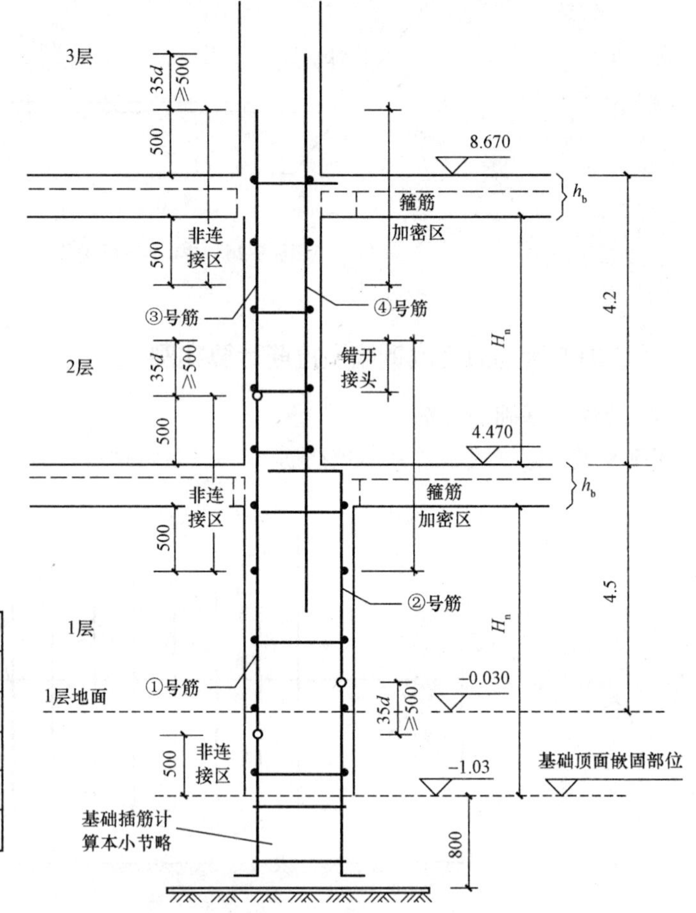

层号	顶标高	层高	顶梁高
4	15.87	3.6	700
3	12.27	3.6	700
2	8.67	4.2	700
1	4.47	4.5	700
基础	−1.03	基础厚800	—

图 5-28　钢筋计算图

解：1 层钢筋：

低位①号筋(同无变截面)：

计算公式＝层高－基础顶面非连接区高度＋伸入上层非连接区高度(首层从基础顶面算起)

基础顶面非连接区高度＝500 mm，伸入 2 层的非连接区高度＝500 mm

总长＝4 500＋1 000－500＋500

　　＝5 500(mm)

高位②号筋(下部与①号筋错开)：

计算公式＝层高－基础顶面非连接区高度－错开连接－c＋12d

基础顶面非连接区高度＝500，下层墙身钢筋伸至弯截面处向内弯折 12d

错开接头＝max(35×16，500)＝35×16＝560(mm)

总长＝4 500＋1 000－500－35×16－15＋12×16

　　＝4 617(mm)

2 层钢筋：

③号筋(同无变截面)：

计算公式=层高−本层非连接区高度+伸入上层非连接区高度

伸出本层顶面非连接区高度=500 mm，伸入 2 层的非连接区高度=500 mm

总长=4 200−500+500=4 200(mm)

变截面一侧④号筋(伸入 3 层与③号筋错开)：

计算公式=层高+插入下层高度+伸入上层非连接区高度+错开连接

插入下层的高度=$1.2l_{aE}$=1.2×33×16=634(mm)

伸入 2 层的非连接区高度=500 mm

错开接头=max(35×16，500)=35×16=560(mm)

总长=4 200+634+500+35×16

　　=5 894(mm)

3. 拉筋

【例 5-11】 计算图 5-29 所示拉筋工程量。拉筋有平行布置和梅花形布置两种方式，本例按梅花形布置计算，计算条件见表 5-3。

表 5-3　计算条件

混凝土强度	墙混凝土保护层厚度	抗震等级	定尺长度	连接方式	l_{aE}/l_{lE}
C30	15	一级抗震	9 000	对焊	$34d/48d$
水平筋：Φ14@200；竖向钢筋：Φ14@200；拉筋 Φ6@400×400；墙厚 300					

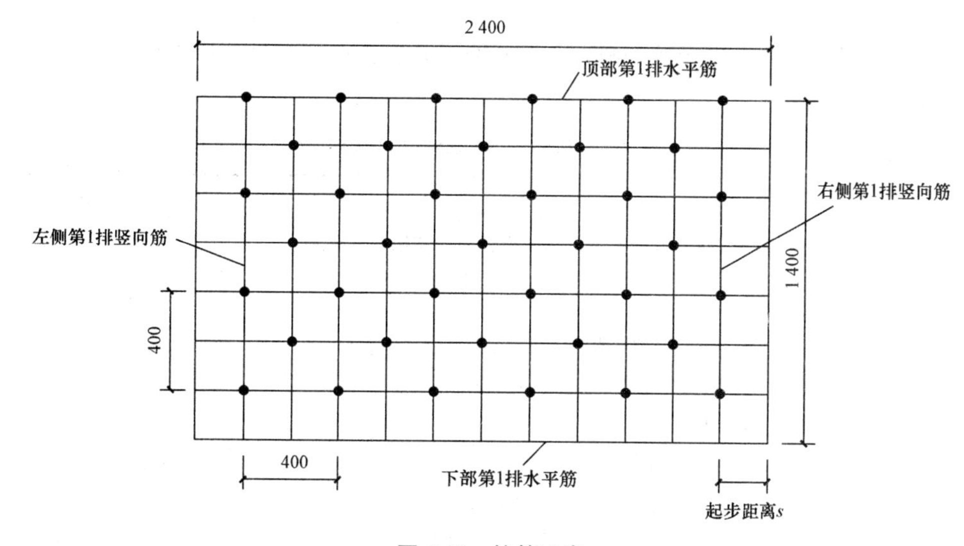

图 5-29　拉筋示意

解： $x=2\ 400$，$y=1\ 400$，$a=400$

梅花形拉筋根数计算=$(x/a+1)\times[(y-a)/a+1]+[(x-a)/a+1]\times[y-1.5\,a]/a+1$

$=[(2\ 400-2\times200)/400+1]\times[(1\ 400-200)/400+1]+[(2\ 400-800)/400+1]\times[(1\ 400-600)/400+1]=39$

4. 水平分布筋、竖向分布筋、拉筋

【例 5-12】 某剪力墙平面示意图如图 5-30 所示，试计算内墙 Q2 钢筋工程量。已知：该建筑物为两层，基础垫层为 C20 混凝土垫层，厚度为 100 mm，基础高度为 800 mm，基础底板钢筋为直径 20 mm 的 HRB400 级钢筋，基础顶面标高为－1.050 m，一层地面结构标高为－0.050 m，一层墙顶标高为 4.450 m，二层墙顶标高为 8.050 m。剪力墙、基础混凝土强度等级为 C30，现浇板厚为 100 mm，环境类别为一类，混凝土结构设计使用年限为 50 年，抗震等级为三级，竖向钢筋连接采用绑扎搭接方式。

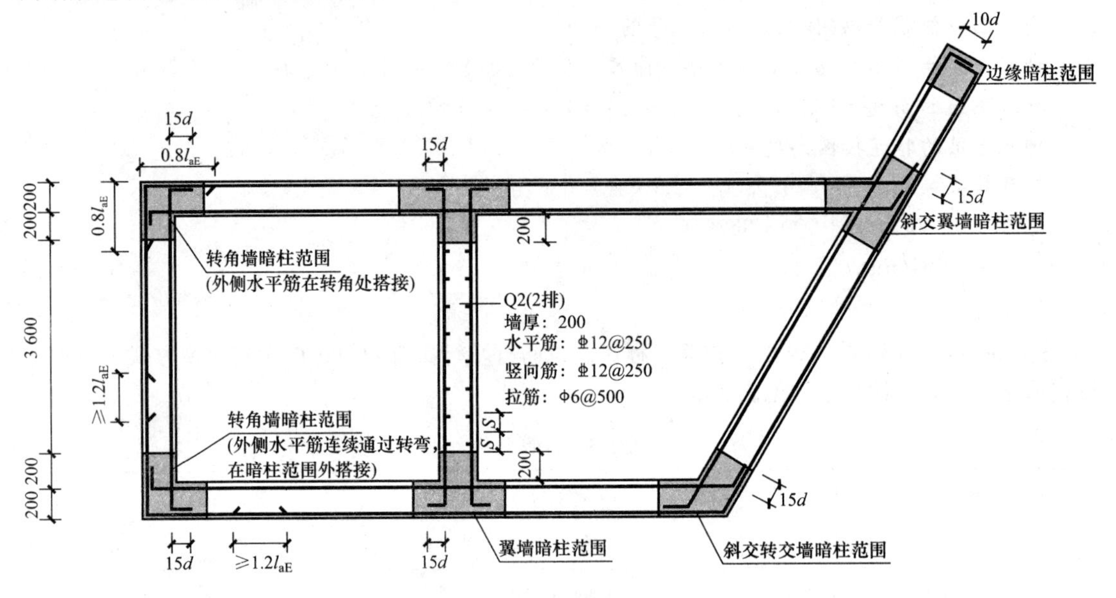

图 5-30　剪力墙平面示意

解：先计算水平分布钢筋长度和根数，然后分层计算竖向分布钢筋的长度和根数，最后计算拉筋的长度和根数，计算过程见表 5-4。

表 5-4　剪力墙 Q2 钢筋计算过程

钢筋名称	计算内容	计算公式	长度/m 或根数	质量/kg
水平分布钢筋	长度	根据环境类别、结构设计使用年限及混凝土强度等级确定墙体的保护层厚度为 15 mm。 单根长度＝墙长－2×保护层厚度＋两端锚固长度＝4.4－2×0.015＋2×15×0.012＝4.73(m)	4.73	82 × 4.73 × 0.888＝344
	根数	基础内： $l_{aE}=37d=37\times12=444$(mm) $h_j-c=800-40=760>444$(mm) 基础高度满足直锚 根数＝max[2，(444－100)/500＋1]＝2(根) 一层： 根数＝(层高－50)/间距＋1＝(5 500－50)/250＋1＝23(根) 二层： 根数＝(3 600－50)/250＋1＝16(根) 总根数＝(2＋23＋16)×2＝82(根)	82	

续表

<table>
<tr><th>钢筋名称</th><th>计算内容</th><th>计算公式</th><th>长度/m 或根数</th><th>质量/kg</th></tr>
<tr><td rowspan="2">竖向分布钢筋</td><td>长度</td><td>参见图 5-12 中 1—1 断面：
基础插筋：伸至基础底板钢筋网片上插筋长度＝弯折长＋h_j－基础保护层厚度＋$1.2l_{aE}$＝0.15＋0.8－0.04＋1.2×0.444＝1.44(m)
未伸至基础底板钢筋网片上插筋长度＝l_{aE}＋$1.2l_{aE}$＝2.2×0.444＝0.98(m)
一层：长度＝层高＋上层搭接＝5.5＋1.2×0.444＝6.03(m)
二层：长度＝层高－保护层厚度＋12d＝3.6－0.015＋12×0.012＝3.73(m)</td><td>伸至基础底板筋长 11.2
未伸至基础底板筋长 10.74</td><td rowspan="2">10 × 11.2 × 0.888＋18×10.74×0.888＝271</td></tr>
<tr><td>根数</td><td>根数＝(墙净长＋2×c－2×间距)/间距＋1＝(3.6＋2×0.015－2×0.25)/0.25＋1＝14(根)，按照插筋“隔二下一”伸至基础底板原则，伸至基础底板钢筋为 5，未伸至基础底板钢筋根数为 9。
伸至基础底板钢筋总根数＝单侧根数×排数＝5×2＝10(根)
未伸至基础底板钢筋总根数＝9×2＝18(根)</td><td>10(18)</td></tr>
<tr><td rowspan="2">拉筋</td><td>长度</td><td>长度＝墙厚－2×保护层厚度＋2×(6.9d)＝0.2－2×0.015＋2×6.9×0.006＝0.25(m)</td><td>0.25</td><td rowspan="2">0.25 × 148 × 0.222＝8</td></tr>
<tr><td>根数</td><td>矩形拉筋：
根数＝墙净面积/(横向间距×竖向间距)
基础层：横向根数＝(3.6＋2×0.015－2×0.25)/0.5＋1＝8(根)，竖向共两道水平筋，故拉筋设 2 道，基础层共 8×2＝16(根)
一层：根数＝3.6×5.5/(0.5×0.5)＝80(根)
二层：根数＝3.6×3.6/(0.5×0.5)＝52(根)
总根数＝16＋80＋52＝148(根)</td><td>148</td></tr>
<tr><td>合计</td><td colspan="4">直径 12 mm 的分布钢筋(HRB400 级钢筋)质量为 615 kg，直径 6 mm 的拉筋(HPB300 级钢筋)质量为 8 kg</td></tr>
</table>

三、剪力墙墙柱钢筋计算实例

【例 5-13】 计算图 5-31 所示暗柱钢筋工程量，允许竖向直锚深度≥l_{aE}。

解： 基础内锚固方式判断。(容许竖向直锚深度＝1 000—40)＞(l_{aE}＝33×14＝462)，因此，

部分钢筋可直锚阳角钢筋插至基础底部并弯折除阳角外的其他钢筋直锚。

①号筋：非阳角钢筋。

计算公式＝基础内长度＋伸出基础顶面非连接区高度＋错开连接

基础内长度＝l_{aE}＝33×14＝462(mm)

伸出基础高度＝500＋35d＝500＋35×14＝990(mm)

②号筋：阳角钢筋。

计算公式＝基础内长度＋伸出基础顶面非连接区高度

基础内长度＝1 000－40＋max(6d，150)

＝1 000－40＋max(6×14，150)

＝1 110(mm)

伸出基础高度＝500 mm

总长度＝1 110＋500＝1 610(mm)

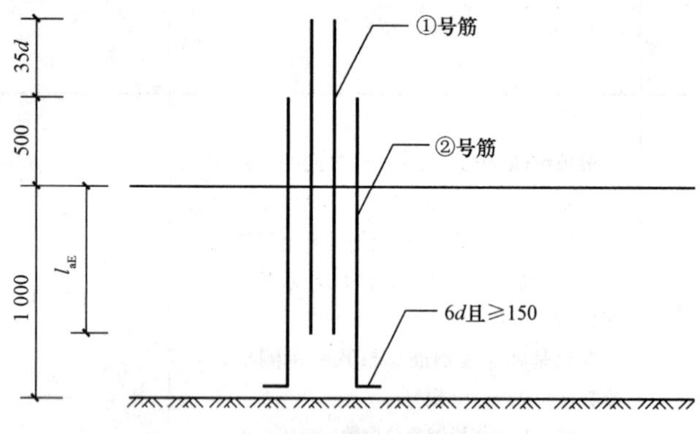

图 5-31　钢筋计算图

【例 5-14】　计算图 5-32 所示暗柱钢筋工程量，容许竖向直锚深度＜l_{aE}。

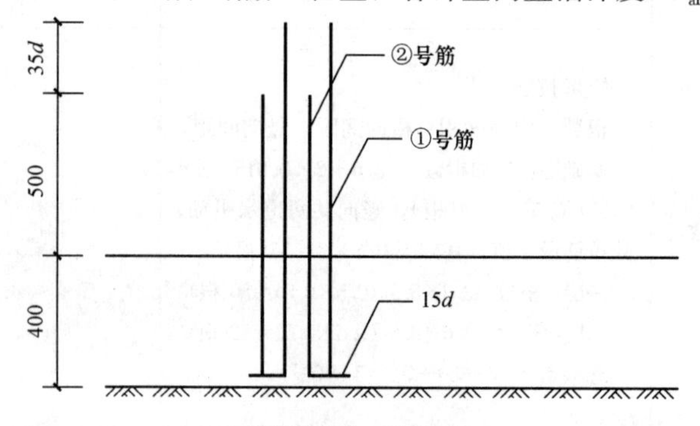

图 5-32　钢筋计算图

解：基础内锚固方式判断。(容许竖向直锚深度＝400－40)＜(l_{aE}＝33×14＝462)，因此，全部暗柱插筋伸至基础底部并作弯折 15d。

①号筋：

计算公式＝基础内长度＋伸出基础顶面非连接区高度

基础内长度＝400－40＋15×14＝570(mm)

伸出基础高度＝500＋35d

＝500＋35×14

＝990(mm)

总长＝510＋990＝1 560(mm)

②号筋：

计算公式＝基础内长度＋伸出基础顶面非连接区高度

基础内长度＝400－40＋15d＝570(mm)

伸出基础高度＝500 mm

总长＝570＋500＝1 070(mm)

四、剪力墙墙梁钢筋计算实例

1. 单洞口连梁(中间层)

【例 5-15】 计算图 5-33 所示墙梁工程量。

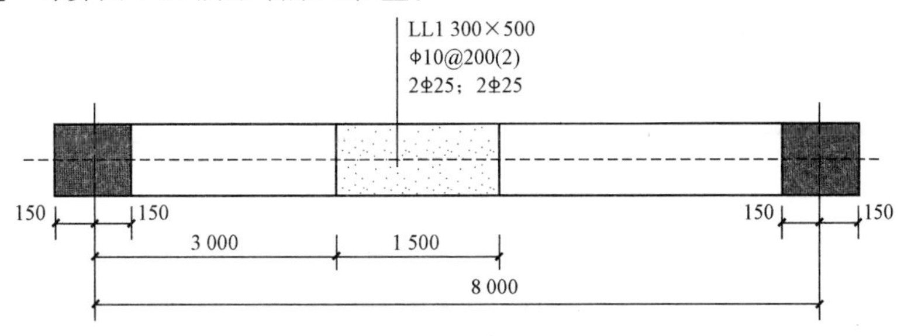

图 5-33　钢筋计算图

解： 计算公式＝净长＋两端锚固

(1)上、下部纵筋。

锚固长度＝max(l_{aE}，600)

＝max(34×25 600)

＝850(mm)

总长度＝1 500＋2×850＝3 200(mm)

(2)箍筋长度＝2×[(300－2×15－10)＋(500－2×15－10)]＋2×11.9×10

＝1 678(mm)

(3)箍筋根数＝(1 500—2×50)/200＋1＝8(根)

2. 中间层暗梁

【例 5-16】 计算图 5-34 所示暗梁钢筋工程量。

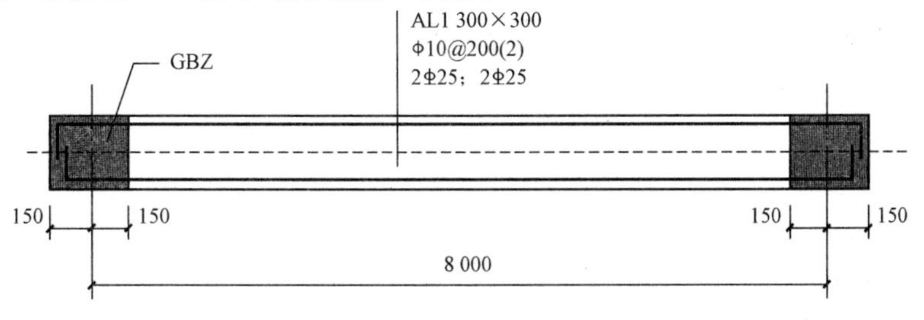

图 5-34　钢筋计算图

解：计算公式＝梁长＋两端暗柱锚固(同墙身水平筋)

(1)上、下部纵筋＝8 000＋2×150－2×15＋2×15×25

＝9 020(mm)

(2)箍筋长度＝2×[(300－2×15－10)＋(300－2×15－10)]＋2×11.9×10

＝1 278(mm)

(3)箍筋根数＝(8 000－2×50－2×100)/200＋1＝40(根)

3. 某剪力墙身计算实例

【例 5-17】 某三层剪力墙，采用强度等级为 C30 混凝土，剪力墙抗震等级为二级，环境类别为地下部分为二 b 类，其余为一类，剪力墙竖向钢筋在基础内的侧向保护层厚度＞5d。钢筋采用焊接连接，基础高度为 800 mm，基础保护层厚度为 40 mm，基础底板钢筋直径为 10 mm，剪力墙保护层厚度为 15 mm，剪力墙注写内容如图 5-35 所示，结构层楼面标高和结构层高见表 5-5～表 5-7。

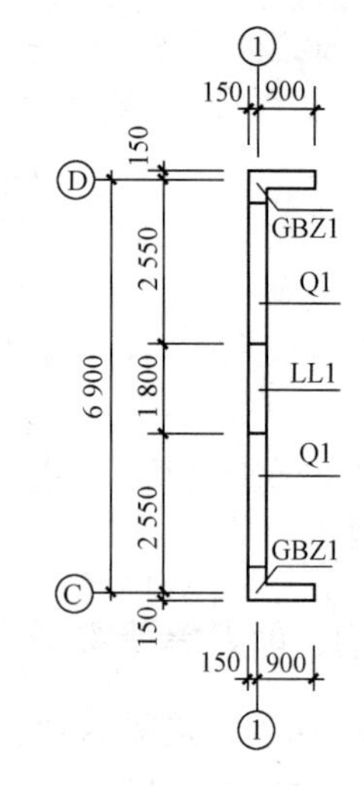

图 5-35 剪力墙平法施工图

表 5-5 剪力墙身表

编号	标高/m	墙厚/mm	水平分布筋	垂直分布筋	拉结筋(双向)
Q1	－0.030～12.270	300	Φ12@200	Φ12@200	Φ6@600@600

表 5-6 剪力墙梁表

编号	所在楼层号	相对标高高差/m	梁截面尺寸/mm×mm	上部纵筋	下部纵筋	箍筋
LL1	2—3	0.000	300×2 000	4Φ22	4Φ22	Φ10@100(2)
	屋面层		300×1 200	4Φ22	4Φ22	Φ10@100(2)

表 5-7 结构层楼面标高和结构层高

屋顶	12.270	
3	8.670	3.6
2	4.470	4.2
1	－0.030	4.5
层号	标高/m	层高/m

解：(1)剪力墙身(Q1)钢筋计算。

1)Q1 水平分布钢筋计算。

基础层高度范围内：

因为剪力墙竖向钢筋在基础内的侧向保护层厚度＞5d，且 l_{aE}＝40d＝40×0.012＝0.48(m)＜0.8 m

单根长度＝(6.9＋0.15×2－0.015×2)＋10×0.012×2＝7.41(m)

数量＝[(0.8－0.1－0.04－0.01×2)/0.5＋1]×2＝6(根)

一层范围内贯通的水平分布筋：

单根长度＝(6.9＋0.15×2－0.015×2)＋10×0.012×2＝7.41(m)

数量＝[(2－0.05)/0.2＋1]×2＝22(根)

被洞口截断的水平筋长度＝(6.9＋0.15×2－0.015×4－1.8)＋10×0.012×2＋(0.3－0.015×2)×2＝6.12(m)

数量=(2.5/0.2+1)×2=28(根)

二层范围内贯通的水平分布筋：

单根长度=(6.9+0.15×2−0.015×2)+10×0.012×2=7.41(m)

数量=[(2−0.05)/0.2+1]×2=22(根)

被洞口截断的水平筋长度=(6.9+0.15×2−0.015×4−1.8)+10×0.012×2+(0.3−0.015×2)×2=6.12(m)

数量=(2.2/0.2+1)×2=24(根)

三层范围内贯通的水平分布筋：

单根长度=(6.9+0.15×2−0.015×2)+10×0.012×2=7.41(m)

数量=[(2−0.05)/0.2+1]×2=22(根)

三层范围内被洞口截断的水平筋长度=(6.9+0.15×2−0.015×4−1.8)+10×0.012×2+(0.3−0.015×2)×2=6.15(m)

数量=(1.6/0.2+1)×2=18(根)

2)Q1 竖向分布钢筋计算。

连梁长度范围外剪力墙竖筋。因为剪力墙竖向钢筋在基础内的侧向保护层厚度>5d，且 l_{aE}=40d=40×0.012=0.48(m)<0.8 m

单根长度=12.27+0.03+0.8−0.04−0.01×2−0.015+0.15+12×0.012=13.319(m)

数量=[(2.55−0.3−0.15−0.2)/0.2+1]×4=44(根)

3)Q1 拉结筋计算。

单根长度=0.3−0.015×2+11.9×0.006×2=0.413(m)

数量={[6.9−(0.15×2+0.3×2)−1.8−0.1×2]/0.6+1}×[(12.27+0.03+0.8−0.04−0.01×2−0.015)/0.6+1]=184(根)

(2)剪力墙柱(GBZ1)钢筋计算。

1)GBZ1 纵筋计算。因为剪力墙竖向钢筋在基础内的侧向保护层厚度≥5d，且 l_{aE}=40d=40×0.02=0.8(m)

单根长度=12.27+0.03+0.8−0.04−0.01×2−0.015+0.15+12×0.02=13.415(m)

数量=24×2(有两个 GBZ1)=48(根)

2)GBZ1 箍筋计算。GBZ1 箍筋形状见表 5-8，GBZ1 箍筋由①②③三种形式箍筋组成。

表 5-8 剪力墙柱表

截面	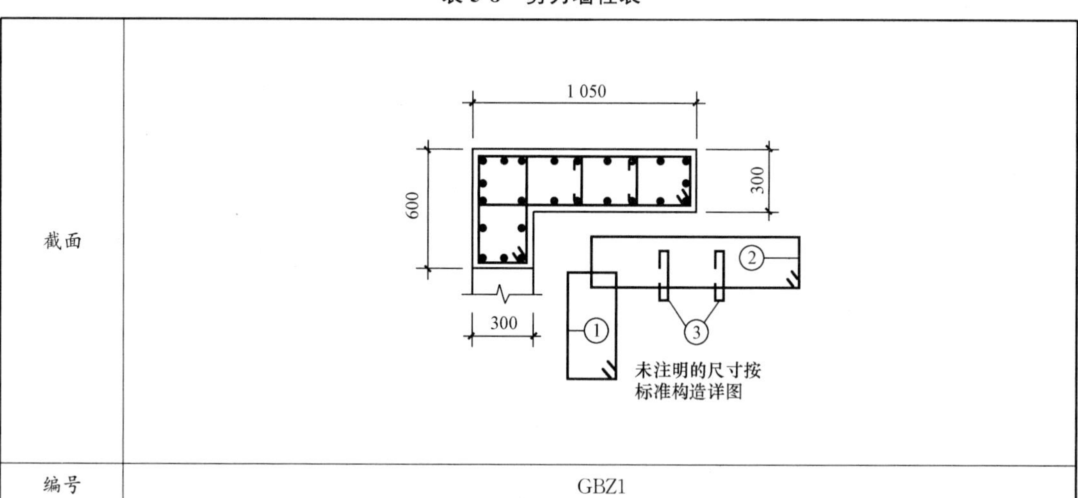
编号	GBZ1

续表

标高	−0.030～12.270
纵筋	24⌀20
箍筋	⌀10@100

①号箍筋长度=(0.6−2×0.015+0.3−2×0.015)×2+11.9×0.01×2=1.918(m)

②号箍筋长度=(1.05−0.015×2)×2+(0.3−0.015×2)×2+11.9×0.01×2=2.818(m)

③号箍筋长度=(0.3−0.015×2+11.9×0.01×2)×2=1.016(m)

GBZ1 单根箍筋总长度=5.752(m)

箍筋数量。

基础层高度范围内：

因为剪力墙竖向钢筋在基础内的侧向保护层厚度>5d，且 $l_{aE}=40d=40\times0.02=0.8$(m)

数量=[(0.8−0.04−0.01×2−0.1)/0.5+1]×2=6(根)

基础层以上范围内：

数量=[(12.27+0.03−0.05−0.015)/0.1+1]×2=248(根)

(3)连梁(LL1)钢筋计算。

1)LL1 上下部纵筋计算。

总长度=(1.8+40×0.022)×24=64.32(m)

2)LL1 箍筋计算。

二、三层箍筋长度=(0.3−0.015×2−0.012×2)×2+(2−0.015×2)×2+11.9×0.01×2
=4.67(m)

二、三层连梁箍筋数量=[(1.8−0.05×2)/0.1+1]×2=36(根)

顶层连梁箍筋长度=(0.3−0.015×2−0.012×2)×2+(1.2−0.015×2)×2+11.9×0.01×2
=3.07(m)

顶层连梁箍筋数量=(1.8−0.05×2)/0.1+[(40×0.022−0.1)/0.15]×2+1=29(根)

3)LL1 拉结筋计算。

因为 LL1 截面宽度小于 350 mm，所以拉筋直径为 6 mm，水平间距为箍筋间距 2 倍即为 200 mm，竖向间距为 LL1 侧面构造筋间距 2 倍即为 400 mm。

拉筋长度=(0.3−0.015×2)+11.9×0.006×2=0.413(m)

二、三层连梁拉筋总数量=[(1.8−0.05×2)/0.2+1]×[(2−0.015×2)/0.4−1]×2=80(根)

顶层连梁拉筋总数量=[(1.8−0.05×2)/0.2+1]×[(1.2−0.015×2)/0.4−1]=20(根)

(4)钢筋汇总表。钢筋工程量计算表见表 5-9，钢筋材料汇总表见表 5-10。

表 5-9　钢筋工程量计算表

序号	钢筋名称	钢筋级别、直径/mm	计算式	单根长度/m	钢筋根数	总长度/m	单根钢筋理论质量/(kg·m^{-1})	总质量/kg
1	Q1 水平分布钢筋	⌀12						
2	基础层高度范围内							
3	单根长度		(6.9+0.15×2−0.015×2)+10×0.012×2	7.41				
4	数量/钢筋工程量		[(0.8−0.1)/0.5+1]×2		6	44.46	0.888	39.48

续表

序号	钢筋名称	钢筋级别、直径/mm	计算式	单根长度/m	钢筋根数	总长度/m	单根钢筋理论质量/(kg·m⁻¹)	总质量/kg
5	一层范围内							
6	单根长度		(6.9+0.15×2−0.015×2)+10×0.012×2	7.41				
7	数量/钢筋工程量		[(4.5−2.5−0.05)/0.2+1]×2		22	159.32	0.888	141.47
8	被洞口截断的水平筋长度		(6.9+0.15×2−0.015×4−1.8)+10×0.012×2+(0.3−0.015×2)×2	6.12				
9	数量/钢筋工程量		(2.5/0.2+1)×2		27	166.05	0.888	147.45
10	二层范围内							
11	单根长度		(6.9+0.15×2−0.015×2)+10×0.012×2	7.41				
12	数量/钢筋工程量		[(4.2−2.2)/0.2+1]×2		22	163.02	0.888	144.76
13	被洞口截断的水平筋长度		(6.9+0.15×2−0.015×4−1.8)+10×0.012×2+(0.3−0.015×2)×2	6.12				
14	数量/钢筋工程量		(2.2/0.2+1)×2		24	147.60	0.888	131.07
15	三层范围内							
16	单根长度		(6.9+0.15×2−0.015×2)+10×0.012×2	7.41				
17	数量/钢筋工程量		[(3.6−1.6)/0.2+1]×2		22	163.02	0.888	144.76
18	被洞口截断的水平筋长度		(6.9+0.15×2−0.015×4−1.8)+10×0.012×2+(0.3−0.015×2)×2	6.12				
19	数量/钢筋工程量		(1.6/0.2+1)×2		18	110.70	0.888	98.30
20	Q1竖向分布钢筋	⌀12						
21	连梁长度范围外剪力墙竖筋单根长度		12.27+0.03+0.8−0.04−0.01×2−0.015+0.15+12×0.012	13.32				
22	数量/钢筋工程量		[(2.55−0.3−0.15−0.2)/0.2+1]×4		42	556.12	0.888	493.84
23	Q1拉结筋	⌀6						
24	单根长度		0.3−0.015×2+11.9×0.006×2	0.41				

续表

序号	钢筋名称	钢筋级别、直径/mm	计算式	单根长度/m	钢筋根数	总长度/m	单根钢筋理论质量/(kg·m^{-1})	总质量/kg
25	数量/钢筋工程量		{[6.9−(0.15×2+0.3×2)−1.8−0.1×2]/0.6+1}×[(12.27+0.03+0.8−0.04−0.01×2−0.015)/0.6+1]		184	71.87	0.222	15.95
26	GBZ1 纵筋	⌀20	12.27+0.03+0.8−0.04−0.01×2−0.015+0.15+12×0.02	13.42	48	643.92	2.470	1 590.48
27	GBZ1 箍筋	⌀10						
28	①号箍筋长度		(0.3+0.3−0.015×2)×2+(0.3−0.015×2)×2+11.9×0.01×2	1.92				
29	②号箍筋长度		(1.05−0.015×2)×2+(0.3−0.015×2)×2+11.9×0.01×2	2.82				
30	③号箍筋长度		(0.3−0.015×2+11.9×0.01×2)×2	1.02				
31	单根箍筋总长度		1.918+2.818+1.016	5.75				
32	基础层内数量/钢筋工程量		[(0.8−0.04−0.01×2−0.1)/0.5+1]×2		6	34.51	0.617	21.29
33	基础以上部分数量/钢筋工程量		[(12.27+0.03−0.05−0.015)/0.1+1]×2		248	1 419.02	0.617	875.53
34	LL1 上下部纵筋	⌀22	1.8+40×0.022	2.68	24	64.32	2.980	191.67
35	LL1 箍筋	⌀10						
36	二、三层连梁箍筋单根长度		(0.3−0.015×2−0.012×2)×2+(2−0.015×2)×2+11.9×0.01×2	4.67				
37	二、三层连梁箍筋数量/钢筋工程量		[(1.8−0.05×2)/0.1+1]×2		36	168.12	0.617	103.37
38	顶层连梁箍筋单根长度		(0.3−0.015×2−0.012×2)×2+(1.2−0.015×2)×2+11.9×0.01×2	3.07				
39	顶层连梁箍筋总数量/钢筋工程量		(1.8−0.05×2)/0.1+[(40×0.022−0.1)/0.15]×2+1		29	87.19	0.617	53.79
40	LL1 拉结筋	⌀6						

续表

序号	钢筋名称	钢筋级别、直径/mm	计算式	单根长度/m	钢筋根数	总长度/m	单根钢筋理论质量/(kg·m^{-1})	总质量/kg
41	单根长度		(0.3−0.015×2)+11.9×0.006×2	0.41				
42	二、三层连梁拉筋总数量/钢筋工程量		[(1.8−0.05×2)/0.2+1]×[(2−0.015×2)/0.4−1]×2		80	30.78	0.222	6.83
43	顶层连梁拉筋总数量/钢筋工程量		[(1.8−0.05×2)/0.2+1]×[(1.2−0.015×2)/0.4−1]		20	7.55	0.222	1.68

表 5-10　钢筋材料汇总表

钢筋类别	钢筋直径、级别/mm	总长度/m	总质量/kg
墙身水平分布筋	⌀12	954.165	847.299
墙身竖向分布筋	⌀12	556.122	493.835
墙身拉结筋	⌀6	71.867	15.955
墙柱纵筋	⌀20	643.920	1 590.482
墙柱箍筋	⌀10	1 453.530	896.828
连梁纵筋	⌀22	64.32	191.674
连梁箍筋	⌀10	255.308	157.526
连梁拉结筋	⌀6	38.334	8.510

本章小结

剪力墙平法施工图是在剪力墙平面布置上采用列表注写方式或截面注写方式表达。剪力墙平面布置图可采用适当比例单独绘制，也可与柱或梁平面布置图合并绘制。当剪力墙较复杂或采用截面注写方式时，应按标准层分别绘制剪力墙平面布置图。本章主要介绍了剪力墙平法施工图制图规则、剪力墙标准构造详图及剪力墙筋工程量计算。

习　题

1. 简述剪力墙柱类型代号和序号。
2. 注写各段墙柱的起止标高、纵向钢筋和箍筋有什么要求？
3. 剪力墙梁标注有哪些规定？
4. 地下室外墙的集中标注有哪些规定？
5. 什么是墙身暗柱？剪力墙水平钢筋构造要点有哪些？

6. 转角墙水平分布钢筋构造包括哪些？

7. 简述墙插筋在基础中锚固构造要求。

8. 简述墙身竖向分布连接构造要求。

9. 如图 5-36 所示用截面注写方式表达的剪力墙施工图，三级抗震，剪力墙和基础混凝土强度等级均为 C25，剪力墙和板的保护层厚度均为 15 mm，基础保护层厚度为 40 mm。各层楼板厚度均为 100 mm，基础厚度为 1 200 mm。如图 5-37、图 5-38 所示为剪力墙墙身竖向分布筋和水平分布筋构造。试计算墙身钢筋。

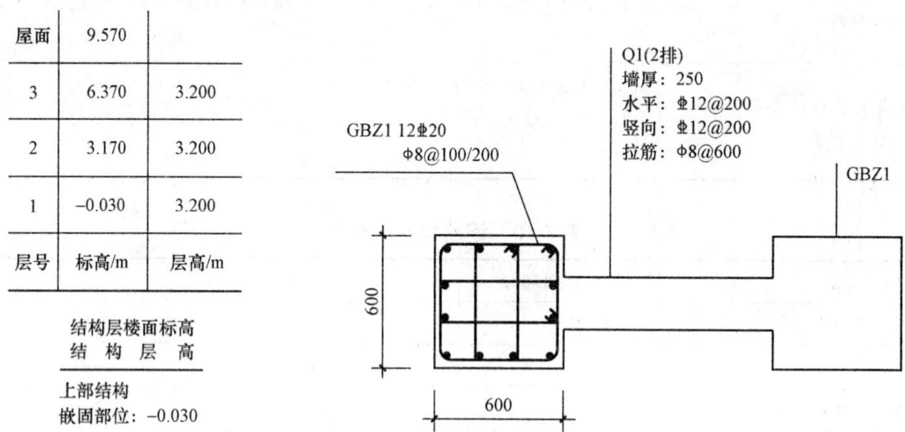

图 5-36　剪力墙平法施工图截面注写方式

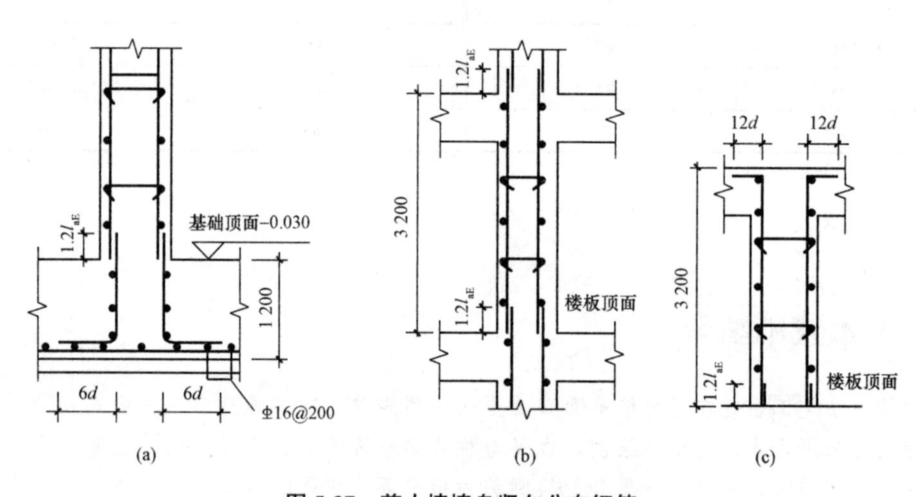

图 5-37　剪力墙墙身竖向分布钢筋

(a)基础部分；(b)中间层(一、二层)；(c)顶层(三层)

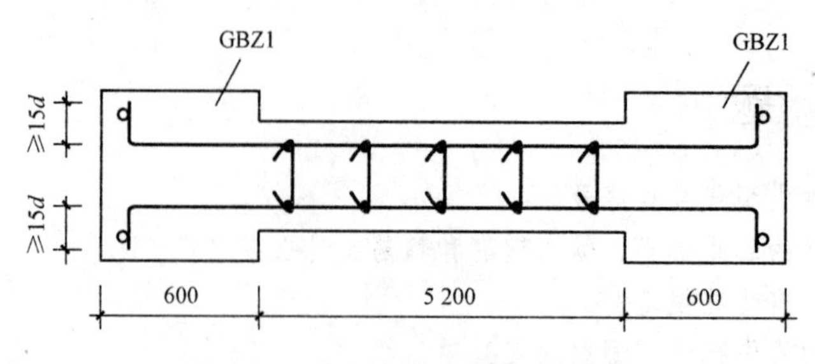

图 5-38　剪力墙墙身水平分布钢筋

第六章　基础平法识图与钢筋算量

知识目标

通过本章的学习熟悉独立基础的平法识图及钢筋构造规定、条形基础的平法识图与钢筋构造规定、筏形基础的平法识图与钢筋构造规定；掌握基础平法算量的基本公式及基础钢筋算量的应用。

能力目标

具备看懂基础平法施工图的能力；具备基础钢筋算量的基本能力。

第一节　基础平法施工制图规则

一、独立基础的平法识图

独立基础平法制图规则

独立基础平法施工图表示方式，分为平面注写方式和截面注写方式两种。设计者可根据具体工程情况选择一种，或两种方式相结合进行独立基础的施工图设计，并将独立基础平面与基础所支撑的柱一起绘制。

(一)独立基础的平面注写方式

平面注写包括集中标注与原位标注。集中标注表达构件的通用数值；原位标注表达构件的特殊数值。图 6-1 所示为普通独立基础平面注写方式。施工时，原位标注取值优先。

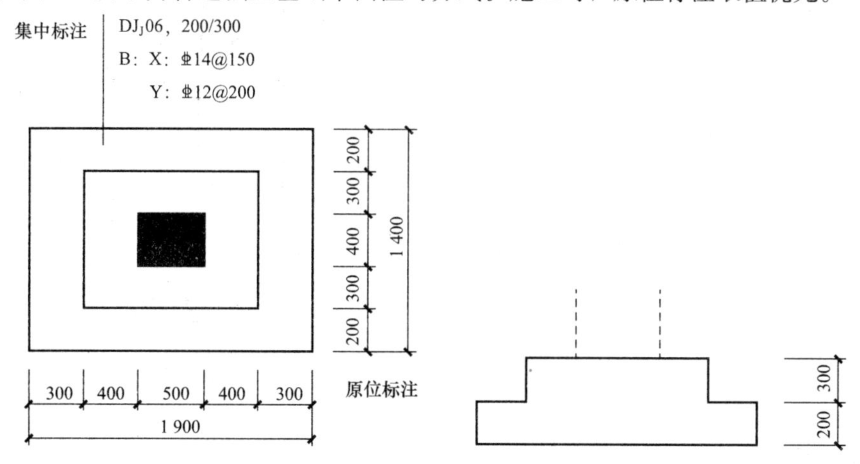

图 6-1　某独立基础平面注写示意

1. 集中标注

独立基础集中标注的内容包括基础编号、截面竖向尺寸和配筋三项必注内容，以及基础底面标高(与基础底面基准标高不同时)和必要的文字注解两项选注内容。

素混凝土普通独立基础的集中标注，除无基础配筋内容外，均与钢筋混凝土普通独立基础相同。

(1)注写独立基础编号。各种独立基础编号见表 6-1。

表 6-1 独立基础编号

类型	基础底板截面形状	代号	序号
普通独立基础	阶形	DJ_J	××
	坡形	DJ_P	××
杯口独立基础	阶形	BJ_J	××
	坡形	BJ_P	××

(2)注写截面竖向尺寸。

1)普通独立基础。普通独立基础截面竖向尺寸注写为 $h_1/h_2/\cdots$，h_1、h_2、…为阶形或坡形截面自下而上各阶或坡的尺寸，用“/”分隔顺写，如图 6-2 所示。

当基础为单阶时，竖向尺寸仅为一个且为基础总厚度，如图 6-3 所示。

当基础为坡形截面时，注写为 h_1/h_2，如图 6-4 所示。

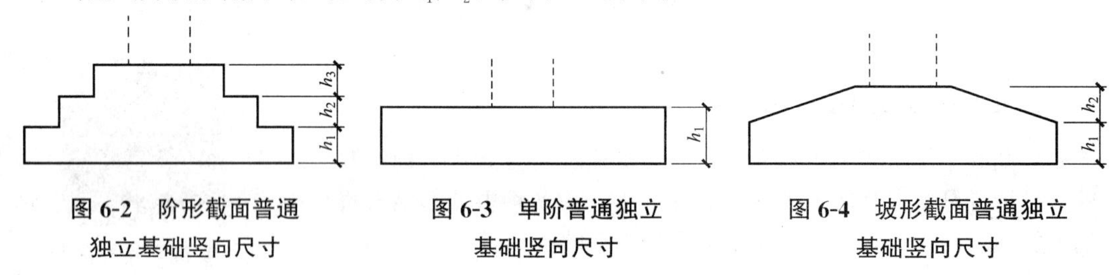

图 6-2 阶形截面普通独立基础竖向尺寸　**图 6-3 单阶普通独立基础竖向尺寸**　**图 6-4 坡形截面普通独立基础竖向尺寸**

2)杯口独立基础。

①当基础为阶形截面时，其竖向尺寸分两组，一组表达杯口内，另一组表达杯口外，两组尺寸以“,”分隔，注写为：a_0/a_1，$h_1/h_2/\cdots$，其含义如图 6-5 所示，其中，杯口深度 a_0 为柱插入杯口的尺寸加 50 mm。

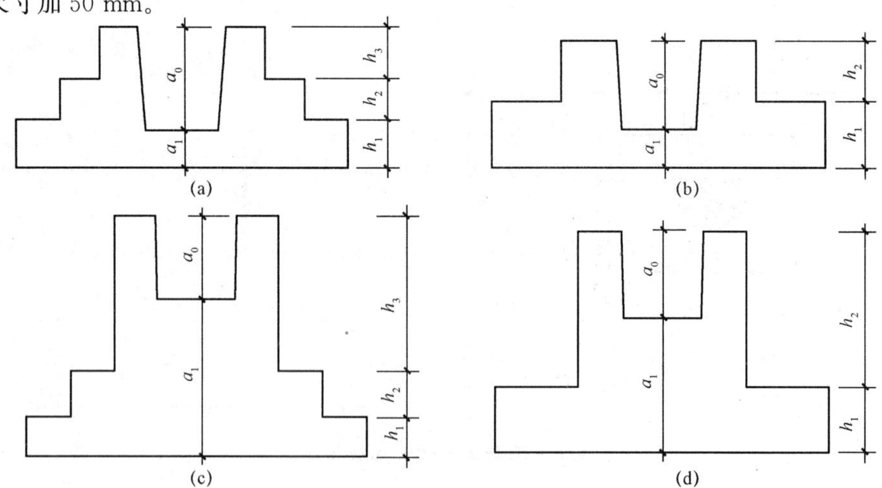

图 6-5 阶形截面杯口独立基础竖向尺寸

(a)阶形截面杯口独立基础竖向尺寸(一)；(b)阶形截面杯口独立基础竖向尺寸(二)；
(c)阶形截面高杯口独立基础竖向尺寸(一)；(d)阶形截面高杯口独立基础竖向尺寸(二)

②当基础为坡形截面时，注写为：a_0/a_1，$h_l/h_2/h_3$…，其含义如图 6-6 和图 6-7 所示。

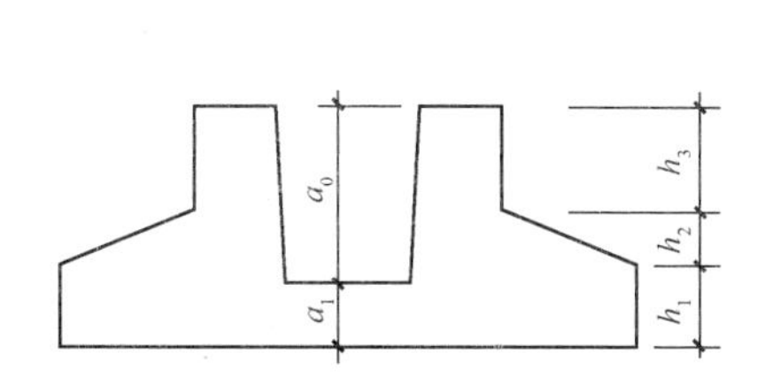

图 6-6　坡形截面杯口基础竖向尺寸

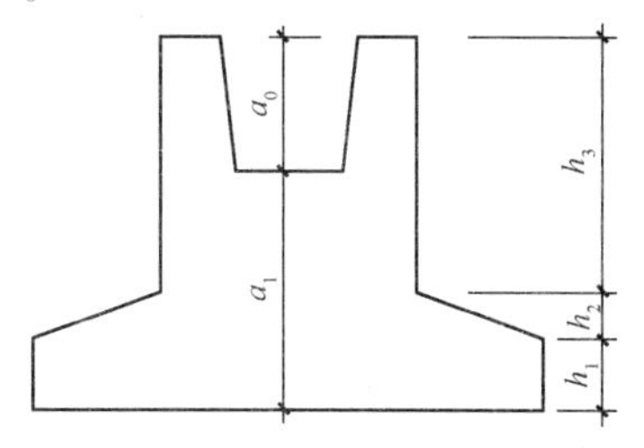

图 6-7　坡形截面高杯口独立基础竖向尺寸

(3)注写独立基础配筋(必注内容)。

1)注写独立基础底板配筋，是指普通独立基础和杯口独立基础的底部双向配筋。以 B 代表各种独立基础底板的底部配筋；X 向配筋以 X 打头，Y 向配筋以 Y 打头，当两向配筋相同时，以 X&Y 打头。表达形式如 B：X：⌀××@×××，Y：⌀××@×××，其中 ⌀ 表示钢筋等级，××表示钢筋直径，@×××表示钢筋之间的间距。

例如，图 6-8 所示为一阶形普通独立基础，底板底部配 HRB400 级钢筋，X 向直径为 14 mm，间距为 150 mm；Y 向直径为 12 mm，间距为 200 mm。

2)注写普通独立深基础短柱竖向尺寸及钢筋。当独立基础埋深较大，设置短柱时，短柱配筋应注写在独立基础中。以 DZ 代表普通独立深基础短柱；先注写短柱纵筋，再注写箍筋，最后注写短柱标高范围；注写为：角筋/长边中部筋/短边中部筋，箍筋，短柱标高范围；当短柱水平截面为正方形时，注写为：角筋/x 边中部筋/y 边中部筋，箍筋，短柱标高范围。如图 6-9 所示独立基础短柱配筋示意，其表示独立基础的短柱设置在－2.500～－0.050 高度范围内，配置 HRB400 级竖向钢筋和 HPB300 级箍筋。其竖向钢筋为：4⌀20 角筋、5⌀18x 边中部筋和 5⌀18y 边中部筋；其箍筋直径为 Φ10，间距为 100 mm。

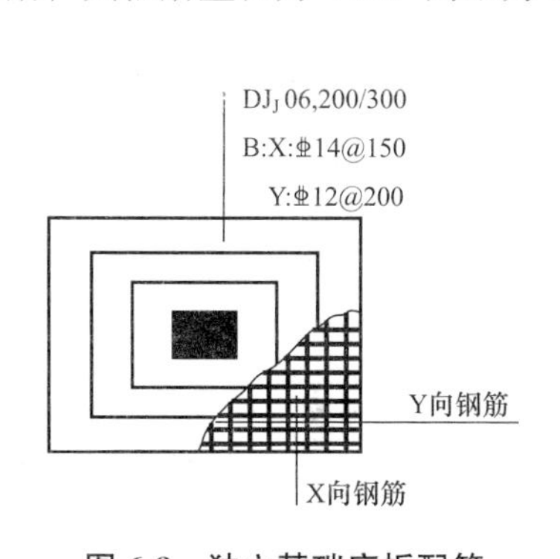

图 6-8　独立基础底板配筋

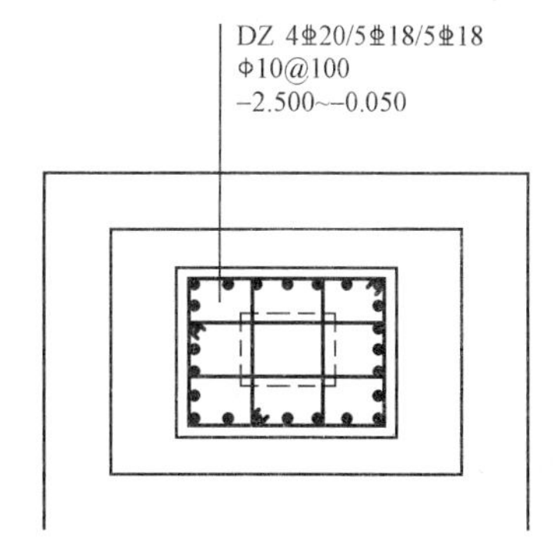

图 6-9　独立基础短柱配筋示意

(4)注写基础底面标高。当独立基础的底面标高与基础底面基准标高不同时，应将独立基础底面标高直接注写在“(　)”内。

(5)必要的文字注解(选注内容)。当独立基础的设计有特殊要求时，宜增加必要的文字注解。例如，基础底板配筋长度是否采用减短方式等，可在该项内注明。

2. 原位标注

钢筋混凝土和素混凝土独立基础的原位标注，是在基础平面布置图上，标注独立基础的平面尺寸，对相同编号的基础，可选择一个进行标注。

原位标注的具体内容规定是：普通独立基础。原位标注 x、y，x_c、y_c(或圆柱直径以 d_c)，x_i、y_i，i=1，2，3，…。其中，x、y 为普通独立基础两向边长，x_c、y_c 为柱截面尺寸，而

x_i、y_i 为阶宽或坡形平面尺寸(当设置短柱时，尚应标注短柱的截面尺寸)。如图 6-10 所示，对称阶形截面普通独立基础原位标注。

普通独立基础采用平面注写方式的集中标注和原位标注综合表达示意，如图 6-11 所示。

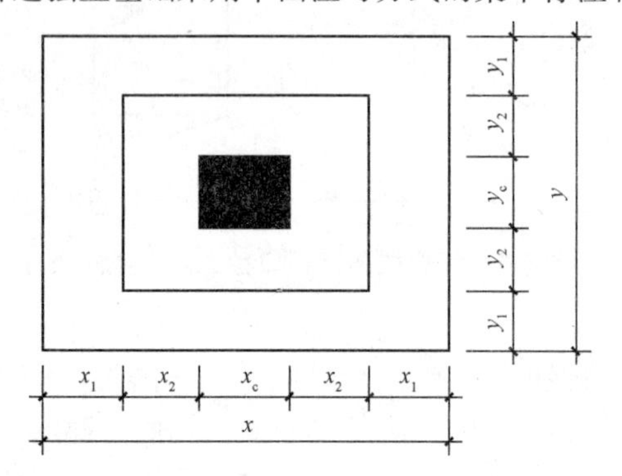

图 6-10 对称阶形截面普通独立基础原位标注

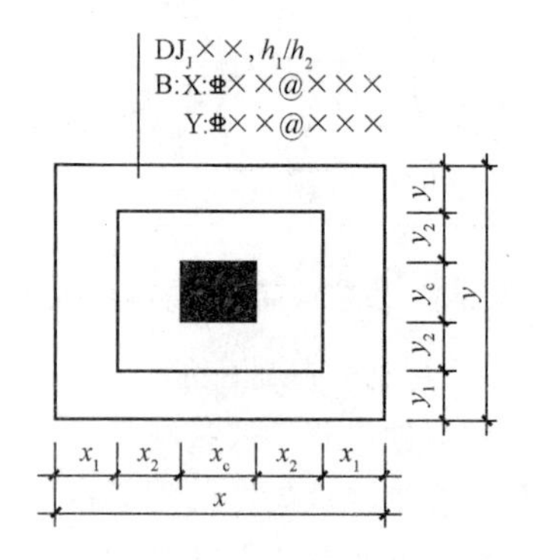

图 6-11 普通独立基础平面注写方式表达示意

(二)独立基础的截面注写方式

独立基础的截面注写方式，又可分为截面标注和列表注写两种表达方式。一般由截面示意图结合列表注写形成。

列表中的内容为基础截面的几何数据和配筋等，在截面示意图上应标注与表中栏目相对应的代号。对多个同类基础可采用列表注写，其具体内容如下：

(1)编号：阶形截面编号为 DJ$_J$××，坡形截面编号为 DJ$_P$××。

(2)几何尺寸：水平尺寸 x、y，x_c、y_c(或圆柱直径 d_c)，x_i、y_i，$i=1, 2, 3, \cdots$；竖向尺寸 $h_1/h_2/\cdots$。

(3)配筋：B：X：⌀××@×××，Y：⌀××@×××。

列表格式见表 6-2。

表 6-2 普通独立基础几何尺寸和配筋表

基础编号/截面编号	截面几何尺寸				底部配筋(B)	
	x、y	x_c、y_c	x_i、y_i	$h_1/h_2/\cdots$	X 向	Y 向
DJ$_J$06	1 900、1 400	500、400	x_1、y_1=300、200 x_2、y_2=400、300	200/300	⌀14@150	⌀12@200

二、条形基础的平法识图

条形基础平法制图规则

条形基础平法施工图有平面注写与截面注写两种表达方式。

1. 条形基础编号

条形基础编号分为基础梁和基础底板编号，见表 6-3。

表 6-3 条形基础梁和基础底板编号

类型		代号	序号	跨数及有无外伸
条形基础梁		JL	××	(××)端部无外伸 (××A)一端有外伸 (××B)两端有外伸
条形基础底板	坡形	TJB$_P$	××	
	阶形	TJB$_J$	××	
注：条形基础通常采用坡形截面或单阶形截面。				

例如，TJB$_P$02(4B)，表示 2 号条形基础底板，坡形，4 跨两端有外伸。

2. 条形基础梁的平面注写方式

条形基础整体上可以分为梁板式条形基础和板式条形基础。

基础梁 JL 的平面注写方式，分集中标注和原位标注两部分内容。

(1)基础梁集中标注。基础梁的集中标注内容为基础梁编号、截面尺寸和配筋三项必注内容和基础梁底面标高(与基础底面基准标高不同时)和必要的文字注解两项选注内容。

1)基础梁编号。基础梁编号见表 6-3。如图 6-12 所示，表示 1 号基础梁，3 跨，两端有外伸。

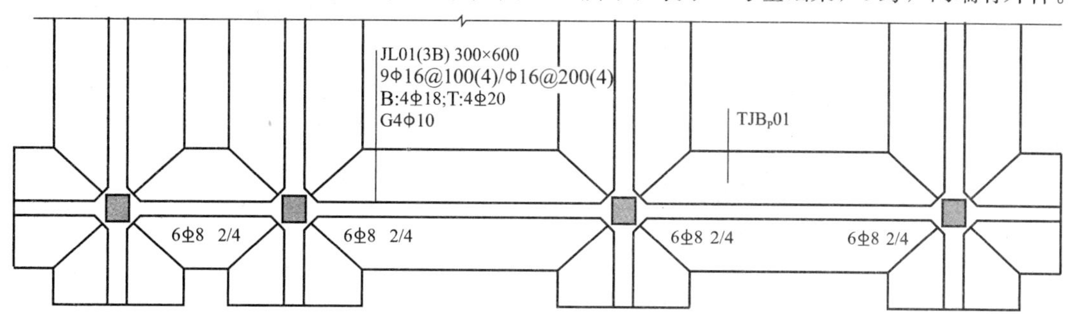

图 6-12 条形基础平面注写方式示意

2)注写基础梁截面尺寸。注写 $b\times h$，表示梁截面宽度与高度。如图 6-12 中所示，基础梁的断面尺寸为 300 mm×600 mm，表示其宽度为 300 mm，高度为 600 mm。当为竖向加腋梁时，用 $b\times h$、$Yc_1\times c_2$ 表示，其中 c_1 为腋长，c_2 为腋高。

3)注写基础梁配筋。(必注内容)。

①注写基础梁箍筋。基础梁箍筋的内容包括钢筋级别、直径、间距与肢数(箍筋肢数写在括号内)，表达形式为 Φ××@×××(×)。例如，Φ12@200(4)表示基础梁配置 HRB400 级钢筋，箍筋直径 12 mm，间距 200 mm，为四肢箍。当采用两种箍筋时，用"/"分隔不同箍筋，按照从基础梁两端向跨中的顺序注写。先注写第一段箍筋，在前面加注箍筋道数；在"/"后面再注写第二段箍筋，不再加注箍筋道数，表达形式为××Φ××@×××/Φ××@×××(×)，如图 6-12 所示。

例如，6Φ16@110/Φ16@200(6)表示基础梁配置两种 HRB400 级钢筋，两端箍筋直径为 16 mm，间距为 110 mm，每端各设 6 道；其余部位箍筋直径为 16 mm，间距为 200 mm，均为 6 肢箍。

②注写基础梁底部、顶部及侧面纵向钢筋。

a. 以 B 打头，注写梁底部贯通纵筋(不应少于梁底部受力钢筋总截面面积的 1/3)。当跨中所注根数少于箍筋肢数时，需要在跨中增设梁底部架立筋以固定箍筋，采用"+"将贯通纵筋与架立筋相连，架立筋注写在加号后面的括号内。

b. 以 T 打头，注写梁顶部贯通纵筋。注写时用分号"；"将底部与顶部贯通纵筋分隔开，如有个别跨与其不同，按原位注写的规定处理。

c. 当梁底部或顶部贯通纵筋多于一排时，用"/"将各排纵筋自上而下分开。

例如：B：4Φ25；T：12Φ25 7/5，表示梁底部配置贯通纵筋为 4Φ25；梁顶部配置贯通纵筋上一排为 7Φ25，下一排为 5Φ25，共 12Φ25。

d. 以大写字母 G 打头注写梁两侧面对称设置的纵向构造钢筋的总配筋值(当梁腹板高度 h_w 不小于 450 mm 时，根据需要配置)。

4)注写基础底板底面标高(选注内容)。当条形基础的底面标高与基础底面基准标高不同时，应将条形基础底板底面标高注写在"( )"内。

5)必要的文字注解(选注内容)。当基础梁的设计有特殊要求时，宜增加必要的文字注解。

(2)基础梁原位标注。原位标注基础梁支座的底部纵筋，包含贯通纵筋与非贯通纵筋在内的所有纵筋。

1)当底部或顶部纵筋多于一排时，用"/"将各排纵筋自上而下分开。如图 6-12 所示，第二跨梁的底部原位标注为：左端 6Φ18 2/4，代表梁的左端底部共配置了 6 根直径为 18 mm 的受力钢筋，分为上下两排，下一排 4 根为集中标注中已经标注的贯通纵筋，上一排 2 根为非贯通纵筋，向跨内延伸的长度为净跨的 1/3；右端的原位标注未标注，即代表该端的原位标注内容与第三跨的左端标注完全相同。

2)当同排纵筋有两种直径时，用"＋"将两种直径的纵筋相联。如图 6-13 所示，第二根柱下区域左右两端基础梁的原位标注为 2Φ20＋4Φ25，加号前面的 2Φ20 代表集中标注中的贯通纵筋，加号后面的 4Φ25 代表基础梁底部的非贯通纵筋。

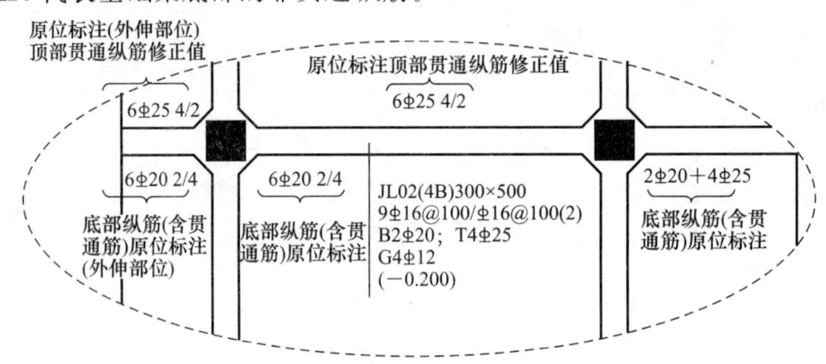

图 6-13　某基础梁集中标注与原位标注

3)当梁支座两边的底部纵筋配置不同时，须在支座两边分别标注；反之，仅在支座一边标注，如图 6-13 所示。

4)当梁支座底部全部纵筋与集中注写过的底部贯通纵筋相同时，可不再重复做原位标注。

5)竖向加腋梁加腋部位钢筋，需在设置加腋的支座处以 Y 打头注写在括号内。

3. 条形基础底板的平面注写方式

条形基础底板 TJB_p、TJB_J 的平面注写方式，分为集中标注和原位标注两部分内容。

(1)集中标注。图 6-14 所示为一双梁条形基础底板配筋示意图，其底板配筋主要设置在板底和板顶。注写内容分为以下几项：

1)注写条形基础底板编号。如图 6-14 中编号 TJB_p07(6B)表示该条形基础底板为坡形，编号 07，6 跨，两端外伸。

2)注写条形基础底板截面竖向尺寸。注写为 $h_1/h_2/\cdots$，自下而上用"/"分开。如图 6-15 中基础底板的竖向尺寸由下而上为 300 mm、200 mm。

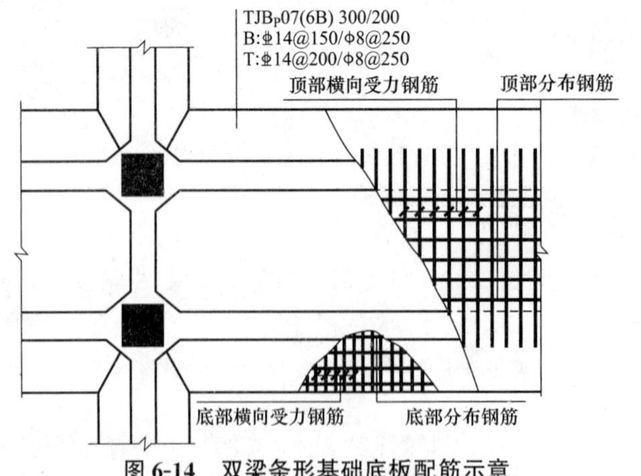

图 6-14　双梁条形基础底板配筋示意

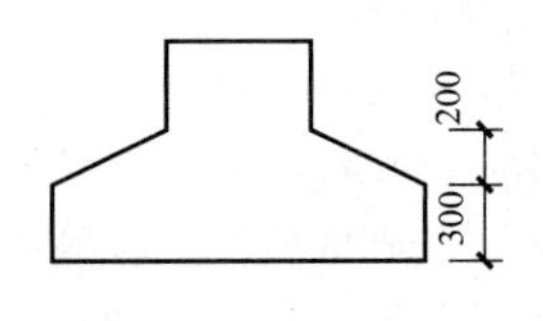

图 6-15　条形基础竖向尺寸

3)注写条形基础底板底部与顶部配筋。以 B 打头，代表条形基础底板底部的横向受力筋；以 T 打头，代表条形基础底板顶部的横向受力筋。注写时用“/”分隔横向受力钢筋与构造钢筋。图 6-14 表示条形基础底板底部横向受力钢筋为 HRB400 级，直径为 14 mm，间距 150 mm；构造钢筋为 HPB300 级，直径为 8 mm，间距为 250 mm。条形基础底板顶部横向受力钢筋为 HRB400 级，直径为 14 mm，间距为 200 mm；构造钢筋为 HPB300 级，直径为 8 mm，间距为 250 mm。

4)注写条形基础底板底面标高。当条形基础底板的底面标高与条形基础底面基准标高不同时，将条形基础底板底面标高直接注写在括号内。

5)注写必要的文字注解。当设计有特殊要求时，宜增加必要的文字注解。

前三项为必注内容，后两项是选注内容。

(2)原位标注。条形基础底板的原位标注一般注写底板宽度方向的尺寸 b、b_i(i=1，2，…，b 为基础底板总宽度，b_i 为基础底板台阶的宽度)，当基础底板采用对称于基础梁的坡形截面或单阶形截面时，b_i 可不注，如图 6-16 所示。

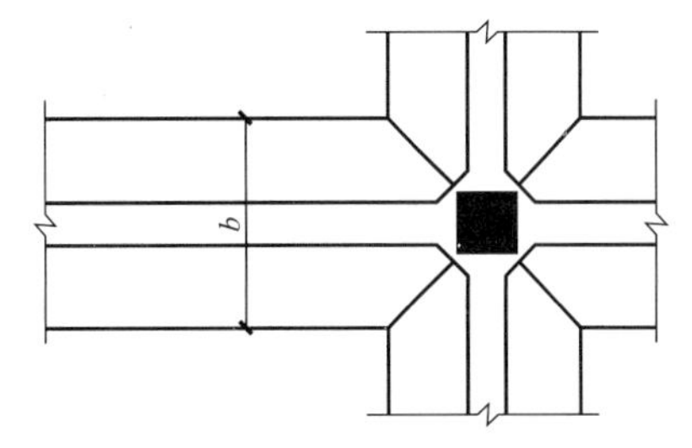

图 6-16　条形基础底板平面尺寸原位标注

4. 条形基础的截面注写方式

条形基础的截面注写方式，又可分为截面标注和列表注写(结合截面示意图)两种表达方式。采用截面注写方式，应在基础平面布置图上对所有条形基础进行编号，见表 6-3。

(1)对条形基础进行截面标注的内容和形式，与传统“单构件正投影表示方法”基本相同。对于已在基础平面布置图上原位标注清楚的该条形基础梁和条形基础底板的水平尺寸，可不在截面图上重复表达，具体表达内容可参照相应的标准构造。

(2)对多个条形基础可采用列表注写(结合截面示意图)的方式进行集中表达。表中内容为条形基础截面的几何数据和配筋，截面示意图上应标注与表中栏目相对应的代号。列表的具体内容规定如下：

1)基础梁。基础梁列表集中注写栏目如下：

①编号：注写 JL××(××)、JL××(××A)或 JL××(××B)。

②几何尺寸：梁截面宽度与高度 $b\times h$。当为竖向加腋梁时，注写 $b\times h$　$Yc_1\times c_2$，其中 c_1 为腋长，c_2 为腋高。

③配筋：注写基础梁底部贯通纵筋+非贯通纵筋，顶部贯通纵筋，箍筋。当设计为两种箍筋时，箍筋注写为：第一种箍筋/第二种箍筋，第一种箍筋为梁端部箍筋，注写内容包括箍筋的箍数、钢筋级别、直径、间距与肢数。

2)条形基础底板。条形基础底板列表集中注写栏目如下：

①编号：坡形截面编号为 TJB_p××(××)、TJB_p××(××A)或 TJB_p××(××B)，阶形截面编号为 TJB_J××(××)、TJB_J××(××A)或 TJB_J××(××B)。

②几何尺寸：水平尺寸 b、b_i，i=1，2，…；竖向尺寸 h_1/h_2。

③配筋：B：⌀××@×××/⌀××@×××。

三、筏形基础的平法识图

筏形基础分为梁板式筏形基础和平板式筏形基础两种。这两种筏形基础的平法施工图都采用平面注写方式。

(一)梁板式筏形基础平法识图

梁板式筏形基础由基础主梁，基础次梁、基础平板等构成。

梁板式筏形基础平法制图规则

1. 基础主梁与基础次梁的平面注写方式

基础主梁 JL 与基础次梁 JCL 的平面注写，分集中标注与原位标注两部分内容。

(1)基础主梁与基础次梁 JCL 的集中标注内容为：基础梁编号、截面尺寸、配筋三项必注内容，以及基础梁底面标高高差(相对于筏形基础平板底面标高)一项选注内容，如图 6-17 所示。具体规定如下：

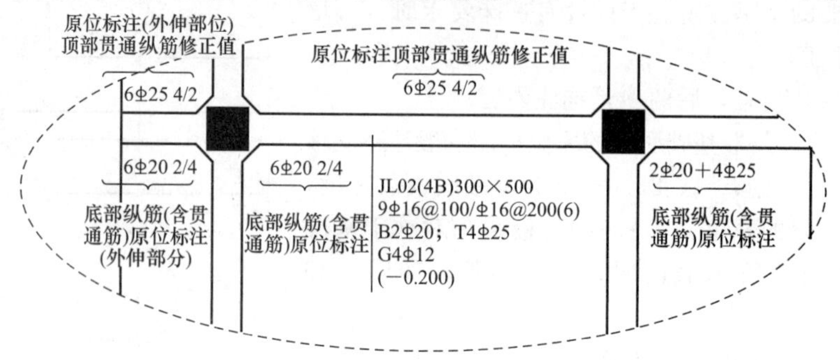

图 6-17　基础梁集中标注内容

1)注写基础梁的编号，见表 6-4。

表 6-4　梁板式阀形基础构件编号

构件类型	代号	序号	跨数及有无外伸
基础主梁(柱下)	JL	××	(××)或(××A)或(××B)
基础次梁	JCL	××	(××)或(××A)或(××B)
梁板筏基础平板	LPB	××	

2)注写基础梁的截面尺寸。以 $b\times h$ 表示梁截面宽度与高度；当为竖向加腋梁时，用 $b\times h$　$\mathrm{Y}c_1\times c_2$ 表示，其中 c_1 为腋长，c_2 为腋高。图 6-17 中所示截面尺寸为：宽度 b=300 mm，高度 h=500 mm。

3)注写基础梁的配筋。

①注写基础梁箍筋。当采用一种箍筋间距时，注写钢筋级别、直径、间距与肢数(写在括号内)。当采用两种箍筋时，用“/”分隔不同箍筋，按照从基础梁两端向跨中的顺序注写。先注写第 1 段箍筋(在前面加注箍数)，在斜线后再注写第 2 段箍筋(不再加注箍数)。如图 6-17 所示标注内容表示，基础梁两端各设置 9 根直径为 16 mm 的 HRB335 级钢筋，间距为 100 mm，六肢箍；中间为直径 16 mm 的 HRB335 级钢筋，间距为 200 mm，6 肢箍。

②注写基础梁的底部、顶部及侧面纵向钢筋。

a. 以 B 打头，先注写梁底部贯通纵筋(不应少于底部受力钢筋总截面面积的 1/3)。当跨中所注根数少于箍筋肢数时，需要在跨中加设架立筋以固定箍筋，注写时，用加号“+”将贯通纵筋与架立筋相连，架立筋注写在加号后面的括号内。

b. 以 T 打头，注写梁顶部贯通纵筋值。注写时用分号“；”将底部与顶部纵筋分隔开，如有个别跨与其不同，按原位标注的规定处理。

c. 当梁底部或顶部贯通纵筋多于一排时，用斜线“/”将各排纵筋自上而下分开。

d. 以大写字母 G 打头注写基础梁两侧面对称设置的纵向构造钢筋的总配筋值(当梁腹板高

度 h_w 不小于 450 时，根据需要配置）。

如图 6-17 所示标注内容表示，基础梁底部设置 2 根直径为 20 mm 的 HRB335 级钢筋；基础梁顶部设置 4 根直径为 25 mm 的 HRB335 级钢筋；基础梁侧面设置 4 根直径为 12 mm 的 HRB335 级钢筋。当需要配置抗扭纵向钢筋时，梁两个侧面设置的抗扭纵向钢筋以"N"打头。

4)注写基础梁底面标高高差，是指相对于筏形基础平板底面标高的高差值，该项为选注值。有高差时需将高差写入括号内(如"高板位"与"中板位"基础梁的底面与基础平板底面标高的高差值)，无高差时不注(如"低板位"筏形基础的基础梁)。如图 6-17 所示标注内容表示，基础梁底面标高高差：基础梁底面比基础平板底面低 0.2 m。

(2)基础主梁与基础次梁 JCL 的原位标注包括梁支座的底部全部纵筋、基础梁的附加箍筋或(反扣)吊筋及原位修正内容等。如图 6-17 所示标注内容表示，第一跨基础梁左支座的下部为 6 根直径 20 mm 的 HRB335 级钢筋，分上下两排，上面一排 2 根，下面一排 4 根(包括集中标注中的 2 根贯通纵筋)；右支座的下部为 2 根直径 20 mm 的 HRB335 级钢筋(集中标注中的贯通纵筋)和 4 根直径 25 mm 的 HRB335 级钢筋；基础梁的跨中上部为 6 根直径 25 mm 的 HRB335 级钢筋，上面一排 4 根(集中标注中的贯通纵筋)，下面一排 2 根。

2. 梁板式筏形基础平板的平面注写方式

梁板式筏形基础平板 LPB 的平面注写，分板底部与顶部贯通纵筋的集中标注与板底部附加非贯通纵筋的原位标注两部分内容。

(1)梁板式筏形基础平板 LPB 贯通纵筋的集中标注，应在所表达的板区双向均为第一跨(X 与 Y 双向首跨)的板上引出(图面从左至右为 X 向，从下至上为 Y 向)。

板区划分条件：板厚相同、基础平板底部与顶部贯通纵筋配置相同的区域为同一板区。

集中标注的内容规定如下：

1)注写基础平板的编号，见表 6-4。

2)注写基础平板的截面尺寸。注写 h=×××表示板厚。

3)注写基础平板的底部与顶部贯通纵筋及其跨数和外伸情况。先注写 X 向底部(B 打头)贯通纵筋与顶部(T 打头)贯通纵筋及纵向长度范围；再注写 Y 向底部(B 打头)贯通纵筋与顶部(T 打头)贯通纵筋及其跨数和外伸情况(图面从左至右为 X 向，从下至上为 Y 向)。

贯通纵筋的跨数及外伸情况注写在括号中，注写方式为"跨数及有无外伸"，其表达形式为：(××)(无外伸)、(××A)(一端有外伸)或(××B)(两端有外伸)。

注：基础平板的跨数以构成柱网的主轴线为准；两主轴线之间无论有几道辅助轴线(如框筒结构中混凝土内筒中的多道墙体)，均可按一跨考虑。

例如：X：B⌀22@150；T⌀20@150；(5B)

　　　Y：B⌀20@200；T⌀18@200；(7A)

表示基础平板 X 向底部配置 ⌀22 间距 150 的贯通纵筋，顶部配置 ⌀20 间距 150 的贯通纵筋，共 5 跨两端有外伸；Y 向底部配置 ⌀20 间距 200 的贯通纵筋，顶部配置 ⌀18 间距 200 的贯通纵筋，共 7 跨一端有外伸。

当贯通筋采用两种规格钢筋"隔一布一"方式时，表达为 ⌀xx/yy@×××，表示直径 xx 的钢筋和直径 yy 的钢筋之间的间距为×××，直径为 xx 的钢筋、直径为 yy 的钢筋间距分别为×××的 2 倍。⌀10/12@100 表示贯通纵筋为 ⌀10、⌀12 隔一布一，彼此之间间距为 100 mm。

(2)梁板式筏形基础平板 LPB 的原位标注，主要表达板底部附加非贯通纵筋。

1)原位注写位置及内容。板底部原位标注的附加非贯通纵筋，应在配置相同跨的第一跨表达(当在基础梁悬挑部位单独配置时则在原位表达)。在配置相同跨的第一跨(或基础梁外伸部位)，垂直于基础梁绘制一段中粗虚线(当该筋通长设置在外伸部位或短跨板下部时，应画至对边或贯通短跨)，在虚线上注写编号(如①、②等)、配筋值、横向布置的跨数及是否布置到外伸部位。

注：(××)为横向布置的跨数，(××A)为横向布置的跨数及一端基础梁的外伸部位，(××B)为横向布置的跨数及两端基础梁外伸部位。

板底部附加非贯通纵筋自支座中线向两边跨内的伸出长度值注写在线段的下方位置。当该筋向两侧对称伸出时，可仅在一侧标注，另一侧不注；当布置在边梁下时，向基础平板外伸部位一侧的伸出长度与方式按标准构造，设计不注。底部附加非贯通筋相同者，可仅注写一处，其他只注写编号。

横向连续布置的跨数及是否布置到外伸部位，不受集中标注贯通纵筋的板区限制。

在基础平板第一跨原位注写底部附加非贯通纵筋 ⌀18@300(4A)，表示在第一跨至第四跨板且包括基础梁外伸部位横向配置 ⌀18@300 底部附加非贯通纵筋。伸出长度值略。

原位注写的底部附加非贯通纵筋与集中标注的底部贯通钢筋，宜采用"隔一布一"的方式布置，即基础平板(X向或Y向)底部附加非贯通纵筋与贯通纵筋间隔布置，其标注间距与底部贯通纵筋相同(两者实际组合后的间距为各自标注间距的1/2)。

2)注写修正内容。当集中标注的某些内容不适用于梁板式筏形基础平板某板区的某一板跨时，应由设计者在该板跨内注明，施工时应按注明内容取用。

3)当若干基础梁下基础平板的底部附加非贯通纵筋配置相同时(其底部、顶部的贯通纵筋可以不同)，可仅在一根基础梁下做原位注写，并在其他梁上注明"该梁下基础平板底部附加非贯通纵筋同××基础梁"。

(二)平板式筏形基础平法识图

平板式筏形基础平面注写表达方式有两种：一是划分为柱下板带和跨中板带进行表达；二是按基础平板进行表达。

平板式筏形基础平法制图规则

1. 柱下板带、跨中板带的平面注写方式

柱下板带ZXB(视其为无箍筋的宽扁梁)与跨中板带KZB的平面注写，分板带底部与顶部贯通纵筋的集中标注与板带底部附加非贯通纵筋的原位标注两部分内容。

(1)柱下板带与跨中板带的集中标注，应在第一跨(X向为左端跨，Y向为下端跨)引出。其具体规定如下：

1)注写编号，见表6-5。

表6-5 平板式筏形基础构件编号

构件类型	代号	序号	跨数及有无外伸
柱下板带	ZXB	××	(××)或(××A)或(××B)
跨中板带	KZB	××	(××)或(××A)或(××B)
平板筏基础平板	BPB	××	
注：1.(××A)为一端有外伸，(××B)为两端有外伸，外伸不计入跨数。 2. 平板式筏形基础平板，其跨数及是否有外伸分别在X、Y两向。			

2)注写截面尺寸，注写 $b=××××$ 表示板带宽度(在图注中注明基础平板厚度)。确定柱下板带宽度应根据规范要求与结构实际受力需要。当柱下板带宽度确定后，跨中板带宽度也随之确定(即相邻两平行柱下板带之间的距离)。当柱下板带中心线偏离柱中心线时，应在平面图上标注其定位尺寸。

3)注写底部与顶部贯通纵筋。注写底部贯通纵筋(B打头)与顶部贯通纵筋(T打头)的规格与间距，用分号";"将其分隔开。柱下板带的柱下区域，通常在其底部贯通纵筋的间隔内插空设有(原位注写的)底部附加非贯通纵筋。

例如：B⌀22@300；T⌀25@150 表示板带底部配置 ⌀22 间距 300 mm 的贯通纵筋，板带顶部配置 ⌀25 间距 150 mm 的贯通纵筋。

(2)柱下板带与跨中板带原位标注的内容，主要为底部附加非贯通纵筋。具体规定如下：

1)注写内容：以一段与板带同向的中粗虚线代表附加非贯通纵筋；柱下板带：贯穿其柱下区域绘制；跨中板带：横贯柱中线绘制。在虚线上注写底部附加非贯通纵筋的编号(如①、②等)、钢筋级别、直径、间距，以及自柱中线分别向两侧跨内的伸出长度值。当向两侧对称伸出时，长度值可仅在一侧标注，另一侧不注。外伸部位的伸出长度与方式按标准构造，设计不注。对同一板带中底部附加非贯通筋相同者，可仅在一根钢筋上注写，其他可仅在中粗虚线上注写编号。

原位注写的底部附加非贯通纵筋与集中标注的底部贯通纵筋，宜采用“隔一布一”的方式布置，即柱下板带或跨中板带底部附加非贯通纵筋与贯通纵筋交错插空布置，其标注间距与底部贯通纵筋相同(两者实际组合后的间距为各自标注间距的 1/2)。

例如：柱下区域注写底部附加非贯通纵筋③⌀22@300，集中标注的底部贯通纵筋也为 B⌀22@300，表示在柱下区域实际设置的底部纵筋为 ⌀22@150。其他部位与③号筋相同的附加非贯通纵筋仅注编号③。

又如：柱下区域注写底部附加非贯通纵筋②⌀25@300，集中标注的底部贯通纵筋为 B⌀22@300，表示在柱下区域实际设置的底部纵筋为 ⌀25 和 ⌀22 间隔布置，彼此之间间距为 150 mm。

当跨中板带在轴线区域不设置底部附加非贯通纵筋时，则不做原位注写。

2)注写修正内容。当在柱下板带、跨中板带上集中标注的某些内容(如截面尺寸、底部与顶部贯通纵筋等)不适用于某跨或某外伸部分时，则将修正的数值原位标注在该跨或该外伸部位，施工时原位标注取值优先。

2. 平板式筏形基础平板 BPB 的平面注写方式

(1)平板式筏形基础平板 BPB 的平面注写，分为集中标注与原位标注两部分内容。

基础平板 BPB 的平面注写与柱下板带 ZXB、跨中板带 KZB 的平面注写虽然是不同的表达方式，但可以表达同样的内容。当整片板式筏形基础配筋比较规律时，宜采用 BPB 表达方式。

(2)平板式筏形基础平板 BPB 的集中标注，除按表 6-4 注写编号外，所有规定均与“梁板式筏形基础的平面注写方式”相同。

当某向底部贯通纵筋或顶部贯通纵筋的配置，在跨内有两种不同间距时，先注写跨内两端的第一种间距，并在前面加注纵筋根数(以表示其分布的范围)；再注写跨中部的第二种间距(不需加注根数)；两者用“/”分隔。

例如 X：B12⌀22@150/200；T10⌀20@150/200 表示基础平板 X 向底部配置 ⌀22 的贯通纵筋，跨两端间距为 150 各配 12 根，跨中间距为 200；X 向顶部配置 ⌀20 的贯通纵筋，跨两端间距为 150 各配 10 根，跨中间距为 200(纵向总长度略)。

(3)平板式筏形基础平板 BPB 的原位标注，主要表达横跨柱中心线下的底部附加非贯通纵筋。注写规定如下：

1)原位注写位置及内容。在配置相同的若干跨的第一跨，垂直于柱中线绘制一段中粗虚线代表底部附加非贯通纵筋，在虚线上的注写内容与“梁板式筏形基础的平面注写方式”相同。

当柱中心线下的底部附加非贯通纵筋(与柱中心线正交)沿柱中心线连续若干跨配置相同时，则在该连续跨的第一跨下原位注写，且将同规格配筋连续布置的跨数注在括号内；当有些跨配置不同时，则应分别原位注写。外伸部位的底部附加非贯通纵筋应单独注写(当与跨内某筋相同时仅注写钢筋编号)。

当底部附加非贯通纵筋横向布置在跨内有两种不同间距的底部贯通纵筋区域时，其间距应分别对应为两种，其注写形式应与贯通纵筋保持一致，即先注写跨内两端的第一种间距，并在前面加注纵筋根数；再注写跨中部的第二种间距(不需加注根数)；两者用“/”分隔。

2)当某些柱中心线下的基础平板底部附加非贯通纵筋横向配置相同时(其底部、顶部的贯通纵筋可以不同)，可仅在一条中心线下做原位注写，并在其他柱中心线上注明“该柱中心线下基础平板底部附加非贯通纵筋同××柱中心线”。

第二节　基础平法构造及算量

独立基础标准构造详图

一、独立基础钢筋算量

独立基础底板钢筋构造分为一般构造和长度减短10%的构造。

1. 独立基础底板钢筋的一般构造

独立基础底板双向均要配置钢筋，其构造要点如图6-18所示。

(1)独立基础底板双向交叉钢筋长向设置在下，短向设置在上。

(2)坡形独立基础顶边缘四周与柱边距离构造尺寸均为50 mm。

(3)基础底板第一根钢筋距离构件边缘的起步距离为≤75 mm且≤$s/2$(s为钢筋间距)，即min(75，$s/2$)。

(4)基础底板钢筋长度和根数的计算方法：

基础底板钢筋单根长度=基础长度(或宽度)－2×保护层厚度(如果是HPB300级钢筋，还需增加12.5d的弯钩长度)

基础长边(或短边)钢筋根数=[边长－2×保护层厚度]/间距+1

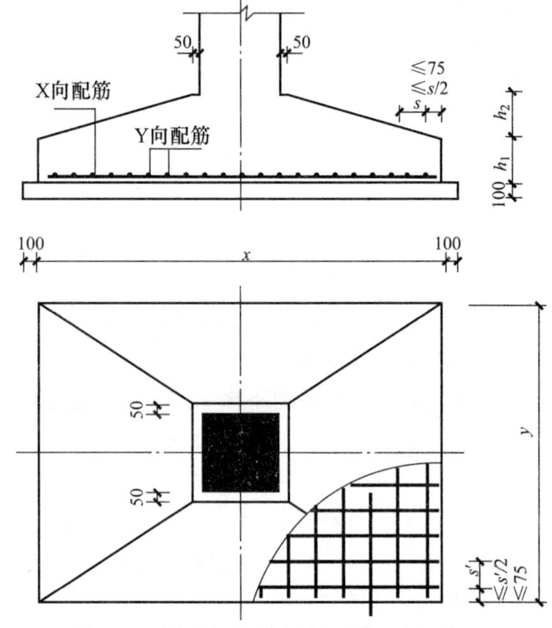

图6-18　独立基础底板钢筋的一般构造

2. 独立基础底板钢筋长度减短10%的构造

当独立基础底板长度≥2 500 mm时，其底板钢筋长度减短10%的构造如图6-19所示。

(1)当对称独立基础底板长度≥2 500 mm时，除外侧钢筋外，底板其他配筋长度可取相应方向底板长度的0.9，且交错布置。

(2)当非对称独立基础底板长度≥2 500 mm，但该基础某侧从柱中心至基础底板边缘的距离<1 250 mm时，钢筋在该侧不应减短，如图6-19(b)所示。

(3)基础底板钢筋长度和根数的计算方法。如图6-19(a)所示，X方向底板钢筋长度和根数的计算过程如下：

最外边缘钢筋长度=基础长度－2×保护层厚度

中间钢筋长度=0.9×基础长度

钢筋总根数=[基础宽度－2×起步距离]/间距+1(其中最外边缘不减短钢筋2根，其他均为减短10%的钢筋)

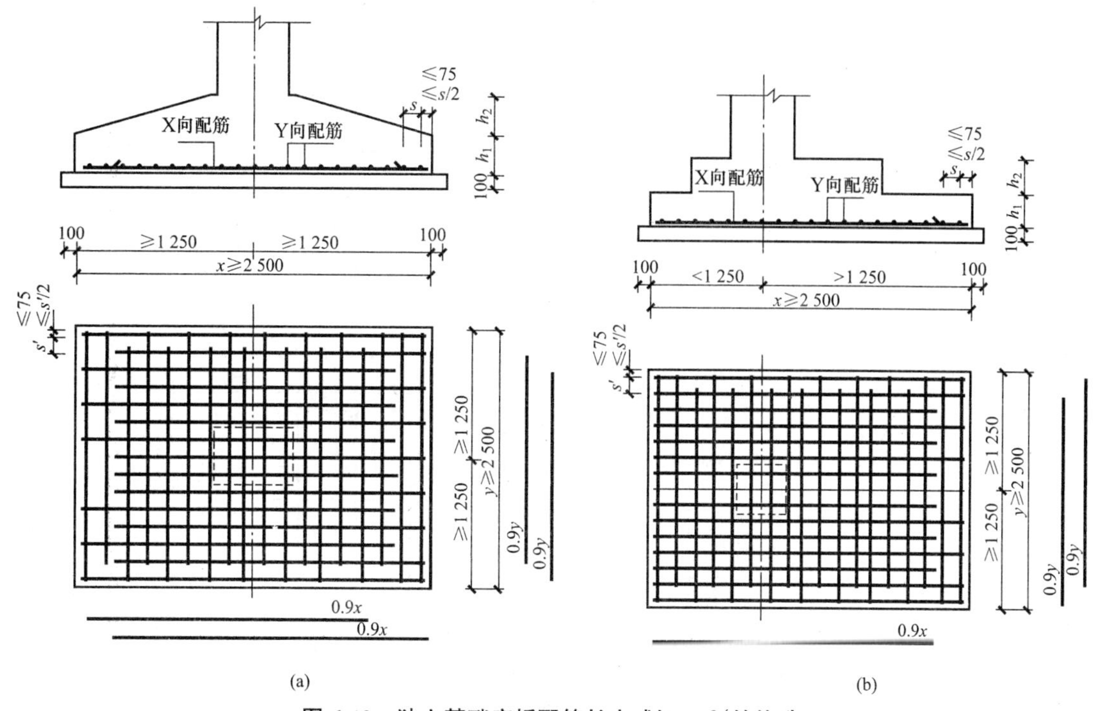

图 6-19　独立基础底板配筋长度减短 10%的构造

(a)对称独立基础；(b)非对称独立基础

3. 双柱普通独立基础配筋构造

双柱普通独立基础配筋构造如图 6-20 和图 6-21 所示。

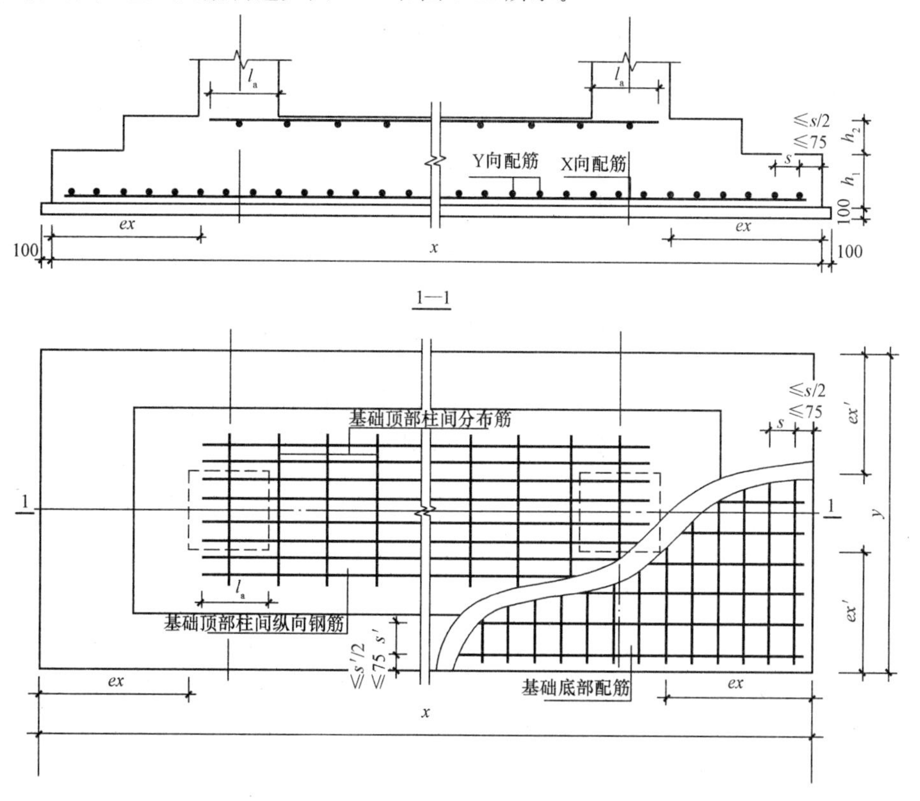

图 6-20　双柱普通独立基础配筋构造

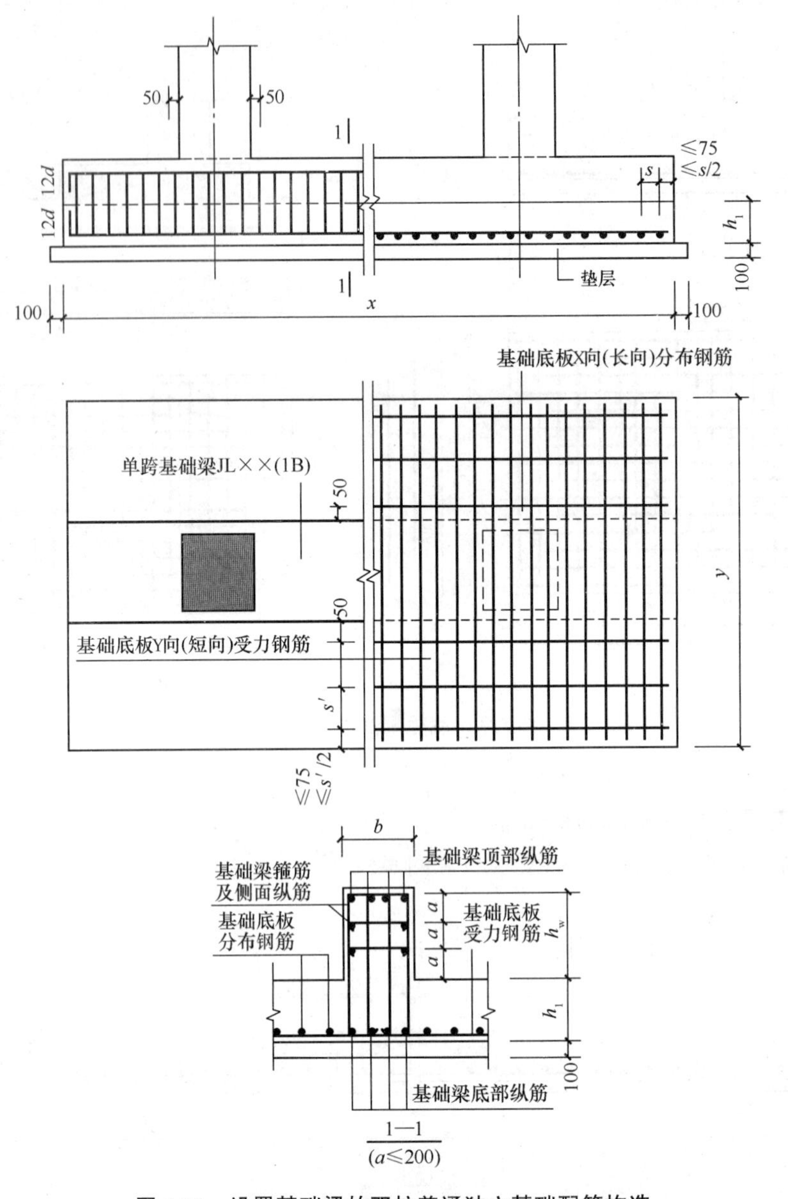

图 6-21 设置基础梁的双柱普通独立基础配筋构造

(1)双柱普通独立基础底板的截面形状，可为阶形截面或坡形截面。

(2)图 6-20 中双柱普通独立基础底部双向交叉钢筋，根据基础两个方向从柱外缘至基础外缘的伸出长度 ex 和 ex' 的大小，较大者方向的钢筋设置在下，较小者方向的钢筋设置在上。

(3)图 6-21 中双柱独立基础底部短向受力钢筋设置在基础梁纵梁之下，与基础梁箍筋的下水平段位于同一层面。

(4)双柱独立基础所设置的基础梁宽度，宜比柱截面宽度不小于 100 mm(每边不小于 50 mm)。当具体设计的基础梁宽度小于柱截面宽度时，施工时按其相关规定增设梁包柱侧腋。

有以上排布图，设钢筋保护层厚度为 C，纵向受力筋和横向分布筋的排布间距分别为 S_1 和 S_2。计算公式如下：

受力筋长度＝两柱内侧边长＋2×l_a

受力筋数量＝设计标注

分布筋长度＝受力筋布筋范围宽度＋S_1

分布筋数量＝两柱中心长/间距＋1

（分析：分布筋伸出受力筋分布范围的长度，图集未标明，这里认为两侧各伸出受力钢筋半个受力筋间距。）

二、条形基础钢筋算量

条形基础标准构造详图

1. 条形基础底板配筋构造

条形基础底板配筋构造如图 6-22 所示。

当条形基础设有基础梁时，基础底板的分布钢筋在梁宽范围内不设置。

在两向受力钢筋交接处的网状部位，分布钢筋与同向受力钢筋的构造搭接长度为 150 mm。

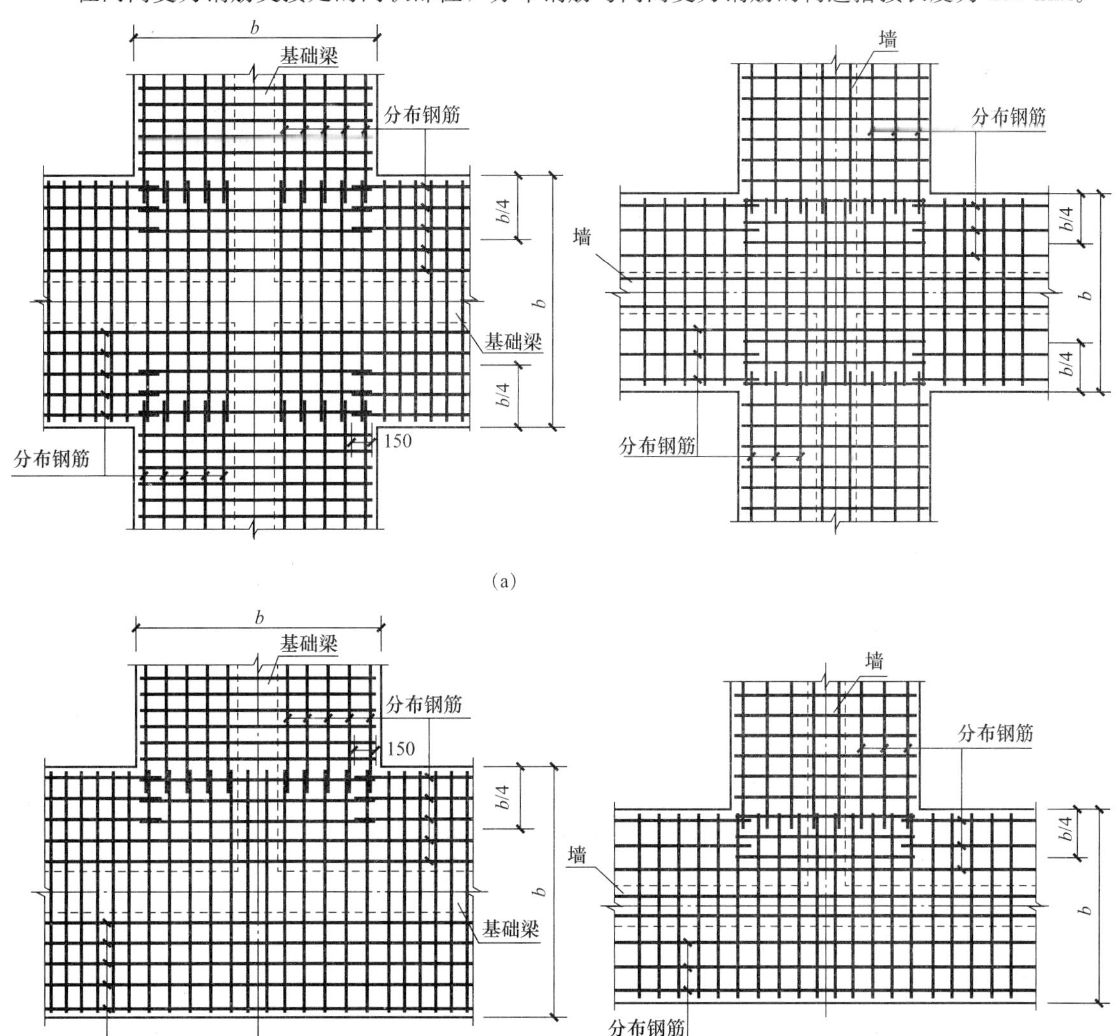

图 6-22　条形基础底板配筋构造

(a)十字交接基础底板；(b)丁字交接基础底板

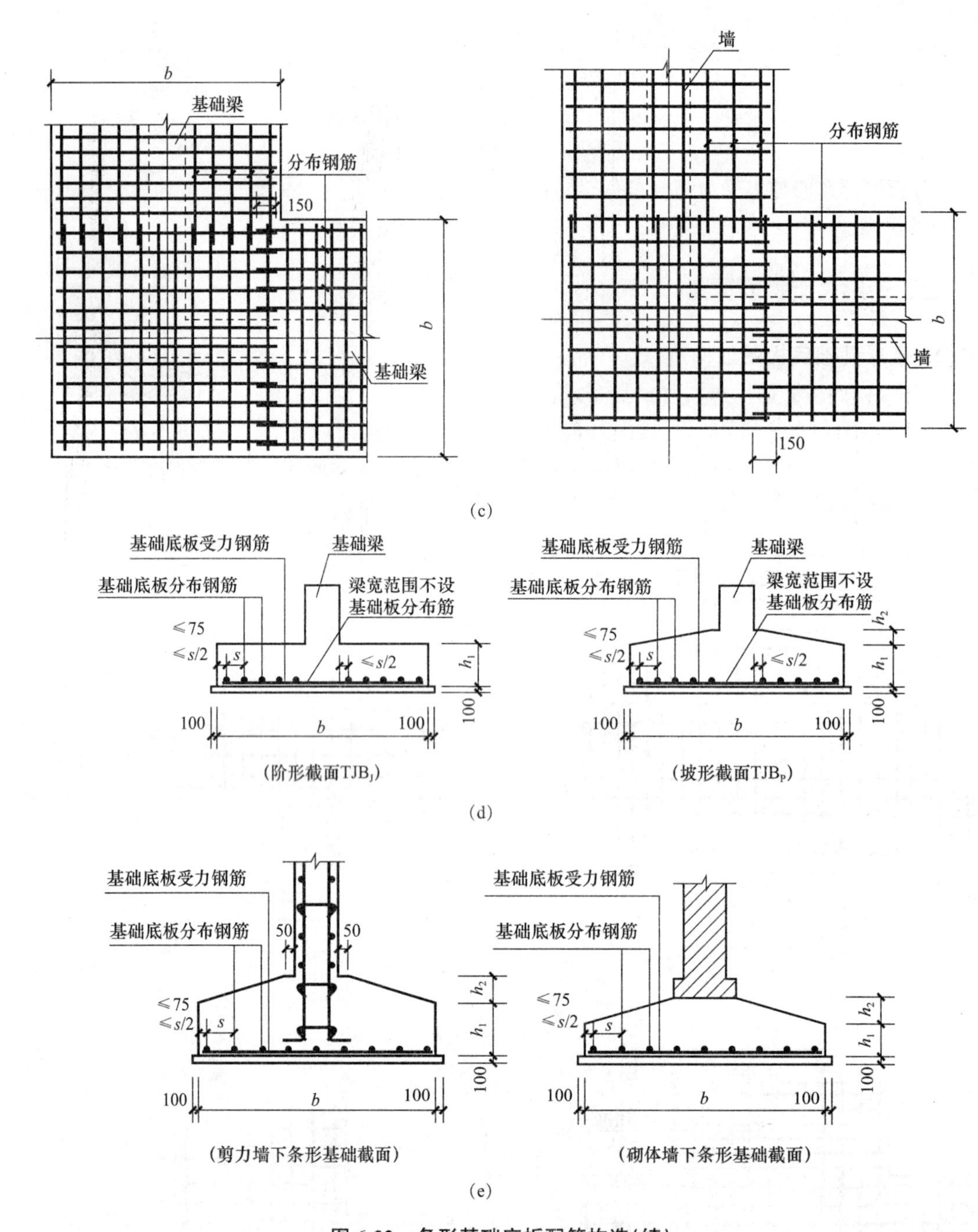

图 6-22　条形基础底板配筋构造(续)

(c)转角梁板(墙)基础底板；(d)带基础梁基础截面；(e)不带基础梁基础截面

2. 条形基础无交接底板端部钢筋构造

条形基础无交接底板端部钢筋构造如图 6-23 所示。

3. 条形基础底板配筋长度减短 10%的构造

当条形基础宽度≥2 500 mm 时，基础底板受力钢筋应减短 10%，如图 6-24 所示。

4. 条形基础底板板底不平钢筋构造

条形基础底板板底不平钢筋构造如图 6-25 所示。

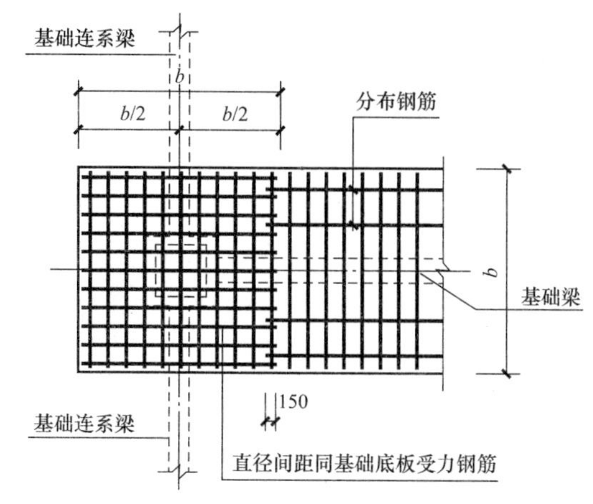

图 6-23　条形基础无交接底板端部钢筋构造

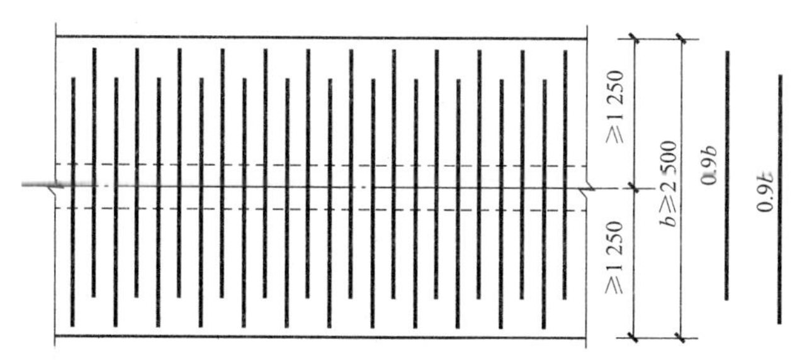

图 6-24　条形基础底板配筋长度减短 10%的构造

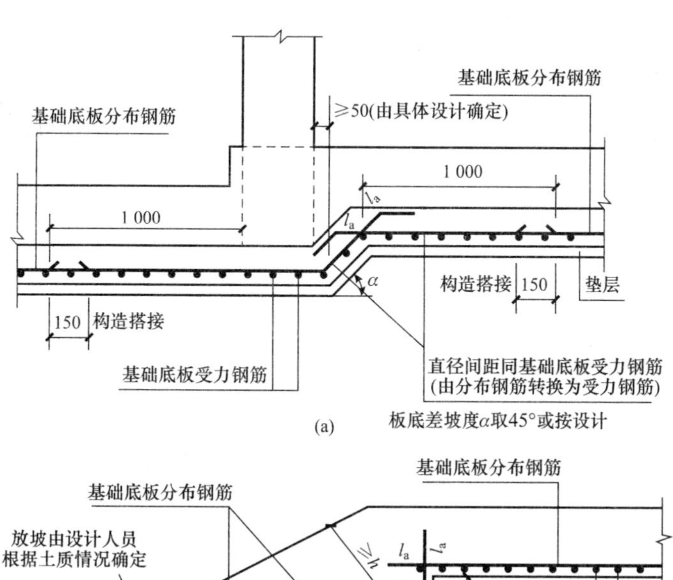

图 6-25　条形基础底板板底不平钢筋构造

(a)柱下条形基础底板板底不平构造；(b)墙下条形基础底板板底不平构造(板式条形基础)

5. 条形基础梁的端部与外伸部位钢筋构造

(1)基础梁的钢筋构造如图 6-26 所示。

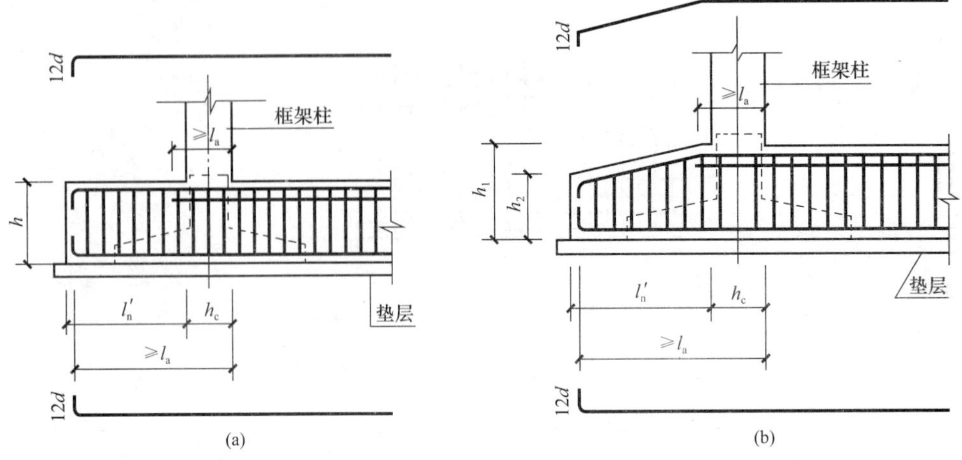

图 6-26　条形基础梁 JL 端部钢筋构造

(a)条形基础梁端部等截面外伸构造；(b)条形基础梁端部变截面外伸构造

(2)端部等(变)截面外伸构造中，当从柱内边算起的梁端部外伸长度不满足直锚要求时，基础梁下部钢筋应伸至端部后弯折，自从柱内边算起水平段长度≥0.6l_{ab}，弯折长度 15d。

三、筏形基础钢筋算量

(一)梁板式筏形基础主梁钢筋构造

筏形基础标准构造详图

1. 基础主梁两端部均无外伸构造

基础主梁两端部均无外伸构造如图 6-27 所示，顶部纵筋伸至尽端钢筋内侧弯折 15d，当伸入支座直段长度≥l_a 时，可不弯折。底部纵筋伸至尽端钢筋内侧弯折 15d，伸入支座水平段长度≥0.6l_{ab}。

钢筋计算公式：

上下贯通筋长度＝梁长－保护层厚度×2＋15d×2＋绑扎搭接长度

下部非贯通筋长度(边跨)＝l_n/3＋h_c－保护层厚度＋15d(h_c 为柱截面长边尺寸)

下部非贯通筋长度(中间跨)＝l_n/3＋h_c＋l_n/3

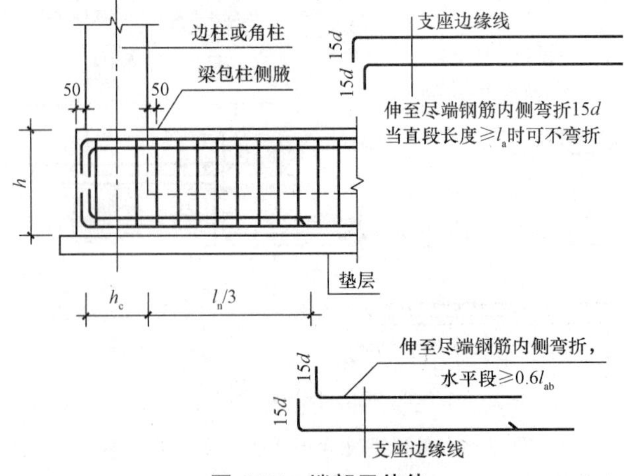

图 6-27　端部无外伸

2. 梁板式筏形基础主梁两端部均有外伸构造

基础主梁两端部均有外伸构造如图 6-28 和图 6-29 所示，梁上部第一排纵筋伸至梁端弯折长度 12d；上部第二排纵筋伸入支座内，锚固长度为 l_a。梁下部第一排纵筋伸至梁端弯折长度 12d；下部第二排伸至梁端，不加弯折。

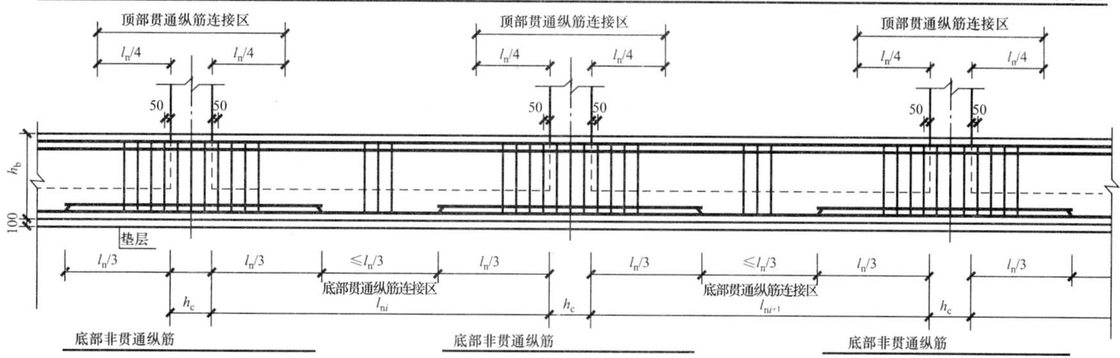

图 6-28　基础主梁 JL 纵向钢筋与箍筋构造

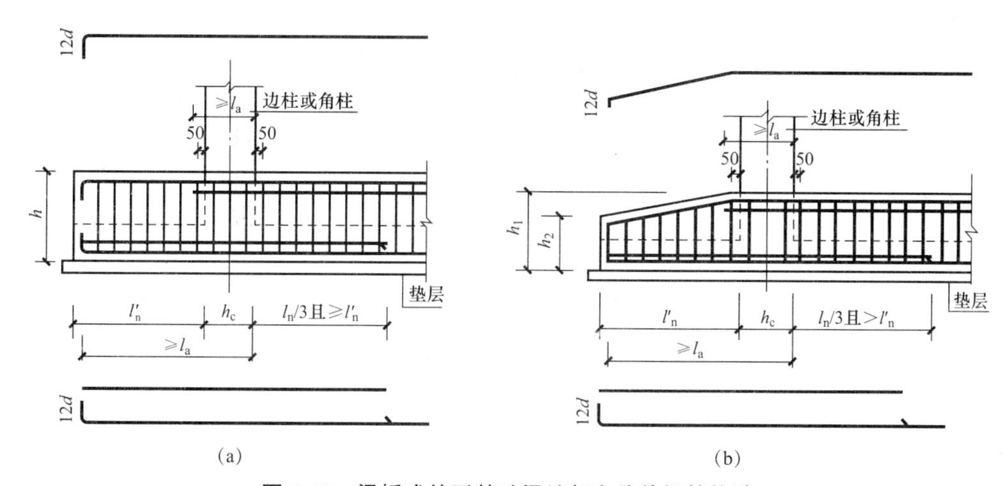

图 6-29　梁板式筏形基础梁端部有外伸钢筋构造

(a)端部等截面外伸构造；(b)端部变截面外伸构造

钢筋计算公式：

上部第一排贯通筋长度＝梁长－保护层厚度×2＋12d×2＋绑扎搭接长度

上部第二排贯通筋长度＝边柱内边长度＋l_a×2＋绑扎搭接长度

下部贯通筋长度＝梁长－保护层厚度×2＋12d×2＋绑扎搭接长度

下部非贯通筋长度(边跨)＝l'_n－保护层厚度＋h_c＋max($l_n/3$，l'_n)

下部非贯通筋长度(中间跨)＝$l_n/3+b_b+l_n/3$

3. 柱两边梁宽度不同钢筋构造

柱两边梁宽度不同钢筋构造如图 6-30 所示，伸至尽端钢筋内侧部弯折 15d，顶部贯通筋伸至尽端的直径长度≥l_a 时可不弯折，底部贯通筋伸至尽端的直线长度≥0.6l_{ab}。

4. 梁底有高差钢筋构造

梁底有高差钢筋构造如图 6-31 所示，低位位于第一排、二排的底部非贯通筋构造与底部贯通筋构造相同；高位底部非贯通筋锚入柱内与贯通筋构造相同，非贯通筋从柱外侧向跨内的延伸长度为 $l_n/3$。

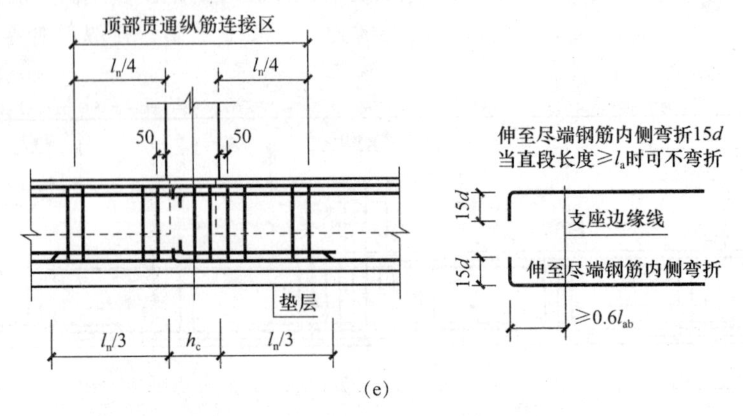

(e)

图 6-30　柱两边梁宽不同钢筋构造

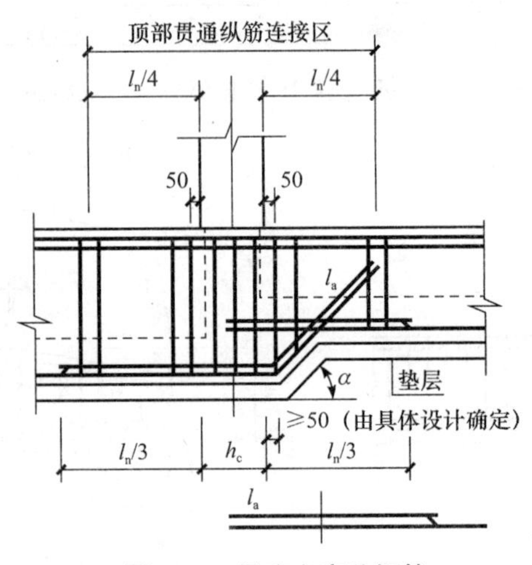

图 6-31　梁底有高差钢筋

5. 基础主梁侧部筋构造

基础主梁侧部筋构造如图 6-32 所示，基础主梁的侧部筋为构造筋，不像楼层框架梁的侧部筋分为构造筋和受扭筋；基础主梁侧部构造筋锚固 15d；丁字相交处丁字横向外侧的侧部构造筋贯通；当基础梁箍筋有多种间距时，拉筋直径为 8 mm，拉筋间距为箍筋最大间距的 2 倍。

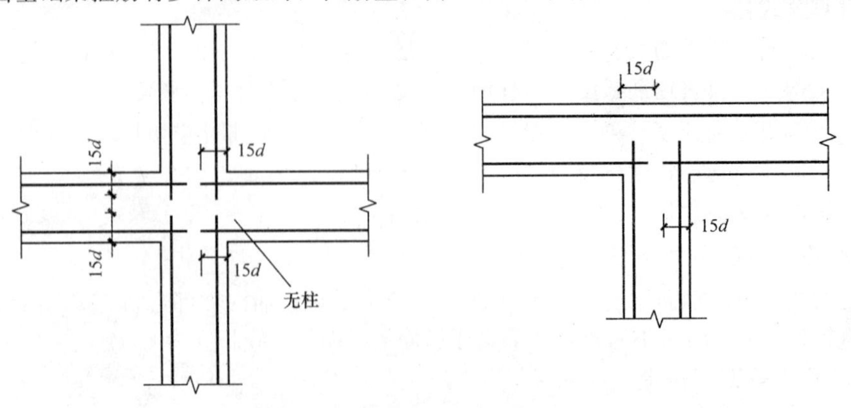

图 6-32　基础主梁侧部筋构造

6. 基础主筋加腋筋构造

基础梁高加腋筋根数为基础梁顶部第一排纵筋根数－1，如图 6-33 所示。基础梁高加腋筋锚入基础内长度≥l_a，如图 6-34 所示。

基础梁与柱结合部侧加腋筋，由加腋筋及其分布筋组成，均不需要在施工图上标注，按图集上构造规定即可；加腋筋规格≥Φ12 且不小于柱箍筋直径，间距同柱箍筋间距；加腋筋长度为侧腋边长加两端 l_a；分布筋规格为 Φ8@200。

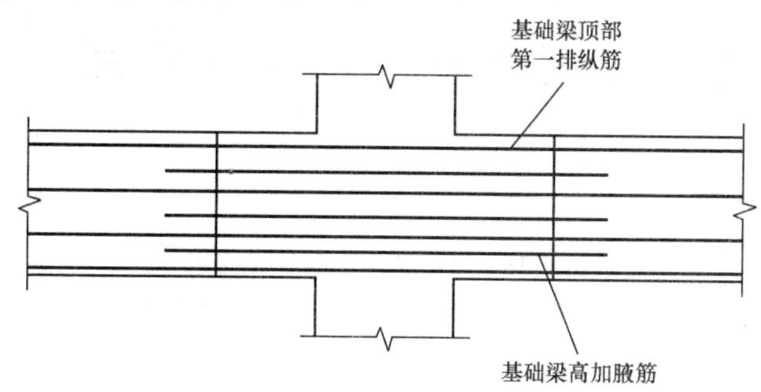

图 6-33　基础梁高加腋筋根数

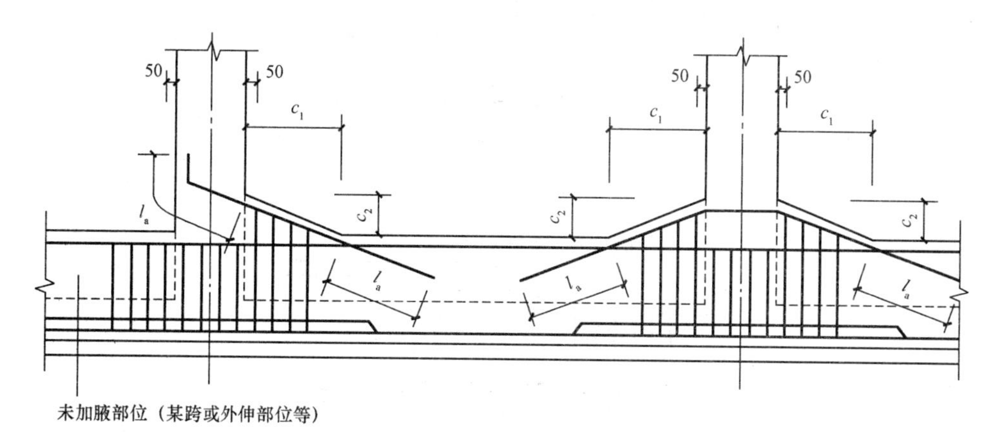

图 6-34　基础梁高加腋筋长度

（二）基础次梁钢筋构造

1. 基础次梁两端部均无外伸构造

基础次梁两端部均无外伸构造如图 6-35 所示。

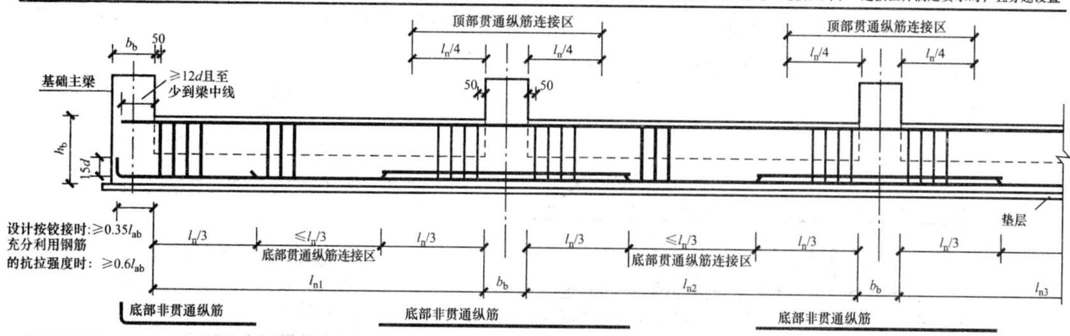

图 6-35　基础次梁 JCL 纵向钢筋与箍筋构造

2. 基础次梁两端部均有外伸构造

基础次梁两端部均有外伸构造如图 6-36 所示。

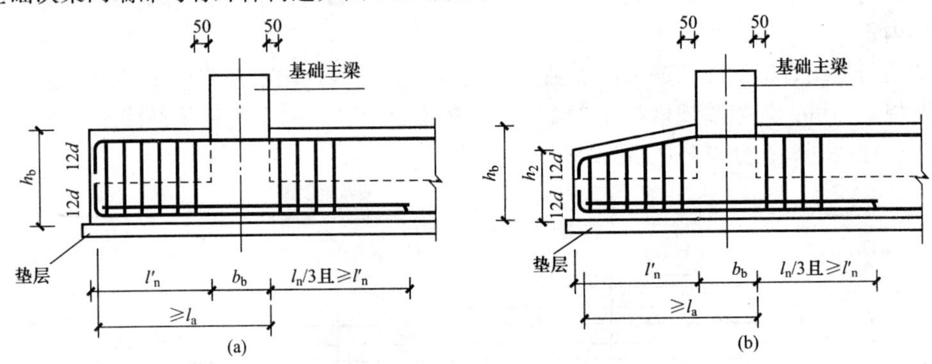

图 6-36 基础次梁端部外伸构造

(a)端部等截面外伸构造；(b)端部变截面外伸构造

3. 梁顶有高差钢筋构造

梁顶有高差钢筋构造如图 6-37 所示，高位顶部贯通纵筋伸至尽端钢筋内侧弯折 15d，低位顶部贯通筋直锚长度$\geq l_a$ 且至少到梁中线。

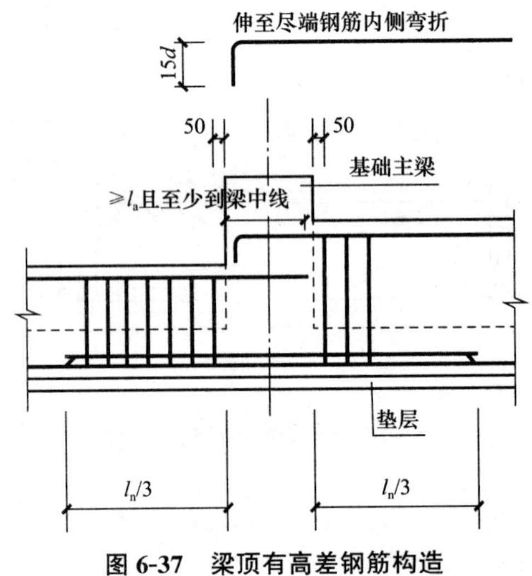

图 6-37 梁顶有高差钢筋构造

4. 支座两边梁宽不同钢筋构造

支座两边梁宽不同钢筋构造如图 6-38 所示，宽出部位的顶部各排纵筋伸至尽端钢筋内侧弯折 15d，当直段长度$\geq l_a$ 时可不弯折。

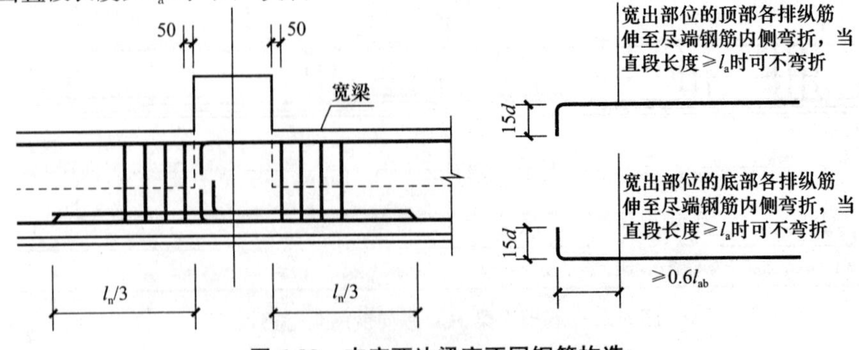

图 6-38 支座两边梁宽不同钢筋构造

(三)梁板式筏形基础钢筋构造

1. 梁板式筏形基础平板钢筋构造

(1)梁板式筏形基础平板钢筋构造(柱下区域),如图 6-39 所示。

顶部贯通纵筋在连接区内采用搭接、机械连接或焊接连接。同一连接区段内接头面积百分率不宜大于50%。当钢筋长度可穿过一连接区到下一连接区并满足要求时,宜穿越设置

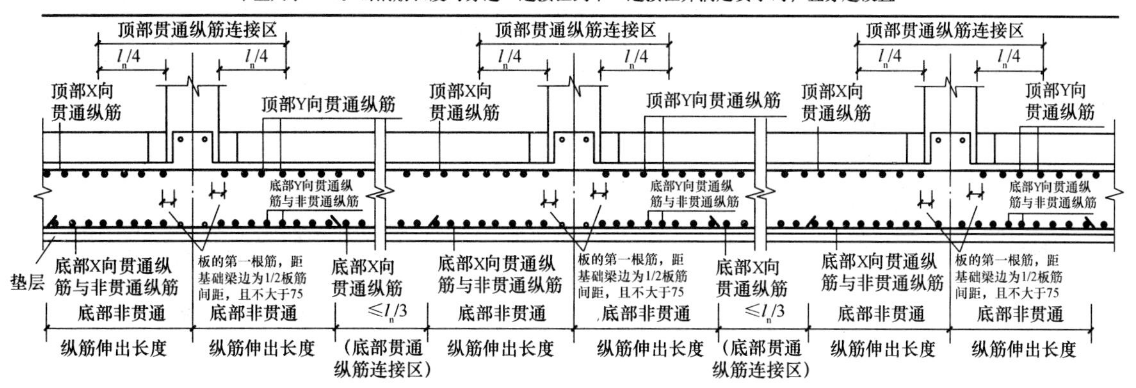

图 6-39 梁板式筏形基础平板钢筋构造(柱下区域)

(2)梁板式筏形基础平板钢筋构造(跨中区域),如图 6-40 所示。

顶部贯通纵筋在连接区内采用搭接、机械连接或焊接连接。同一连接区段内接头面积百分率不宜大于50%。当钢筋长度可穿过一连接区到下一连接区并满足要求时,宜穿越设置

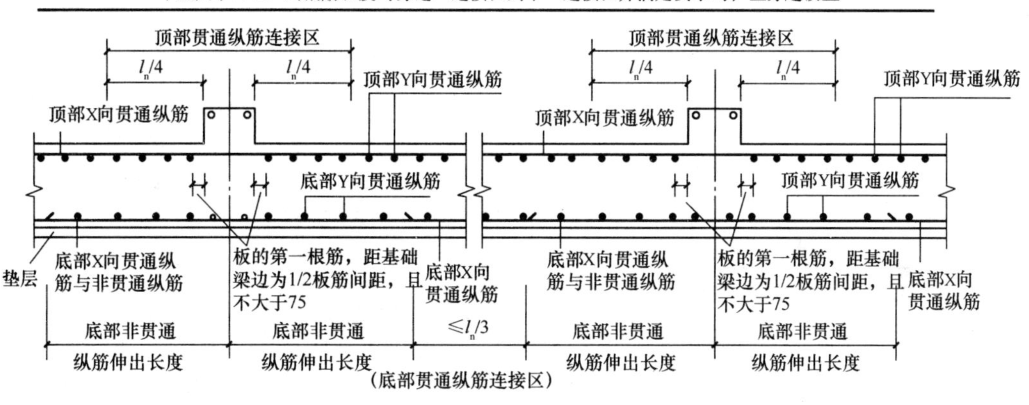

图 6-40 梁板式筏形基础平板钢筋构造(跨中区域)

由图 6-39、图 6-40 中可以看出:

(1)底部非贯通纵筋自梁中心线到跨内的延伸长度$\geq l_n/3$(l_n 是基础平板的净跨长度)。

(2)底部贯通纵筋在基础平板内按贯通布置。鉴于钢筋定尺长度的影响,底部贯通纵筋可以在跨中的"底部贯通纵筋连接区"进行连接。

当某跨底部贯通纵筋直径大于邻跨时,如果相邻板区板底一平,则应在两毗邻跨中配置较小一跨的跨中连接区内进行连接(即配置较大板跨的底部贯通纵筋需越过板区分界线伸至毗邻板跨的跨中连接区域)。

底部贯通纵筋连接区长度=跨度-左侧延伸长度-右侧延伸长度(其中"左、右侧延伸长度"即左、右侧的底部非贯通纵筋延伸长度)。

底部贯通纵筋的根数算法:以梁边为起点或终点计算布筋范围,然后根据间距计算布筋的间隔个数,这间隔个数就是钢筋的根数。

(3)顶部贯通纵筋在连接区采用搭接、机械连接或对焊连接,且在同一连接区段内接头面积

百分比率不宜大于50%。当钢筋长度可穿过一连接区到下一连接区并满足要求时，宜穿越设置。

2. 梁板式筏形基础平板端部与外伸部位钢筋构造

梁板式筏形基础平板端部与外伸部位钢筋构造如图6-41所示。

因为基础平板的外伸部位钢筋总是和封边构造结合起来的，所以，这里也介绍基本平板的封边构造。图6-41所示端部等(变)截面外伸构造中，当从支座内边算起至外伸端头≤l_a时，基础平板下部钢筋至端部后弯折15d；从梁内边算起水平段长度由设计制定，当设计按铰接时应≥0.35l_{ab}，当充分利用钢筋抗拉强度时应≥0.6l_{ab}。

3. 变截面部位钢筋构造

变截面部位钢筋构造如图6-42所示。

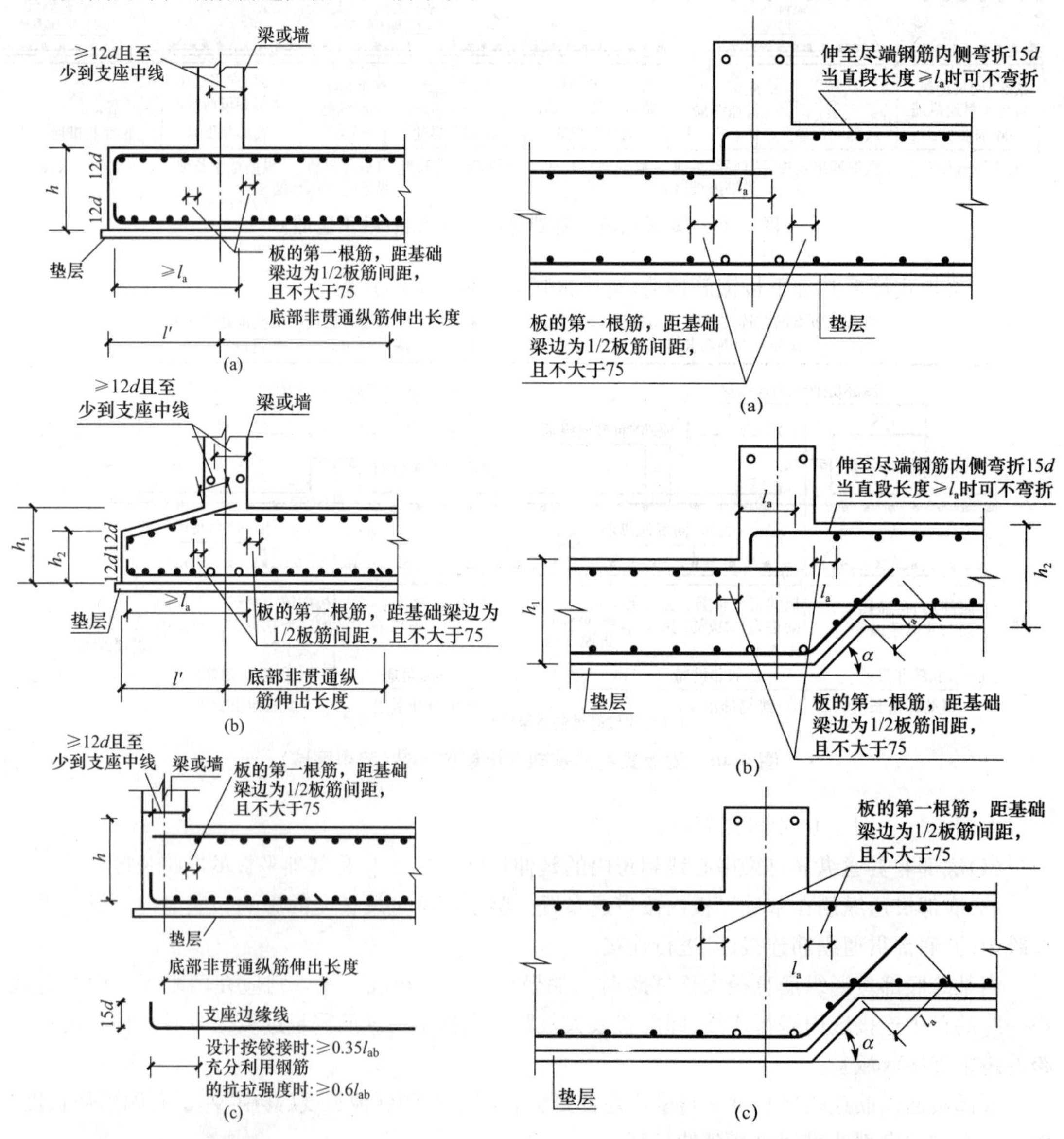

图6-41 梁板式筏形基础平板LPB端部构造

(a)端部等截面外伸构造；(b)端部变截面外伸构造；(c)端部无外伸构造

图6-42 梁板式筏形基础平板LPB变截面部位钢筋构造

(a)板顶有高差；(b)板顶、板底均有高差；(c)板底有高差由图 6-42(b)可以看出：

(1)当梁底、梁顶均有高差时，基础次梁梁顶面标高高的梁顶部纵筋伸至尽端内侧弯折，弯折长度为 15d。梁顶面标高低的梁上部纵筋锚入基础梁内长度不小于 l_a 截断即可。

(2)当梁底、梁顶均有高差时，底面标高低的基础次梁底部钢筋斜伸至梁底面标高高的梁内，锚固长度为 l_a；梁底面标高高的梁底部钢筋锚固长度不小于 l_a 截断即可。

由图 6-42(c)可以看出：底面标高低的基础次梁底部钢筋斜伸至梁底面标高高的梁内，锚固长度为 l_a；梁底面标高高的梁底部钢筋锚固长度不小于 l_a 截断即可。

(四)平板式筏形基础钢筋构造

1. 平板式筏形基础跨中板带与柱下板带纵向钢筋构造

(1)平板式筏形基础跨中板带纵向钢筋构造，如图 6-43 所示。

(2)平板式筏形基础柱下板带纵向钢筋构造，如图 6-44 所示。

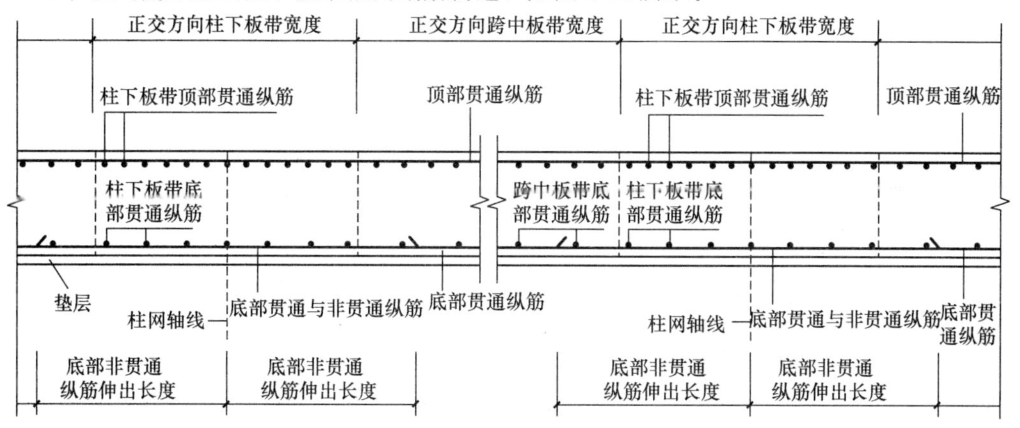

图 6-43　平板式筏形基础跨中板带纵向钢筋构造

由图 6-43 和图 6-44 中可以看出：

(1)底部非贯通纵筋的伸出长度，根据跨中板带和柱下板带原位标注的底部附加非贯通纵筋的伸出长度值进行计算。

(2)底部贯通纵筋在跨中板带划柱下板带内按贯通布置。鉴于钢筋定尺长度的影响，底部贯通纵筋可以在跨中的“底部贯通纵筋连接区”进行连接。

(3)顶部贯通纵筋按全长贯通布置，顶部贯通纵筋的连接区长度为正交方向柱下板带的宽度。

其中：底部贯通纵筋连接区长度＝跨度－左侧延伸长度－右侧延伸长度

2. 平板式筏形基础平板钢筋构造

平板式筏形基础平板钢筋构造如图 6-45 和图 6-46 所示。

由图 6-45 中可以看出：

(1)底部附加非贯通纵筋自梁中线到跨内的伸出长度不小于 $l_n/3$(l_n 为基础平板的轴线跨度)。

(2)底部贯通纵筋连接区长度－跨度－左侧延伸长度－右侧延伸长度$\leqslant l_n/3$(左、右侧延伸长度即左、右侧的底部非贯通纵筋延伸长度)。

当底部贯通纵筋直径不一致时：当某跨底部贯通纵筋直径大于邻跨时，如果相邻板区板底一平，则应在两毗邻跨中配置较小一跨的跨中连接区内进行连接。

(3)顶部贯通纵筋按全长贯通设置，连接区的长度为正交方向的柱下板带宽度。

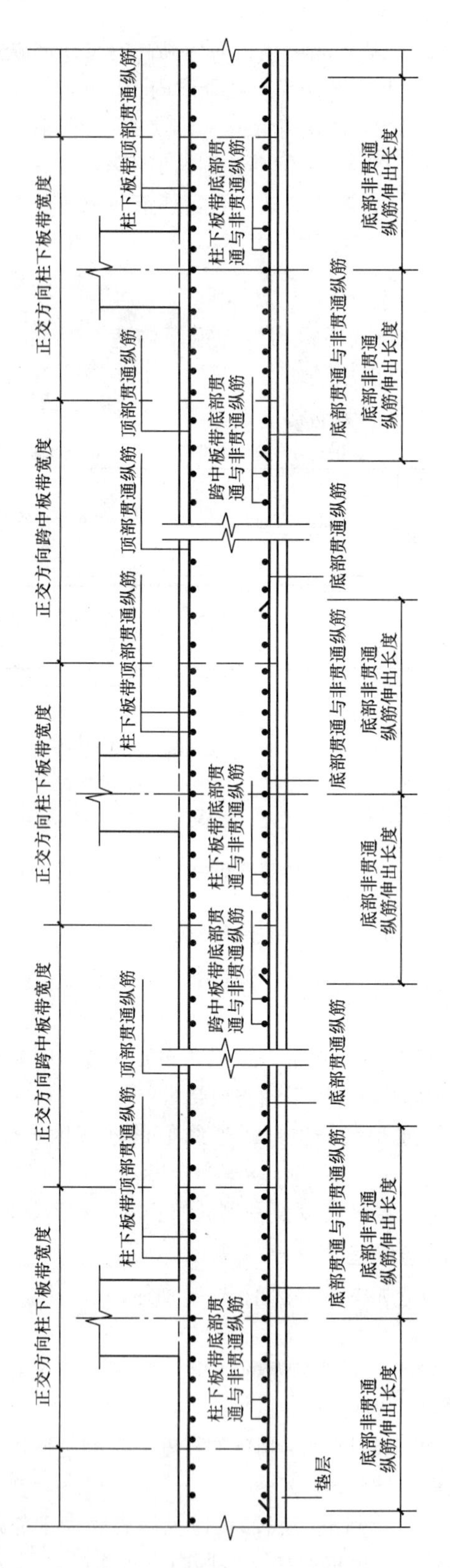

图 6-44　平板式筏形基础柱下板带ZXB纵向钢筋构造

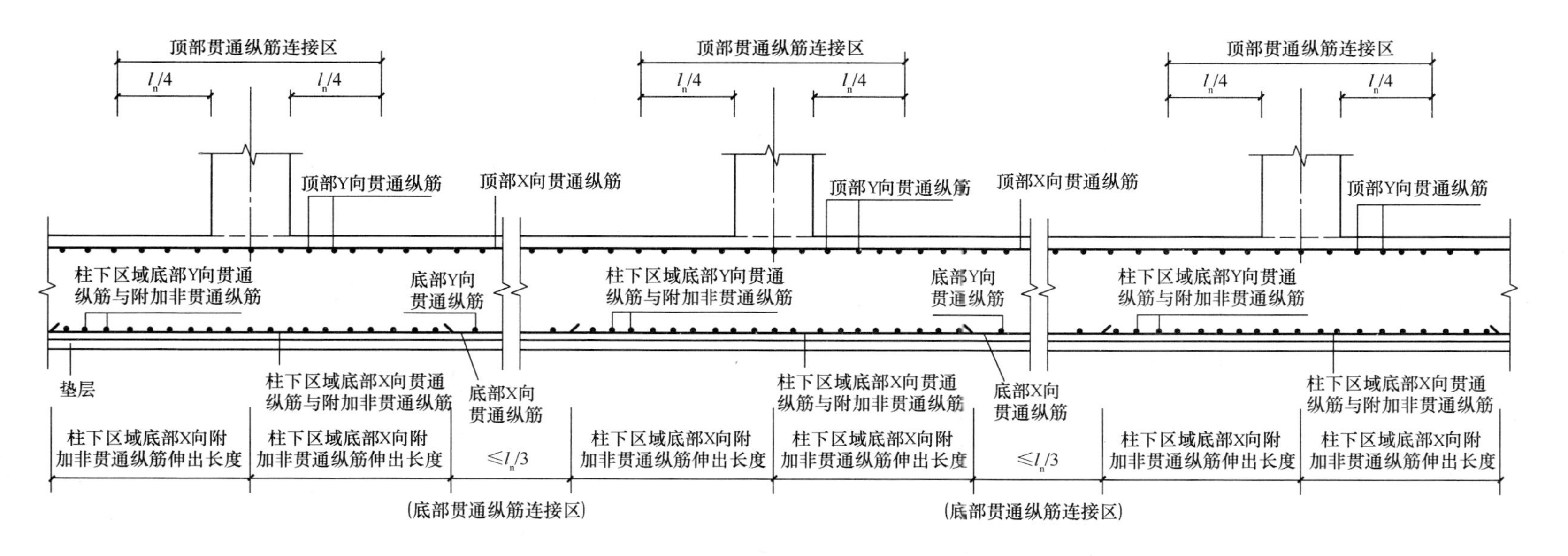

图 6-45　平板式筏形基础平板钢筋构造（柱下区域）

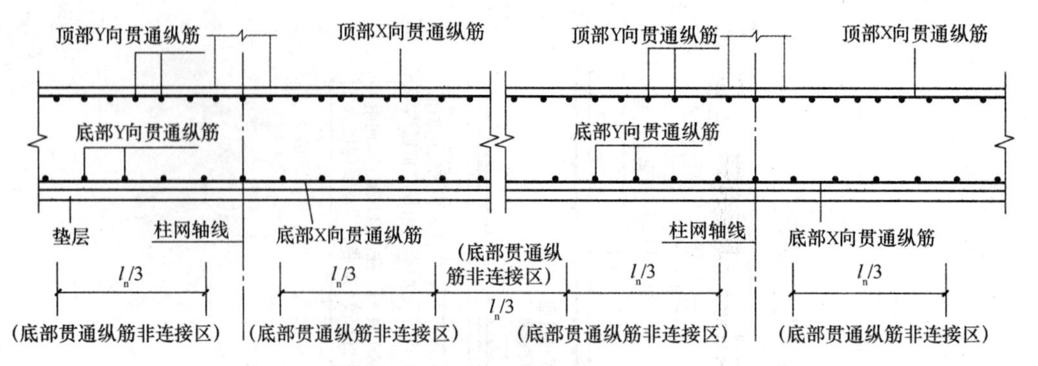

图 6-46　平板式筏形基础平板钢筋构造(跨中区域)

(4)跨中部位为顶部贯通纵筋的非连接区。

由图 6-46 中可以看出：

(1)顶部贯通纵筋按全长贯通设置，连接区的长度为正交方向的柱下板带宽度。

(2)跨中部位为顶部贯通纵筋的非连接区。

3. 平板式筏形基础平板变截面部位钢筋构造

平板式筏形基础平板变截面部位钢筋构造如图 6-47 和图 6-48 所示。

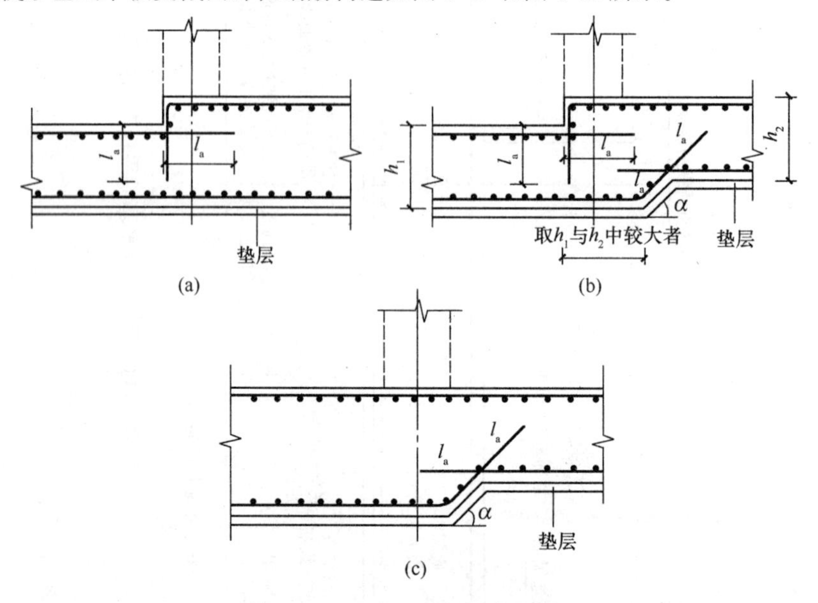

图 6-47　变截面部位钢筋构造

(a)板顶有高差；(b)板顶、板底均有高差；(c)板底有高差

由图 6-47 中可以看出：

(1)当板顶有高差时，板顶部顶面标高高的板顶部贯通纵筋伸至端部弯折，弯折长度从板顶部顶面标高低的梁顶面开始算起，弯折长度为 l_a；板顶部顶面标高低的板顶部贯通纵筋锚入梁内 l_a 截断即可。

(2)当板顶、板底均有高差时，板顶部顶面标高高的板顶部贯通纵筋伸至端部弯折，弯折长度从板顶部顶面标高低的梁顶面开始算起，弯折长度为 z；板顶部顶面标高低的板顶部贯通纵筋锚入梁内 l_a 截断即可。

(3)当板顶、板底均有高差时，底面标高低的基础平板底部钢筋斜伸至梁底面标高高的梁

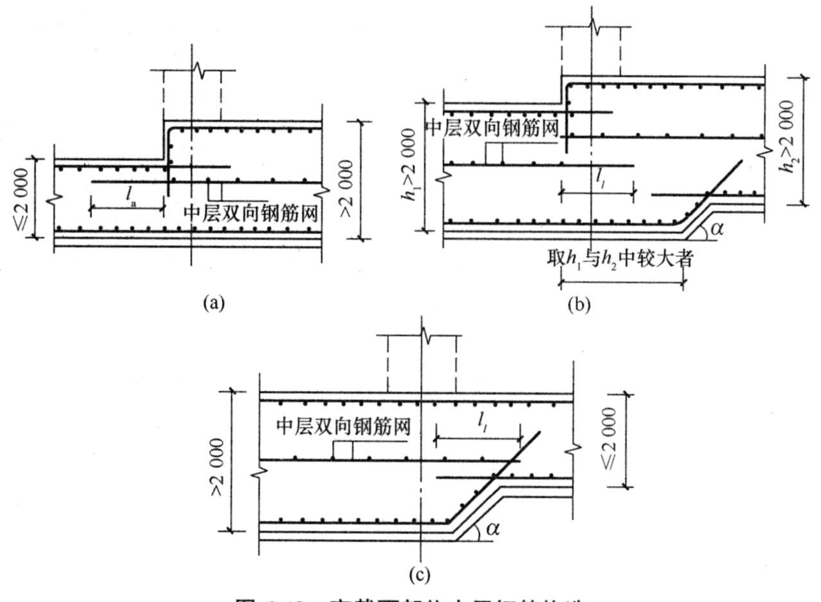

图 6-48　变截面部位中层钢筋构造

(a)板顶有高差；(b)板顶、板底均有高差；(c)板底有高差

内，锚固长度为 l_a；底面标高高的平板底部钢筋锚固长度取 l_a 截断即可。

(4)当板底有高差时，底面标高低的基础平板底部钢筋斜伸至梁底面标高高的梁内，锚固长度为 l_a；底面标高高的平板底部钢筋锚固长度取 l_a 截断即可。

第三节　基础平法算量实例

一、独立基础钢筋计算实例

【例 6-1】 对图 6-49 进行钢筋计算。计算条件见表 6-6。

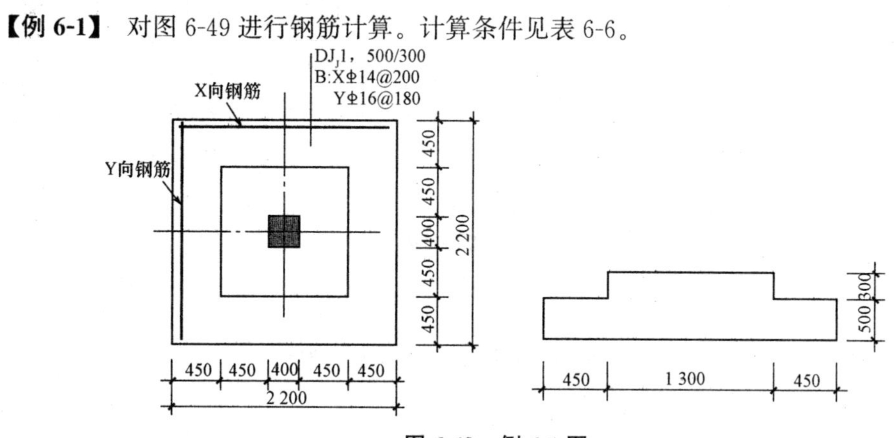

图 6-49　例 6-1 图

表 6-6　计算条件

混凝土强度	c/mm	连接方式	定尺长度/mm
C25	40	绑扎	9 000

解：钢筋计算过程见表 6-7。

表 6-7　钢筋计算过程

钢筋种类	名称	计算过程	结果
X 向受力筋	长度	2.2−2×0.04	2.12
	根数	[2.2−2×min(0.075，0.2/2)]/0.2+1	12
	总长	2.12×12	25.44
Y 向受力筋	长度	2.2−2×0.04	2.12
	根数	[2.2−2×min(0.075，0.18/2)]/0.18+1	13
	总长	2.12×13	27.56

【例 6-2】 某现浇钢筋混凝土独立基础详图如图 6-50 所示，已知基础混凝土强度等级为 C30，垫层混凝土强度等级为 C20，石子粒径均小于 20 mm，混凝土为现场搅拌，泵送 15 m^3/h；J-1 断面配筋为：①筋 Φ12@100，②筋 Φ14@150；J-2 断面配筋为：③筋 Φ12@100，④筋 Φ14@150，试计算独立基础钢筋工程量。

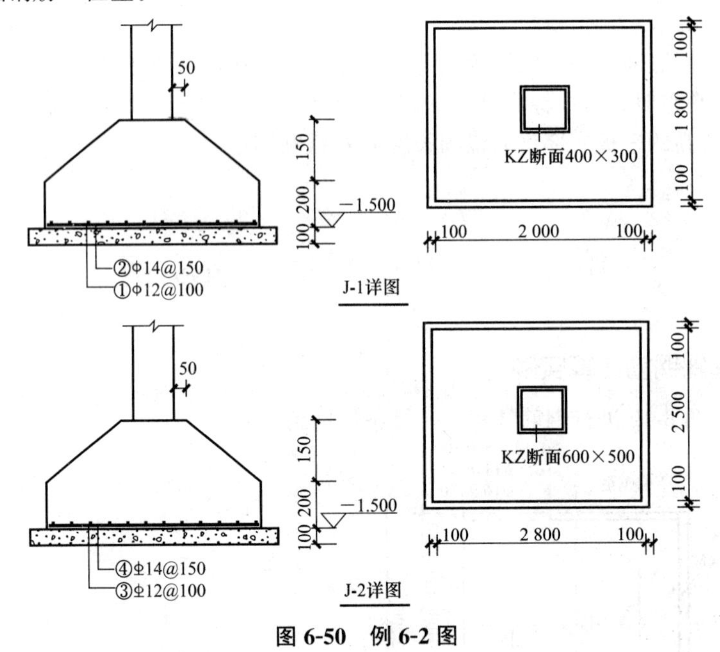

图 6-50　例 6-2 图

解：钢筋工程量计算过程见表 6-8。

表 6-8　独立基础钢筋工程量计算过程

钢筋编号	钢筋种类	钢筋简图	单根钢筋长度/m	根数	总长度/m	钢筋线密度/(kg·m^{-1})	总质量/kg
①	Φ12		1.8 − 0.04 × 2 + 12.5×0.012=1.87	[2 − min(0.075，0.1/2) × 2]/0.1 + 1=20	37.4	0.888	33

续表

钢筋编号	钢筋种类	钢筋简图	单根钢筋长度/m	根数	总长度/m	钢筋线密度/(kg·m^{-1})	总质量/kg
②	ϕ14		2－0.04×2＋12.5×0.014＝2.1	[1.8－min(0.075，0.15/2)×2]/0.15＋1＝12	25.2	1.208	30
③	Φ12	——	两边 2.5－0.04×2＝2.42	2	63.34	0.888	56
			中间 2.5×0.9＝2.25	[2.8－min(0.075，0.1/2)×2]/0.1－1＝26			
④	Φ14	——	两边 2.8－0.04×2＝2.72	2	43.24	1.208	52
			中间 2.8×0.9＝2.52	[2.5－min(0.075，0.15/2)×2]/0.15－1＝15			
			合计				ϕ12：33 ϕ14：30 Φ12：56 Φ14：52

二、筏形基础钢筋计算实例

【例 6-3】 某梁板式筏形基础平面布置图如图 6-51 所示，筏板两端无外伸构造，混凝土强度等级为 C30，混凝土保护层厚度为 40 mm，抗震等级为非抗震，钢筋定尺长度为 9 m，试求 X 方向钢筋的长度和根数。

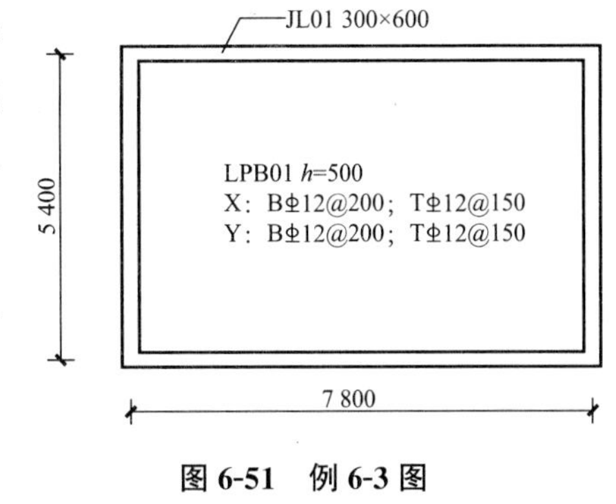

图 6-51　例 6-3 图

解：钢筋计算如下：

下部贯通筋长度＝筏板外边线长度－保护层厚度×2＋$15d$×2

＝7.8＋0.3－0.04×2＋15×0.012×2

＝8.38(m)

下部贯通筋根数＝[板净跨长度－min(1/2 板筋间距，75)×2]/间距＋1

＝(5.4－0.3－0.15)/0.2＋1＝26(根)

上部贯通筋长度＝筏板净长度＋max($1/2b_b$，$12d$)×2

＝7.8－0.3＋max(0.15，12×0.012)×2＝7.8(m)

上部贯通筋根数＝[板净跨长度－min(1/2 板筋间距，75)×2]/间距＋1

＝(5.4－0.3－0.15)/0.15＋1＝34(根)

【例 6-4】 筏形基础主梁平法施工图如图 6-52 所示，计算条件见表 6-9，计算基础主梁钢筋。

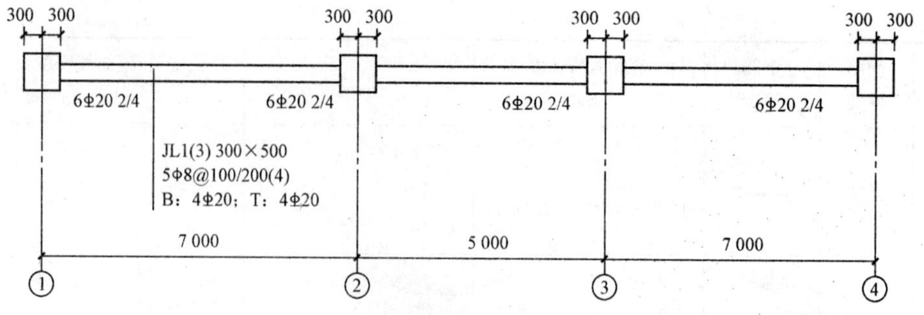

图 6-52 例 6-4 图

表 6-9 JL1 计算条件

混凝土强度	混凝土保护层厚度	抗震等级	定尺长度	连接方式	l_{aE}/l_a
C30	30	一级抗震	9 000	对焊	$34d/29d$

解：(1)上部和下部贯通筋。

计算公式：端部无外伸时，上部和下部钢筋端部弯折 $15d$

长度＝梁长—2×保护层厚度＋2×$15d$

＝7 000＋5 000＋7 000＋600—60＋2×15×20

＝20 140(mm)

接头个数＝20 140/9 000－1＝2(个)

(2)支座 1/4 底部非贯通筋。

计算公式：延伸长度＋支座宽度－c＋$15d$

自支座边起的延伸长度＝$l_n/3$

＝(7 000－2×300)/3

＝2 133(mm)

长度＝2 133＋h_c－c＋$15d$

＝2 133＋600—30＋15×20

＝3 003(mm)

(3)支座 2、3 底部非贯通筋。

计算公式＝两端延伸长度

长度＝2×l_n/3＋h_c

＝2×(7 000－2×300)/3＋600

＝2×2 133＋600

＝4 866(mm)

(4)箍筋长度。

外大箍＝2×(300－60－8)×2×(500－60－8)＋2×11.9×8

＝1 519(mm)(按箍筋中心线长计算)

里小箍中心宽度＝(300－60－36)/3＋20＋8＝96(mm)

里小箍＝2×[96＋(500－60－8)]＋2×11.9×8＝1 247(mm)

(5)第 1、3 净跨箍筋根数。

每边 5 根间距 100 的箍筋，两端共 10 根。

跨中跨筋根数＝(7 000－600－550×2)/200－1＝26(根)

总根数＝26 根

(6)第 2 净跨箍筋根数。

每边 5 根间距 100 的箍筋，两端共 10 根。

跨中箍筋根数=(5 000－600－550×2)/200－1=16(根)

总根数=26 根

(7)支座 1、2、3、4 内箍筋。

根数=(600－100)/100+1=6(根)

4 个支座总根数=4×6=24(根)

(8)整梁总箍筋根数。

根数=36×2+26+24=122(根)

【例 6-5】 筏形带外伸的基础主梁平法施工图如图 6-53 所示，计算条件见表 6-10，计算基础主梁钢筋。

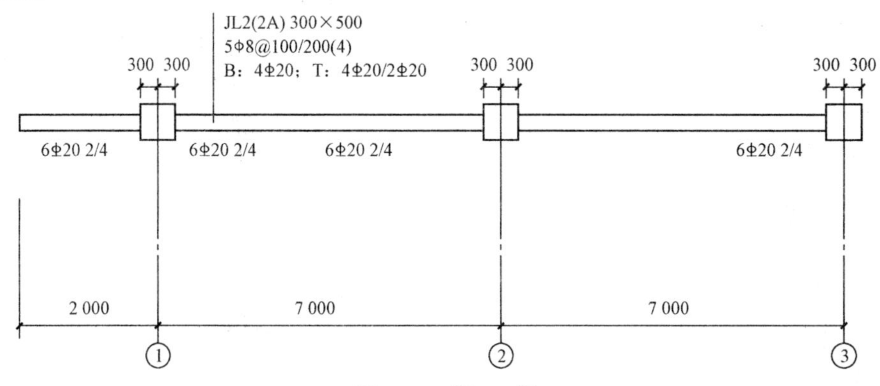

图 6-53 例 6-5 图

表 6-10 JL1 计算条件

混凝土强度等级	混凝土保护层厚度/mm	抗震等级	定尺长度/mm	连接方式	l_{aE}/l_a
C30	30	一级抗震	9 000	对焊	$34d/29d$

解：(1)上部和下部贯通筋。

计算公式：无外伸端弯折 15d，外伸端弯折 12d

长度=梁宽－两端保护层厚度+12d+15d

=7 000×2+300+2 000－60+12×20+15×20

=16 780(mm)

接头个数=16 780/9 000－1=1(个)

(2)支座 1 底部非贯通钢筋(位于上排)。

计算公式：外伸净长度+延伸长度+柱宽

延伸净长度=max(l_n/3，l_n')

=max[(7 000－2×300)/3，(2 000－300－30)]

=2 133(mm)

外伸净长度=2 000－300－30

=1 670(mm)

长度=1 670+2 133+600=4 403(mm)

(3)支座 2 底部非贯通筋。

计算公式：两端延伸长度+柱宽

长度$=2\times l_n/3+h_c$

$=2\times(7\ 000-2\times300)/3+600$

$=4\ 866$(mm)

(4)支座3底部非贯通筋。

计算公式：延伸长度+支座宽$-c+15d$

延伸长度$=l_n/3$

$=(7\ 000-2\times300)/3$

$=2\ 133$(mm)

长度$=2\ 133+600-30+15\times20=3\ 003$(mm)

(5)上部第二排通长筋。

上部下排贯通筋长度$=7\ 000\times2-300+l_a+(300-30+15d)$

$=7\ 000\times2-300+29\times20+(300-30+15\times20)$

$=14\ 850$(mm)

接头个数$=14\ 850/9\ 000-1=1$(个)

本章小结

基础平法识图主要介绍独立基础、条形基础和筏形基础的制图规则和相应的标准构造详图。基础部分钢筋工程量的计算方法与地面以上的构件类型框架梁、框架柱、剪力墙和楼屋面板的方法和思路相近，本章重点介绍各类基础的标准构造详图的理解与钢筋量计算方法的应用。

习　题

1. 简述独立基础底板钢筋的一般构造要点。
2. 简述独立基础底板钢筋长度减短10%的构造要点。
3. 简述筏形基础主梁两端部均有外伸构造。
4. 简述筏形基础梁底有高差钢筋构造。
5. 简述平板式筏形基础柱下板带与跨中板带纵向钢筋构造。
6. 基础主梁JZL01平法施工图如图6-54所示，已知混凝土强度等级为C30，纵筋连接方式为对焊，螺纹钢筋定尺长度为9 000 mm，计算基础主梁钢筋的算量。

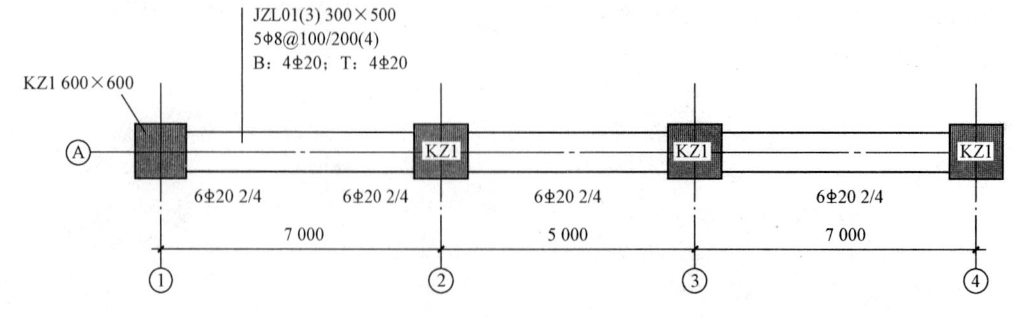

图6-54　JZL01平法施工图

7. 梁板式基础平板 LPB01 平法施工图如图 6-55 所示，已知混凝土强度等级为 C30，纵筋连接方式为对焊，螺纹钢定尺长度为 9 000 mm，试计算梁板式筏形基础平板钢筋的算量。

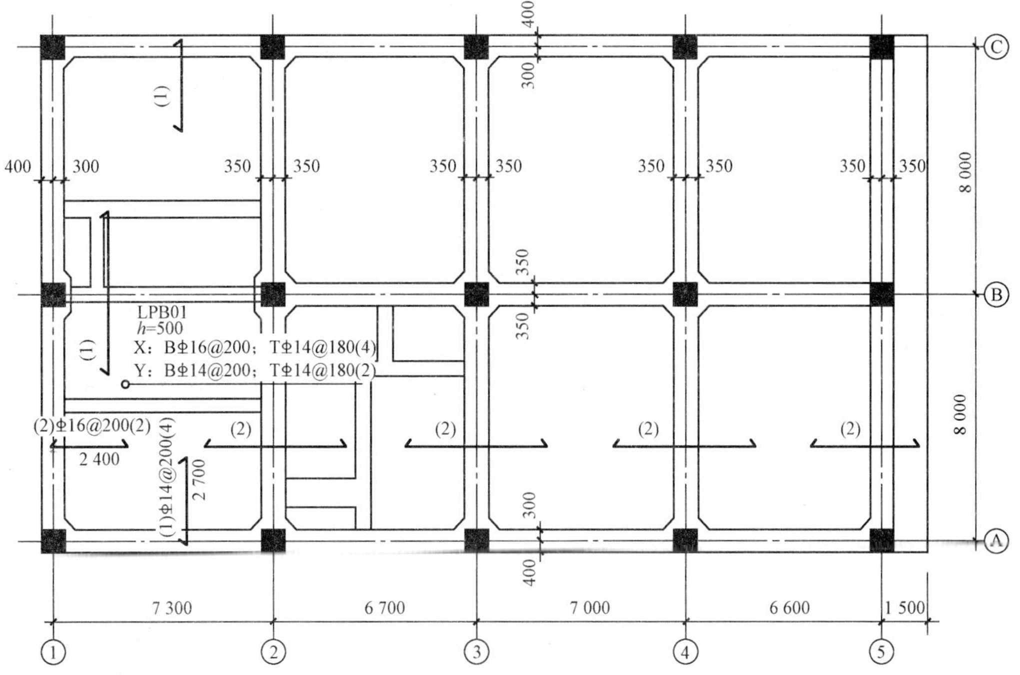

图 6-55　LPB01 平法施工图

第七章 楼梯平法识图与钢筋算量

知识目标

通过本章的学习了解楼梯类型及特征；熟悉楼梯平面注写方式、剖面注写方式、列表注写方式，熟悉AT型楼梯梯板配筋构造、BT型楼梯梯板配筋构造、CT型楼梯梯板配筋构造、DT型楼梯梯板配筋构造、ET型楼梯梯板配筋构造、FT型楼梯梯板配筋构造、GT型楼梯梯板配筋构造、HT型楼梯梯板配筋构造要求；掌握楼梯钢筋算量的基本公式及楼梯钢筋算量的应用。

能力目标

具备看懂楼梯平法施工图的能力；具备楼梯钢筋算量的基本能力。

第一节 楼梯平法施工图制图规则

现浇混凝土板式楼梯平法施工图制图规则

一、楼梯类型及特征

1. 现浇混凝土板式楼梯类型

现浇混凝土板式楼梯按照支承方式和设置抗震构造的情况分为11种类型，见表7-1。

表7-1 楼梯类型与编号

梯板代号	编号	适用范围	
		抗震构造措施	适用结构
AT	××	无	剪力墙、砌体结构
BT	××		
CT	××	无	剪力墙、砌体结构
DT	××		
ET	××	无	剪力墙、砌体结构
FT	××		
GT	××	无	剪力墙、砌体结构
ATa	××	有	框架结构、框架-剪力墙结构中框架部分
ATb	××		
ATc	××		
CTa	××	有	框架结构、框架-剪力墙结构中框架部分
CTb	××		

例如，AT～FT 型楼梯的平面和剖面示意图如图 7-1 所示。

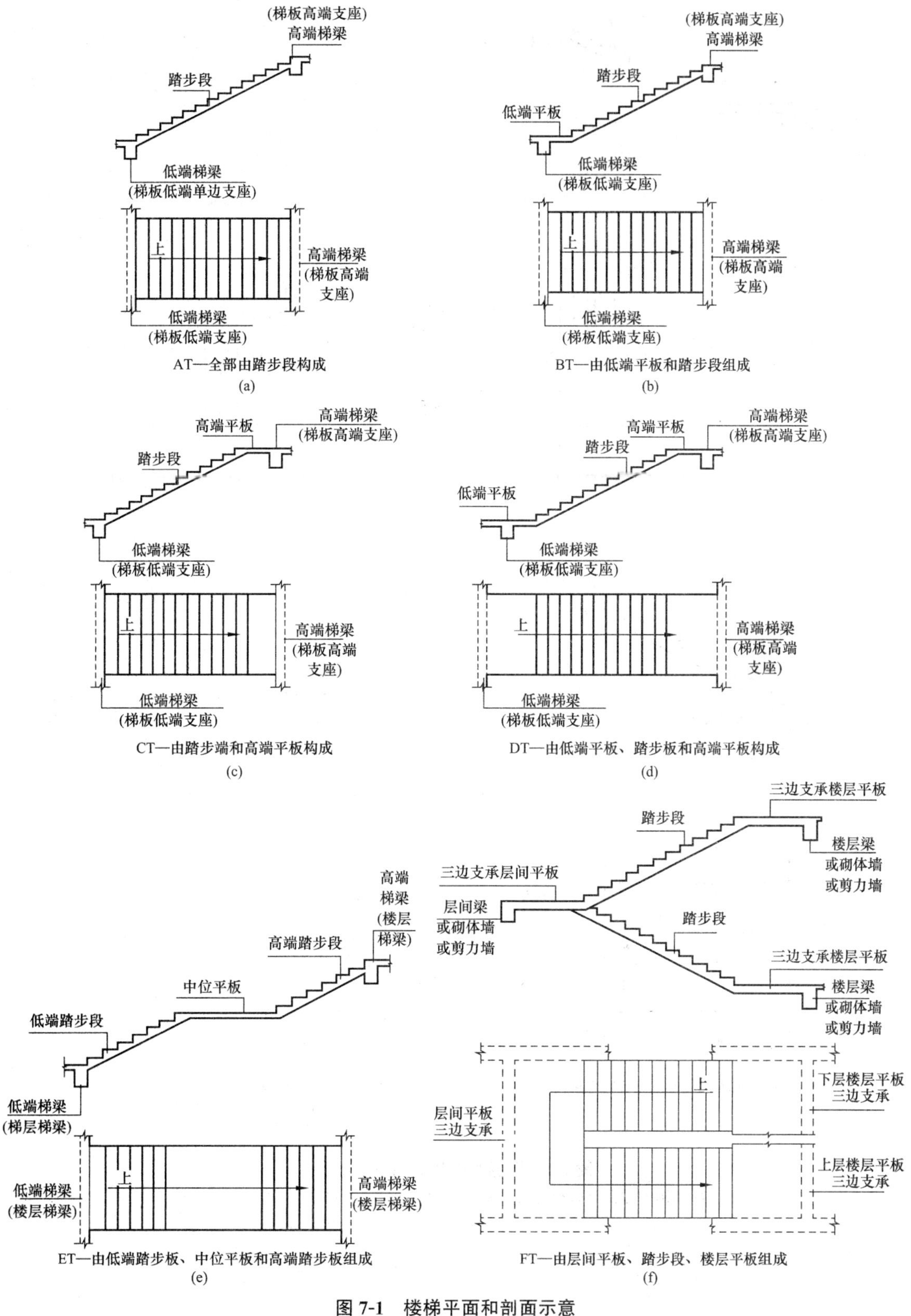

图 7-1　楼梯平面和剖面示意

(a)AT 型；(b) BT 型；(c) CT 型；(d) DT 型；(e) ET 型；(f) FT 型(有层间和楼层平台板的双跑楼梯)

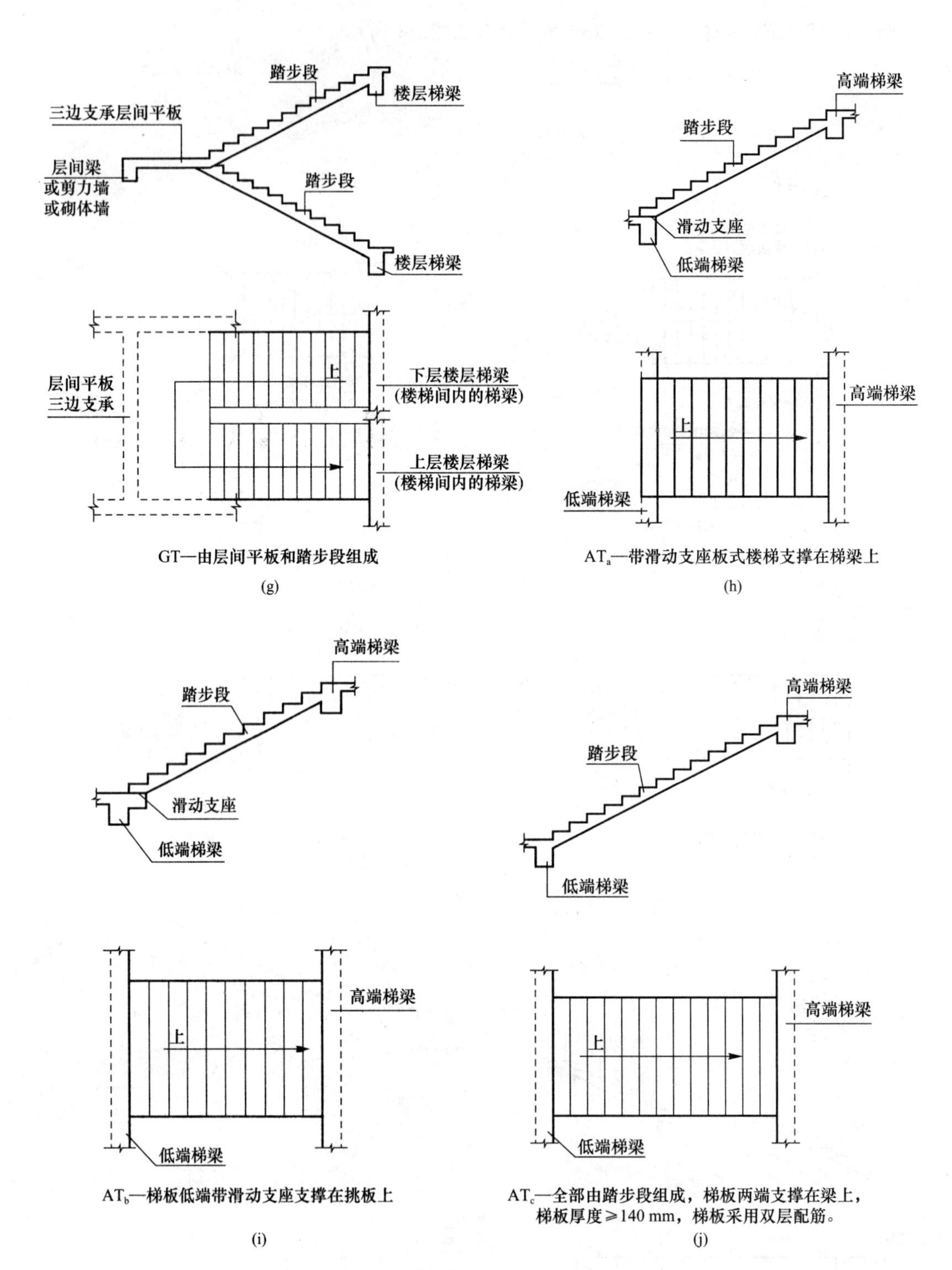

GT—由层间平板和踏步段组成

(g)

AT_a—带滑动支座板式楼梯支撑在梯梁上

(h)

AT_b—梯板低端带滑动支座支撑在挑板上

(i)

AT_c—全部由踏步段组成，梯板两端支撑在梁上，梯板厚度≥140 mm，梯板采用双层配筋。

(j)

图 7-1　楼梯平面和剖面示意(续)

(g) GT 型(有层间平台板的双跑楼梯)；(h) ATa 型；(i)ATb 型；(j)ATc 型

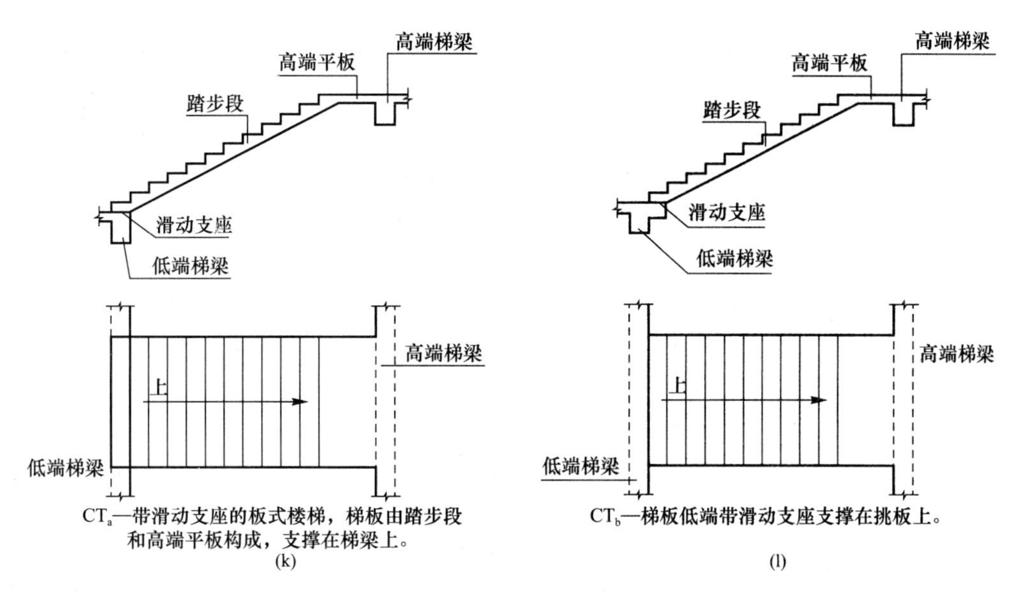

图 7-1　楼梯平面和剖面示意(续)

(k)CTa 型；(l)CTb 型

2. 楼梯的特征

(1)AT～ET 型板式楼梯具有以下特征：

1)AT～ET 型板式楼梯代号代表一段带上下支座的梯板。梯板的主体为踏步段，除踏步段外，梯板可包括低端平板、高端平板以及中位平板。

2)AT～ET 各型梯板的截面形状如下：

AT 型梯板全部由踏步段构成；

BT 型梯板由低端平板和踏步段构成；

CT 型梯板由踏步段和高端平板构成；

DT 型梯板由低端平板、踏步板和高端平板构成；

ET 型梯板由低端踏步段、中位平板和高端踏步段构成。

3)AT～ET 型梯板的两端分别以(低端和高端)梯梁为支座。

4)AT～ET 型梯板的型号、板厚、上下部纵向钢筋及分布钢筋等内容由设计者在平法施工图中注明。梯板上部纵向钢筋向跨内伸出的水平投影长度见相应的标准构造详图，设计不注，但设计者应予以校核；当标准构造详图规定的水平投影长度不满足具体工程要求时，应由设计者另行注明。

(2)FT、GT 型板式楼梯具备以下特征：

1)FT、GT 每个代号代表两跑踏步段和连接它们的楼层平板及层间平板。

2)FT、GT 型梯板的构成分为以下两类：

①FT 型，由层间平板、踏步段和楼层平板构成。

②GT 型，由层间平板和踏步段构成。

3)FT、GT 型梯板的支承方式如下：

①FT 型：梯板一端的层间平板采用三边支承，另一端的楼层平板也采用三边支承。

②GT 型：梯板一端的层间平板采用三边支承，另一端的梯板段采用单边支承(在梯梁上)。

FT、GT 型梯板支承方式见表 7-2。

表 7-2　FT、GT 型梯板支承方式

梯板类型	层间平板端	踏步段端(楼层处)	楼层平板端
FT	三边支承	—	三边支承
GT	三边支承	单边支承(梯梁上)	—

4)FT、GT 型梯板的型号、板厚、上下部纵向钢筋及分布钢筋等内容由设计者在平法施工图中注明。FT、GT 型平台上部横向钢筋及其外伸长度，在平面图中原位标注。梯板上部纵向钢筋向跨内伸出的水平投影长度见相应的标准构造详图，设计不注，但设计者应予以校核；当标准构造详图规定的水平投影长度不满足具体工程要求时，应由设计者另行注明。

(3)ATa、ATb 型板式楼梯具备以下特征：

1)ATa、ATb 型为带滑动支座的板式楼梯，梯板全部由踏步段构成，其支承方式为梯板高端均支承在梯梁上，ATa 型梯板低端带滑动支座支承在梯梁上，ATb 型梯板低端带滑动支座支承在挑板上。

2)滑动支座采用何种做法应由设计指定。滑动支座垫板可选用聚四氟乙烯板、钢板和厚度大于等于 0.5 的塑料片，也可选用其他能保证有效滑动的材料，其连接方式由设计者另行处理。

3)ATa、ATb 型梯板采用双层双向配筋。

(4)ATc 型板式楼梯具备以下特征：

1)ATc 型梯板全部由踏步段构成，其支承方式为梯板两端均支承在梯梁上。

2)ATc 楼梯休息平台与主体结构可连接，也可脱开。

3)ATc 型楼梯梯板厚度应按计算确定，且不宜小于 140 mm；梯板采用双层配筋。

4)ATc 型梯板两侧设置边缘构件(暗梁)，边缘构件的宽度取 1.5 倍板厚；边缘构件纵筋数量，当抗震等级为一、二级时不少于 6 根，当抗震等级为三、四级时不少于 4 根；纵筋直径不小于 Φ12 且不小于梯板纵向受力钢筋的直径；箍筋直径不小于 Φ6，间距不大于 200 mm。

平台板按双层双向配筋。

5)ATc 型楼梯作为斜撑构件，钢筋均采用符合抗震性能要求的热轧钢筋，钢筋的抗拉强度实测值与屈服强度实测值的比值不应小于 1.25；钢筋的屈服强度实测值与屈服强度标准值的比值不应大于 1.3，且钢筋在最大拉力下的总伸长率实测值不应小于 9%。

(5)CTa、CTb 型板式楼梯具备以下特征：

1)CTa、CTb 型为带滑动支座的板式楼梯，楼板由踏步段和高端平板构成，其支承方式为梯板高端均支承在梯梁上。CTa 型梯板低端带滑动支座支承在梯梁上，CTb 型梯板低端带滑动支座支承在挑板上。

2)滑动支座采用何种做法应由设计指定。滑动支座垫板可选用聚四氟乙烯板、钢板和厚度大于等于 0.5 的塑料片，也可选用其他能保证有效滑动的材料，其连接方式由设计者另行处理。

3)CTa、CTb 型梯板采用双层双向配筋。

二、楼梯平面注写方式

现浇混凝土板式楼梯的平面注写方式是在楼梯平面图上注写截面尺寸和配筋具体数值的方式表达楼梯施工图，包括集中标注和外围标注两部分，如图 7-2 所示。

(1)集中标注包括以下五项内容：

1)梯板类型代号与序号，如图 7-2(b)中的 AT3。

2)梯板厚度，注写为 h=×××，如图 7-2(b)中的 h=120。

带平板的梯板，当梯段板厚度和平板厚度不同时，可在梯段板厚度后面的括号内以字母 P

打头注写平板厚度。例如，h＝120(P130)表示梯段板厚为 120 mm，梯板平板厚为 130 mm。

3)踏步段总高度和踏步级数，以“/”分隔，如图 7-2(b)中的 1 800/12。

4)梯板支座上部纵筋和下部纵筋之间以“;”分隔，如图 7-2(b)中的 ⌀10@200；⌀12@150。

5)梯板分布钢筋，以 F 打头注写分布钢筋具体值，该项也可在图中统一说明，如图 7-2(b)中的 FΦ8@250。

(2)楼梯外围标注包括楼梯间的平面尺寸、楼层结构标高、层间结构标高、楼梯的上下行方向、梯板的平面几何尺寸、平台板配筋、梯梁及梯柱配筋等，如图 7-2 所示。

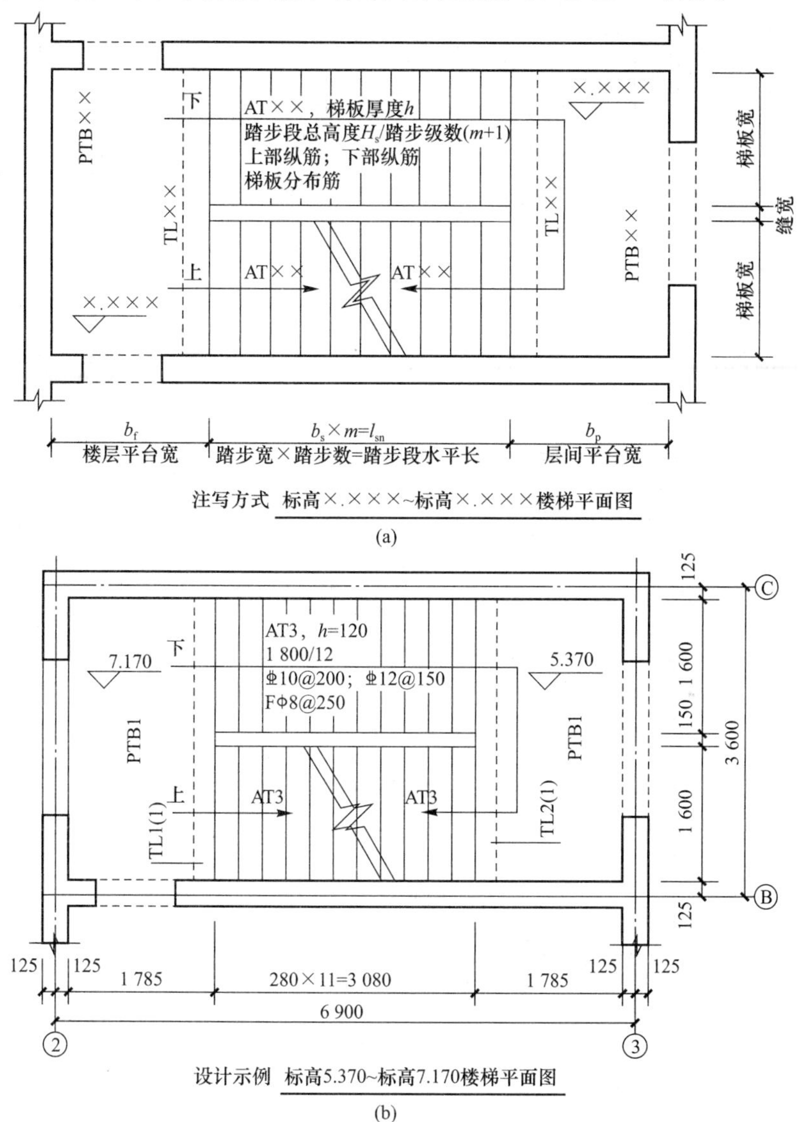

图 7-2 楼梯平面注写方式示意

三、剖面注写方式

现浇混凝土板式楼梯的剖面注写方式包括楼梯平面布置图和楼梯剖面图，分别采用平面注写和剖面注写，如图 7-3 所示。

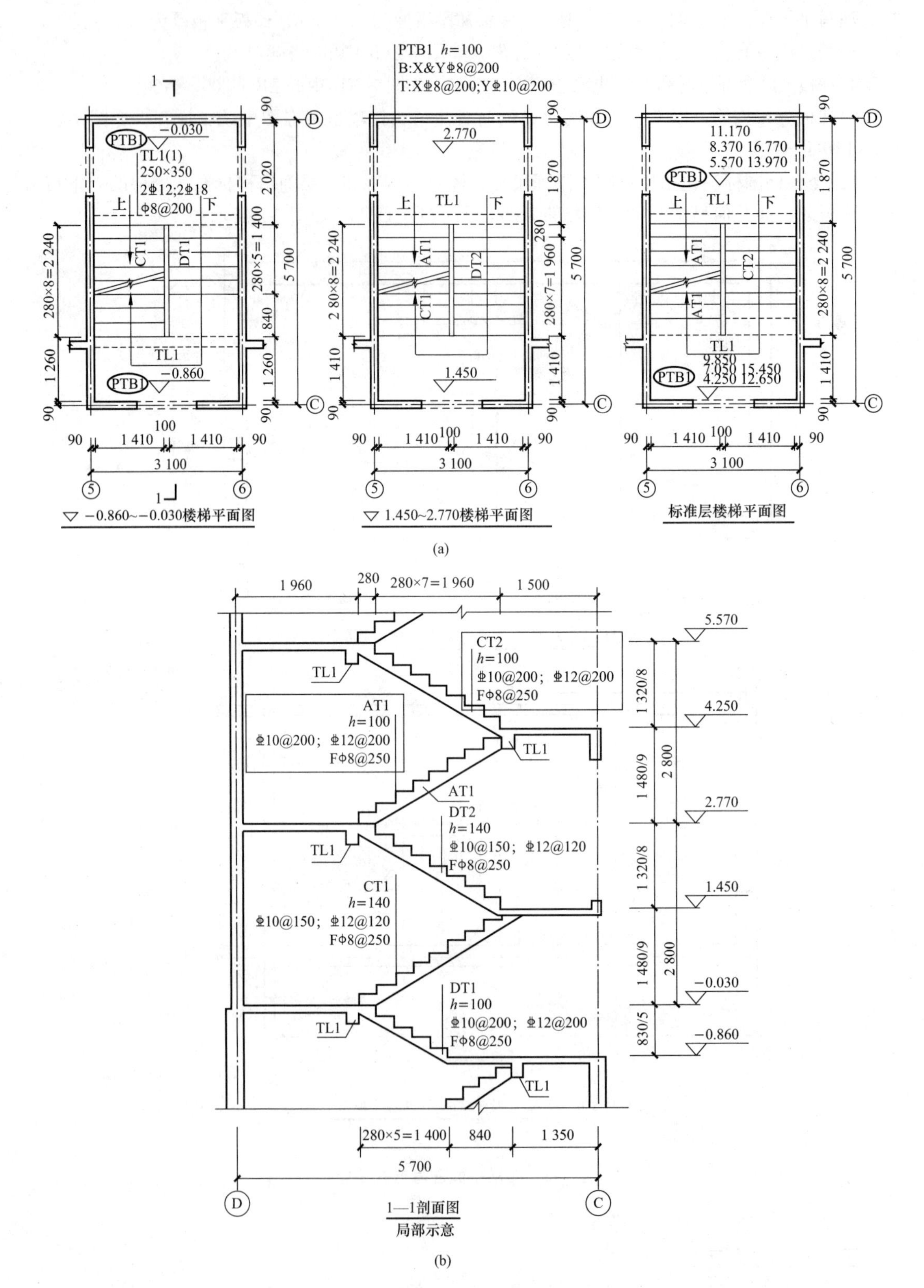

(a)

(b)

图 7-3　楼梯施工图剖面注写示例

(a)平面图；(b)剖面图

(1)平面布置注写的内容，包括楼梯间的平面尺寸、楼层结构标高、层间结构标高、楼梯的上下行方向、梯板的平面几何尺寸、梯板类型及编号、平台板配筋、梯梁及梯柱配筋等。

(2)楼梯剖面注写内容包括梯板集中标注、梯梁梯柱编号、梯板水平和竖向尺寸、楼层结构标高、层间结构标高等。其中，集中标注包括四项内容：

1)梯板类型及编号，如图 7-3(b)中的 AT1、CT2 等。

2)梯板厚度，注写为 h=×××，如图 7-3(b)中的 AT1 注写为 h=100，CT2 注写为 h=100。

带平板的梯板，当梯段板厚度和平板厚度不同时，可在梯段板厚度后面的括号内以字母 P 打头注写平板厚度。

3)梯板配筋，梯板支座上部纵筋和下部纵筋之间以"；"分隔，如图 7-3(b)中的 AT1 支座上部纵筋和下部纵筋标注为 ⌀10@200；⌀12@200。

4)梯板分布钢筋，以 F 打头注写分布钢筋具体数值，也可在图中统一说明，如图 7-3(b)中的 AT1 分布钢筋标注为 FΦ8@250。

四、列表注写方式

列表注写方式是用列表方式注写梯板截面尺寸和配筋具体数值的方式来表达楼梯施工图，其具体要求同剖面注写方式，仅将剖面注写方式中的梯板配筋注写项改为列表注写方式即可，如将图 7-3(b)中的剖面注写方式改成列表注写方式，见表 7-3。

表 7-3　列表注写方式

梯板类型	踏步高度/踏步级数	板厚 h	上部纵筋	下部纵筋	分布钢筋
AT1	1 480/9	100	⌀10@200	⌀12@200	Φ8@250
CT1	1 480/9	140	⌀10@150	⌀12@120	Φ8@250
CT2	1 320/8	100	⌀10@200	⌀12@200	Φ8@250
DT1	830/5	100	⌀10@200	⌀12@200	Φ8@250
DT2	1 320/8	140	⌀10@150	⌀12@120	Φ8@250

第二节　楼梯平法构造及算量

楼梯标准构造详图

一、AT 型楼梯梯板配筋构造

AT 型楼梯梯板配筋构造，如图 7-4 所示。

1. AT 型楼梯梯板配筋构造要点

(1)踏步段下部纵筋。踏步段下部纵筋伸入高端梯梁及低端梯梁的长度均应≥$5d$(d 为纵向钢筋直径)，且至少伸过支座中线。

(2)踏步段低端上部纵筋。

1)伸入低端梯梁要求。

①当设计踏步段与平台板铰接时，平直段钢筋伸至端支座对边后弯折，且平直段长度不小于 $0.35l_{ab}$，弯折段长度 $15d$(d 为纵向钢筋直径)。

②当设计考虑充分利用钢筋的抗拉强度时，平直段伸至端支座对边后弯折，且平直段长度

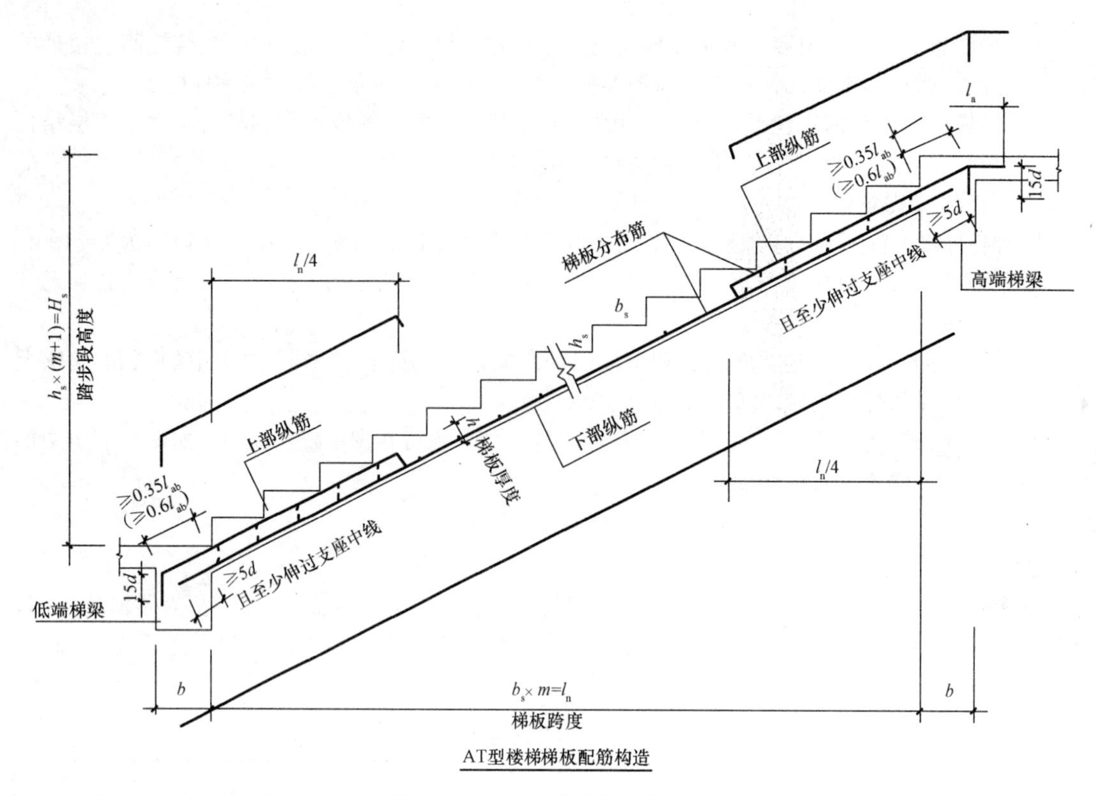

图 7-4　AT 型楼梯梯板配筋构造

不小于 $0.6l_{ab}$，弯折段长度 $15d$(d 为纵向钢筋直径)。

在具体工程中，设计应指明采用何种构造，当多数采用同种构造时，可在图注中写明，并将少数不同之处在图中注明。

2)伸入梯板要求。上部纵筋伸入踏步板内的水平投影长度是踏步板水平投影长度的 1/4，弯折同 16G101－1 中板的支座负筋。

(3)踏步段高端上部纵筋。

1)伸入高端梯梁要求。

①当设计踏步段与平台板铰接时，平直段钢筋伸至端支座对边后弯折，且平直段长度不小于 $0.35l_{ab}$，弯折段长度 $15d$(d 为纵向钢筋直径)。

②当设计考虑充分利用钢筋的抗拉强度时，平直段伸至端支座对边后弯折，且平直段长度不小于 $0.6l_{ab}$，弯折段长度 $15d$(d 为纵向钢筋直径)。

③上部纵筋有条件时，可直接伸入平台板内锚固，从支座内边算起，总锚固长度不小于 l_a。

在具体工程中，设计应指明采用何种构造，当多数采用同种构造时，可在图注中写明，并将少数不同之处在图中注明。

2)伸入梯板要求。直段钢筋伸入踏步板内的水平投影长度是踏步板水平投影长度的 1/4，弯折同 16G101－1 中板的支座负筋。

(4)在下部纵筋上方、上部纵筋下方均应设置分布筋。

2. AT 型楼梯钢筋计算过程分析

(1)确定计算条件。计算楼梯钢筋前，可将计算时所需的条件指出列明，以便计算能更为简便准确。AT 型楼梯钢筋的计算条件分为楼梯板的各个基本尺寸数据、计算长度时可能用到的系数，详见表 7-4。

表 7-4　AT 型楼梯计算条件及系数

梯板净跨度	梯板净宽度	梯板厚度	踏步宽度	踏步高度	斜坡系数
l_n	b_n	h	b_s	h_s	k
注：在钢筋计算中，经常需要通过水平投影长度计算斜长： 斜长＝水平投影长度×斜度系数 k 斜度系数 k 可以通过踏步宽度和踏步高度来进行计算： 斜度系数 $k=\sqrt{b_s^2+h_s^2}/b_s$					

(2)确定保护层厚度。楼梯中所包括的各构件保护层厚度的取定为：踏步段、楼间平板、中间平板、楼层平板均按板的保护层取定；梯梁按梁的保护层取定；梯柱按柱的保护层取定；梯基按基础保护层取定。

(3)踏步段下部纵筋及其分布筋的计算。

1)踏步段的下部纵筋的计算分析。踏步段的下部纵筋位于踏步段斜板的下部，沿踏步段宽度方向等间距布置，两端分别锚入高端梯梁和低端梯梁。根据 16G101－2 图集中踏步段的下部纵筋配筋构造要求，其计算分析见表 7-5。

表 7-5　踏步段的下部纵筋计算分析

AT型楼梯踏步段下部纵筋	图例	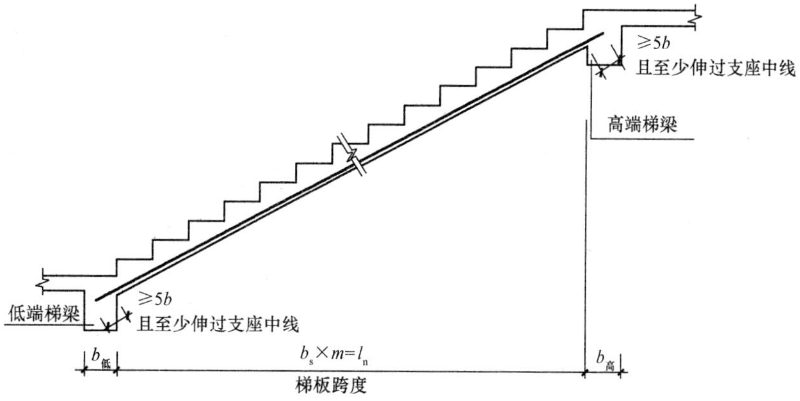 ≥5b 且至少伸过支座中线 高端梯梁 低端梯梁 ≥5b 且至少伸过支座中线 $b_低$　$b_s\times m=l_n$　$b_高$ 梯板跨度
	长度	计算公式：梯板跨度×斜度系数＋低端支座锚固＋高端支座锚固＋弯钩
		梯板跨度 l_n＝踏步宽 b_s×踏步数 m
		斜度系数 k 计算公式见表 7-4(斜边/直角边＝$\sqrt{b_s^2+h_s^2}/bs$)
		低端支座锚固长度＝max(5d，$b_低/2$) 高端支座锚固长度＝max(5d，$b_高/2$)
		弯钩：当楼梯配筋采用 HPB300 级钢筋时，除梯板上部纵筋的跨内端头做 90°直角弯钩外，所有末端应做 180°的弯钩
	根数	计算公式：(梯板宽 b_n－2×保护层厚度)÷间距＋1

AT 型楼梯踏步段下部纵筋的起步距离为一个板的保护层厚度。

2)踏步段的下部纵筋上分布筋的计算分析。在下部纵筋上应布置分布筋，垂直于踏步段下部纵筋，根据设计要求等间距布置，分布筋将与下部纵筋连成钢筋网。其计算分析见表 7-6。

表 7-6　踏步段的下部纵筋上分布筋计算分析

AT型楼梯踏步段下部纵筋上分布筋	图例	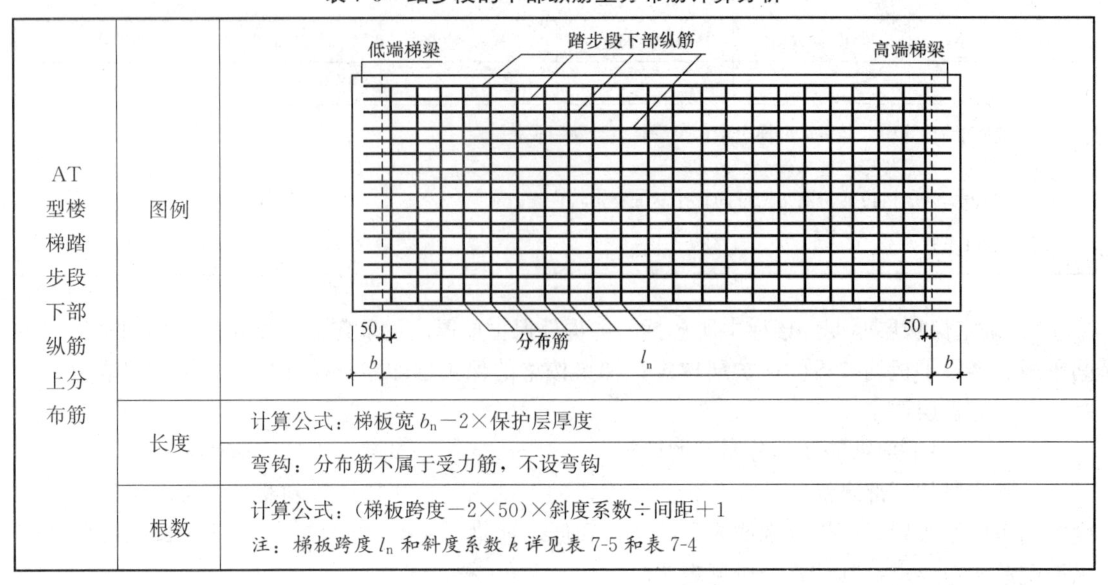
	长度	计算公式：梯板宽 b_n－2×保护层厚度
		弯钩：分布筋不属于受力筋，不设弯钩
	根数	计算公式：(梯板跨度－2×50)×斜度系数÷间距＋1 注：梯板跨度 l_n 和斜度系数 k 详见表 7-5 和表 7-4

AT 型楼梯踏步段属于单向板，分布筋不属于受力钢筋，根据分布筋的受力性质，踏步段下部纵筋之分布筋的起步距离参照 16G101－1 中梁箍筋的起步距离，按距梯梁边 50 mm 取定。

(4)踏步段低端上部纵筋及其分布筋的计算。

1)踏步段低端上部纵筋的计算分析。踏步段低端上部纵筋位于踏步段斜板低端的板上部，沿踏步段宽度方向等间距布置，下端锚入低端梯梁，上端伸入踏步段斜板。根据 16G101－2 图集中踏步段低端上部纵筋配筋构造要求，其计算分析见表 7-7。

表 7-7　踏步段低端上部纵筋计算分析

AT型楼梯踏步段低端上部纵筋	图例	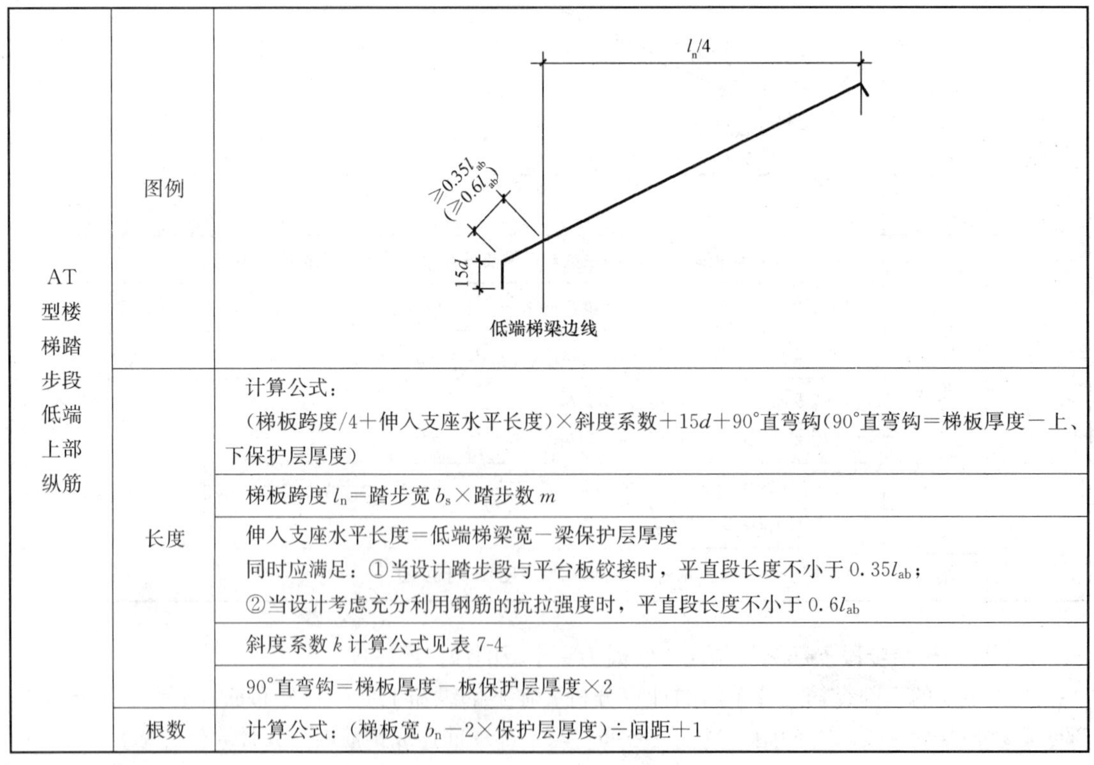
	长度	计算公式： (梯板跨度/4＋伸入支座水平长度)×斜度系数＋15d＋90°直弯钩(90°直弯钩＝梯板厚度－上、下保护层厚度)
		梯板跨度 l_n＝踏步宽 b_s×踏步数 m
		伸入支座水平长度＝低端梯梁宽－梁保护层厚度 同时应满足：①当设计踏步段与平台板铰接时，平直段长度不小于 0.35l_{ab}； ②当设计考虑充分利用钢筋的抗拉强度时，平直段长度不小于 0.6l_{ab}
		斜度系数 k 计算公式见表 7-4
		90°直弯钩＝梯板厚度－板保护层厚度×2
	根数	计算公式：(梯板宽 b_n－2×保护层厚度)÷间距＋1

AT 型楼梯踏步段低端上部纵筋的起步距离与踏步段的下部纵筋相同，距离板边一个板的保护层厚度。

2)踏步段低端上部纵筋下分布筋的计算分析。在上部纵筋下应布置分布筋，垂直于踏步段低端上部纵筋，根据设计要求等间距布置，分布筋将与踏步段低端上部纵筋连成钢筋网。其计算分析见表 7-8。

表 7-8　踏步段低端上部纵筋下分布筋计算分析

AT 型楼梯踏步段上部纵筋上分布筋	图例	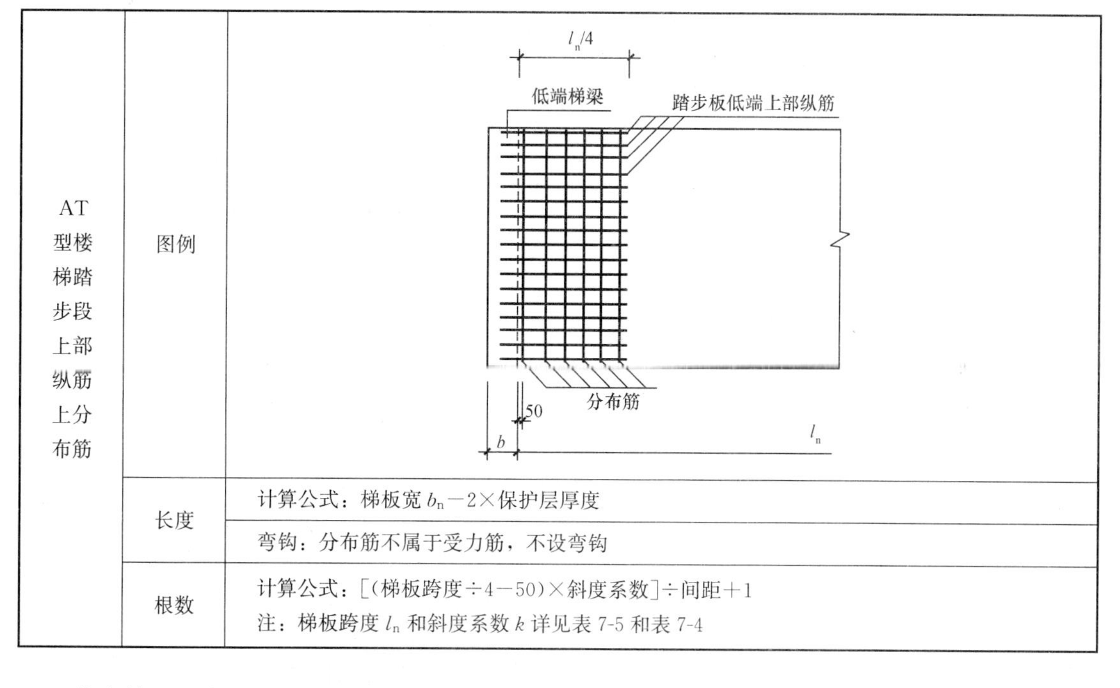
	长度	计算公式：梯板宽 b_n－2×保护层厚度
		弯钩：分布筋不属于受力筋，不设弯钩
	根数	计算公式：[(梯板跨度÷4－50)×斜度系数]÷间距＋1 注：梯板跨度 l_n 和斜度系数 k 详见表 7-5 和表 7-4

分布筋的起步距离同下部纵筋，按距离低端梯梁侧边 50 mm 取定。布置范围为踏步段低端上部纵筋伸入踏步段梯梁边缘延伸入梯段内 $l_n/4$ 纵筋的下方。

(5)踏步段高端上部纵筋及其分布筋的计算。

1)踏步段高端上部纵筋的计算分析。踏步段高端上部纵筋位于踏步段斜板高端的板上部，沿踏步段斜板坡度等间距布置，下端伸入踏步段斜板，上端锚入高端梯梁。根据 16G101－2 图集中踏步段高端上部纵筋配筋构造要求，其计算分析见表 7-9。

表 7-9　踏步段高端上部纵筋计算分析

AT 型楼梯踏步段高端上部纵筋	图例	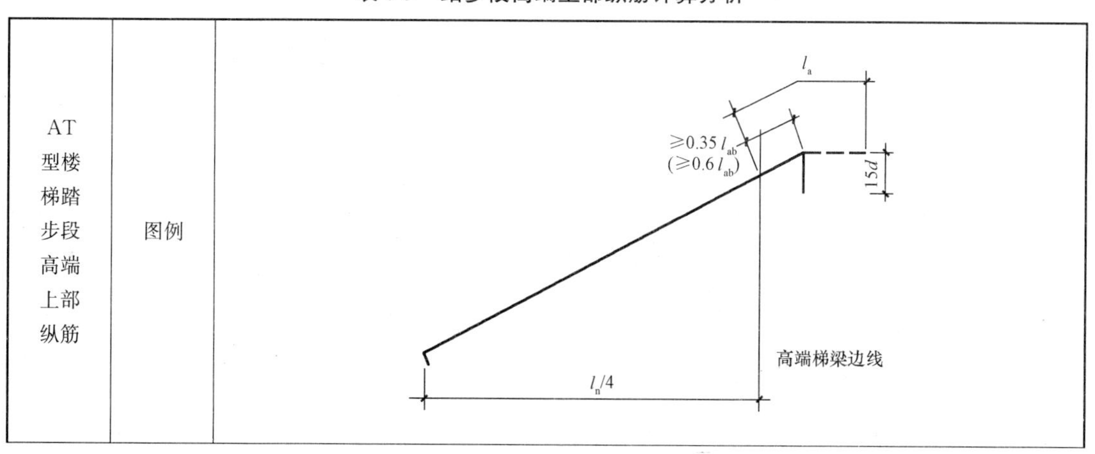

续表

AT型楼梯踏步段高端上部纵筋	长度	计算公式：(梯板跨度/4+伸入支座水平长度)×斜度系数+15d+90°直弯钩
	根数	梯板跨度 l_n=踏步宽 b_s×踏步数 m
		伸入支座水平长度=低端梯梁宽−梁保护层厚度 同时应满足：①当设计踏步段与平台板铰接时，平直段长度不小于 0.35l_{ab}； ②当设计考虑充分利用钢筋的抗拉强度时，平直段长度不小于 0.6l_{ab}； ③上部纵筋有条件时，可直接伸入平台板内锚固，从支座内边算起总锚固长度不小于 l_a
		斜度系数 k 计算公式见表 7-4
		90°直弯钩=梯板厚度−板保护层厚度×2
		计算公式：(梯板宽 b_n−2×保护层厚度)÷间距+1

AT 型楼梯踏步段高端上部纵筋的起步距离与踏步段的下部纵筋相同，距离板边一个板的保护层厚度。

2)踏步段高端上部纵筋下分布筋的计算分析。在上部纵筋下应布置分布筋，垂直于踏步段高端上部纵筋，根据设计要求等间距布置，分布筋将与踏步段高端上部纵筋连成钢筋网。其计算分析见表 7-10。

表 7-10　踏步段高端上部纵筋下分布筋计算分析

AT型楼梯踏步段上部纵筋下分布筋	图例	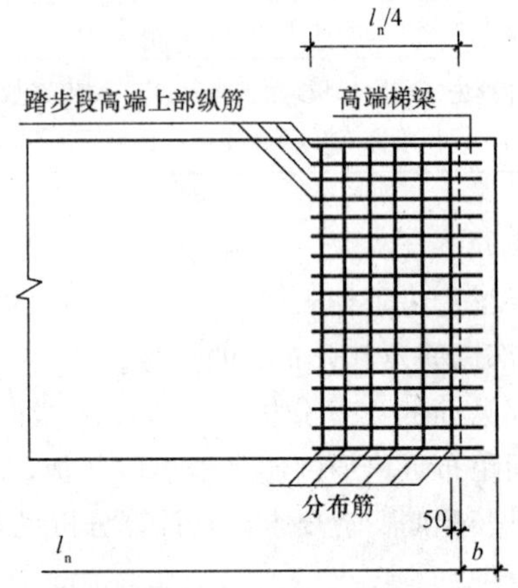 $l_n/4$ 踏步段高端上部纵筋　高端梯梁 分布筋 50　b l_n
	长度	计算公式：梯板宽 b_n−2×保护层厚度
		弯钩：分布筋不属于受力筋，不设弯钩
	根数	计算公式：[(梯板跨度÷4−50)×斜度系数]÷间距+1 注：梯板跨度 l_n 和斜度系数 k 详见表 7-5 和表 7-4

分布筋的起步距离同下部纵筋，按距离低端梯梁侧边 50 mm 取定。布置范围为踏步段低端上部纵筋伸入踏步段内部下方。

二、BT 型楼梯板配筋构造

BT 型楼梯梯板配筋构造如图 7-5 所示。

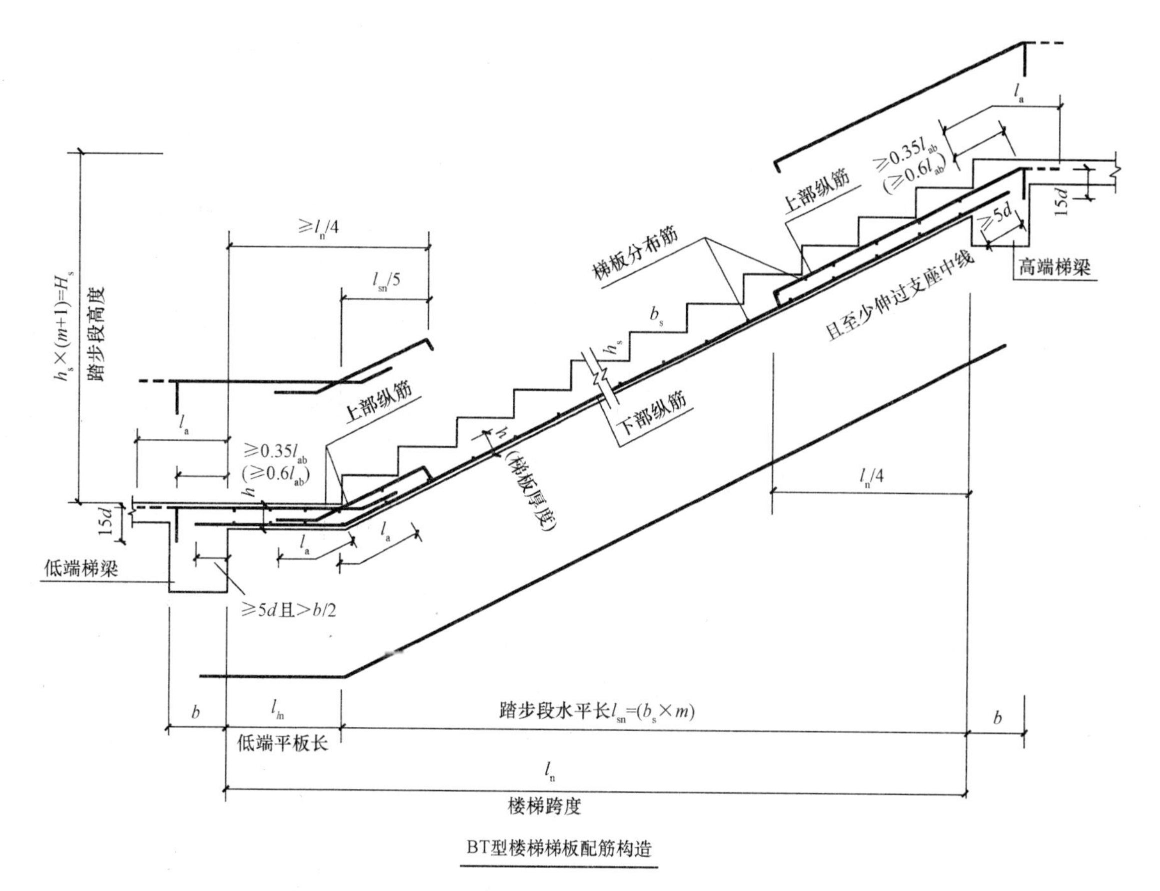

图 7-5　BT 型楼梯梯板配筋构造

BT 型楼梯梯板配筋构造要点：

(1)踏步段及低端平板下部纵筋。踏步段下部纵筋伸入高端梯梁的长度应≥5d，且至少伸过支座中线，低端平板处伸入低端梯梁长度≥5d 且>$b/2$。

(2)低端平板上部纵筋。

1)伸入低端梯梁要求。

①当设计踏步段与平台板铰接时，平直段钢筋伸至端支座对边后弯折，而且平直段长度不小于 $0.35l_{ab}$，弯折段长度 15d(d 为纵向钢筋直径)。

②当设计考虑充分利用钢筋的抗拉强度时，平直段伸至端支座对边后弯折，而且平直段长度不小于 $0.6l_{ab}$，弯折段长度 15d(d 为纵向钢筋直径)。

③上部纵筋有条件时，可直接伸入平台板内锚固，从支座内边算起，总锚固长度不小于 l_a。

在具体工程中，设计应指明采用何种构造，当多数采用同种构造时，可在图注中写明。并将少数不同之处在图中注明。

2)伸入踏步段要求。钢筋伸至踏步段底部后沿踏步段坡度弯折，伸入踏步段内的总长度为 l_a。

(3)踏步段低端上部纵筋。

1)伸入低端平板要求。钢筋伸至低端平板底部后沿平板水平弯折，伸入低端平板内的总长度为 l_a。

2)伸入踏步段要求。钢筋伸入踏步段的水平投影长度应为 $l_n/5$ 且≥($l_n/4-l_{ln}$)，弯折同 16G101—1 中板的负筋。这里，d 为纵向钢筋直径，l_n 为梯板跨度，l_{ln}为低端平板长。

(4)踏步段高端上部纵筋。

1)伸入高端梯梁要求。

①当设计踏步段与平台板铰接时，平直段钢筋伸至端支座对边后弯折，而且平直段长度不小于 $0.35l_{ab}$，弯折段长度 $15d$(d 为纵向钢筋直径)。

②当设计考虑充分利用钢筋的抗拉强度时，平直段钢筋伸至端支座对边后弯折，而且平直段长度不小于 $0.6l_{ab}$，弯折段长度 $15d$(d 为纵向钢筋直径)。

③上部纵筋有条件时，可直接伸入平台板内锚固，从支座内边算起，总锚固长度不小于 l_a。

具体工程中，设计应指明采用何种构造。当多数采用同种构造时，可在图注中写明，并将少数不同之处在图中注明。

2)伸入踏步段要求。直段钢筋伸入踏步板内的水平投影长度是踏步板水平投影长度的 1/4，弯折同 16G101—1 中板的负筋。

(5)梯板分布筋。在下部纵筋上方、上部纵筋下方均应设置分布筋。

三、CT 型楼梯梯板配筋构造

CT 型楼梯梯板配筋构造如图 7-6 所示。

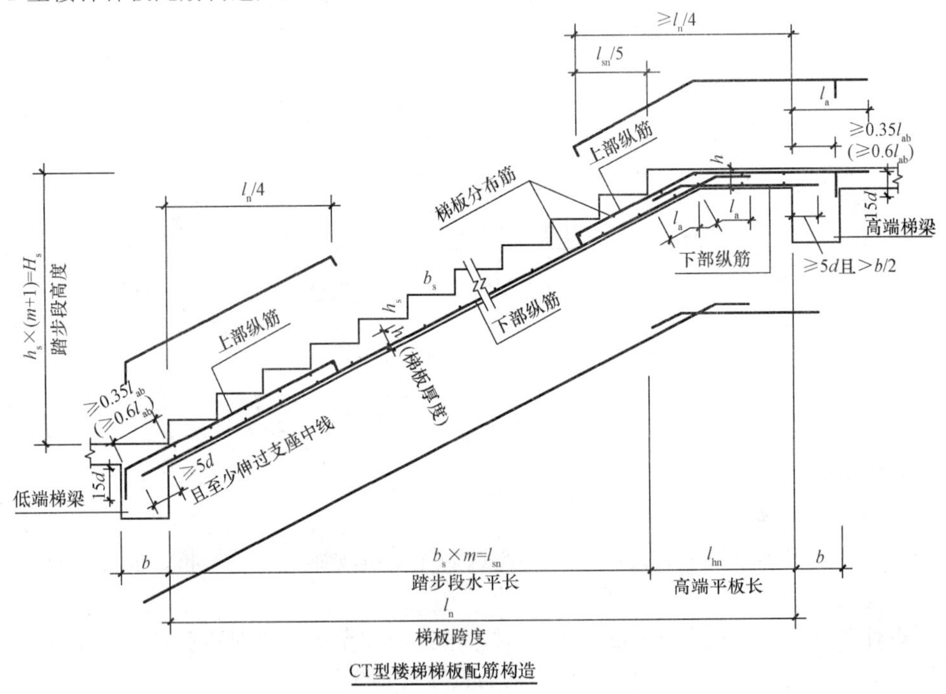

图 7-6　CT 型楼梯梯板配筋构造

CT 型楼梯梯板配筋构造要点如下：

(1)踏步段下部纵筋。踏步段下部纵筋伸入低端梯梁的长度应≥$5d$，且至少伸过支座中线。伸入高端平板顶端后沿平板水平弯折，伸入高端平板水平段内的总长度为 l_a。

(2)高端平板下部纵筋。

1)伸入高端梯梁要求。钢筋伸入高端梯梁长度≥$5d$ 且>$b/2$(d 为纵向钢筋直径，b 为高端梯梁宽度)。

2)伸入踏步段要求。钢筋伸至踏步段顶端后沿踏步段坡度弯折，伸入梯板坡段内的总长度为 l_a。

(3)踏步段低端上部纵筋。

1)伸入低端梯梁要求。

①当设计踏步段与平台板铰接时，平直段钢筋伸至端支座对边后弯折，而且平直段长度不小于 $0.35l_{ab}$，弯折段长度 $15d$(d 为纵向钢筋直径)。

②当设计考虑充分利用钢筋的抗拉强度时，平直段伸至端支座对边后弯折，而且平直段长度不小于 $0.6l_{ab}$，弯折段长度 $15d$(d 为纵向钢筋直径)。

具体工程中，设计应指明采用何种构造。当多数采用同种构造时，可在图注中写明，并将少数不同之处在图中注明。

2)伸入踏步段要求。直段钢筋伸入踏步板内的水平投影长度是踏步板水平投影长度的 1/4，端部弯折同 16G101—1 中板的负筋。

(4)踏步段及高端平板上部纵筋。

1)伸入踏步段要求。钢筋伸入踏步段内的水平投影长度应 $\geq l_{sn}/5$，且从高端梯梁伸出的水平投影长度应 $\geq l_n/4$，弯折同 16G101－1 图集中板的负筋。这里的 d 为纵向钢筋直径，l_{sn} 为踏步段水平长度，l_n 为梯板跨度，l_{hn} 为高端平板长。

2)伸入高端梯梁要求。

①当设计踏步段与平台板铰接时，平直段钢筋伸至端支座对边后弯折，且平直段长度不小于 $0.35l_{ab}$，弯折段长度 $15d$(d 为纵向钢筋直径)。

②当设计考虑充分利用钢筋的抗拉强度时，平直段伸至端支座对边后弯折，且平直段长度不小于 $0.6l_{ab}$，弯折段长度 $15d$(d 为纵向钢筋直径)。

③上部纵筋有条件时，可直接伸入平台板内锚固，从支座内边算起，总锚固长度不小于 l_a。

在具体工程中，设计应指明采用何种构造。当多数采用同种构造时，可在图注中写明，并将少数不同之处在图中注明。

(5)梯板分布筋。在下部纵筋上方、上部纵筋下方均应设置分布筋。

四、DT 型楼梯梯板配筋构造

DT 型楼梯梯板配筋构造如图 7-7 所示。

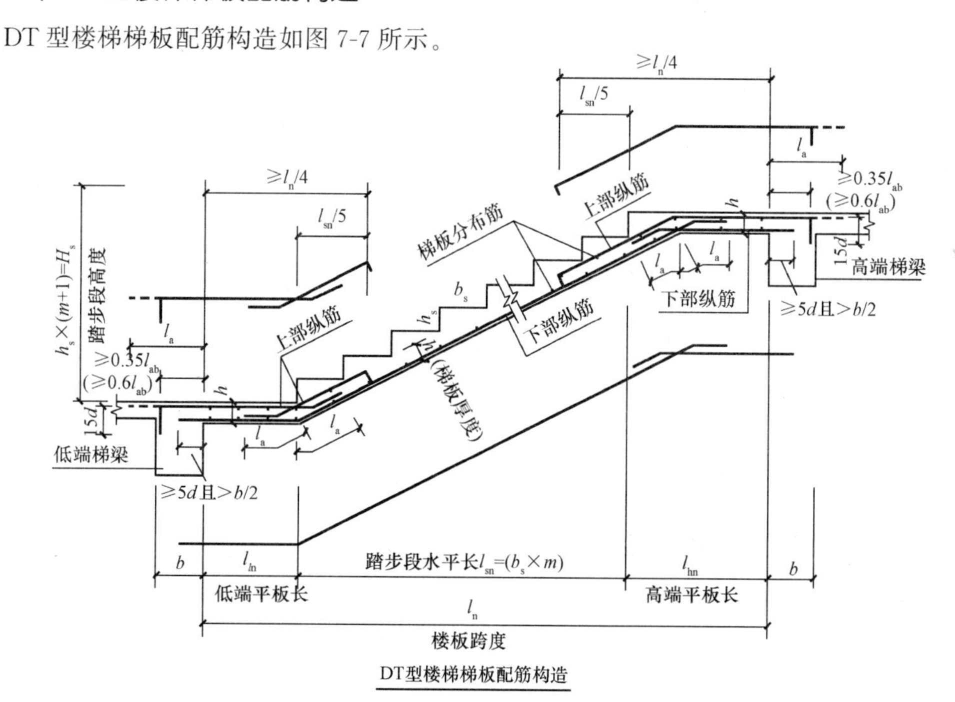

图 7-7　DT 型楼梯梯板配筋构造

DT 型楼梯梯板配筋构造要点：

(1)低端平板及踏步段下部纵筋。低端平板及踏步段下部纵筋伸入低端梯梁的长度应≥5d，且>b/2。伸入高端平板顶端后，沿平板水平弯折，伸入高端平板水平段内的总长度为 l_a。

(2)高端平板下部纵筋。

1)伸入高端梯梁要求。钢筋伸入高端梯梁长度≥5d，且>b/2(d 为纵向钢筋直径，b 为高端梯梁宽度)。

2)伸入踏步段要求。钢筋伸至踏步段顶端后沿踏步段坡度弯折，伸入踏步段坡段内的总长度为 l_a。

(3)低端平板上部纵筋。

1)伸入低端梯梁要求。

①当设计踏步段与平台板铰接时，平直段钢筋伸至端支座对边后弯折，且平直段长度不小于 0.35l_{ab}，弯折段长度 15d(d 为纵向钢筋直径)。

②当设计考虑充分利用钢筋的抗拉强度时，平直段伸至端支座对边后弯折，且平直段长度不小于 0.6l_{ab}，弯折段长度 15d(d 为纵向钢筋直径)。

③上部纵筋有条件时，可直接伸入平台板内锚固，从支座内边算起，总锚固长度不小于 l_a。

在具体工程中，设计应指明采用何种构造，当多数采用同种构造时，可在图注中写明，并将少数不同之处在图中注明。

2)伸入踏步段要求。钢筋伸至踏步段底部后沿平板水平弯折，伸入踏步段内的总长度为 l_a。

(4)踏步段低端上部纵筋。

1)伸入低端平板要求。钢筋伸至低端平板底部后沿平板水平弯折，伸入低端平板内的总长度为 l_a。

2)伸入踏步段要求。钢筋伸入踏步段的水平投影长度应为 l_n/5，且≥(l_n/4－l_{ln})，弯折同 16G101－1 中板的负筋。这里的 d 为纵向钢筋直径，l_n 为梯板跨度，l_{ln}为低端平板长。

(5)踏步段及高端平板上部纵筋。

1)伸入踏步段要求。钢筋从高端平板伸入踏步段，在距最上一级踏步侧边一个踏步宽 b_s 处沿踏步坡度弯折，伸入踏步段的水平投影长度应≥(l_{sn}/5－b_s)，且从高端梯梁伸出的水平投影长度应≥l_n/4，弯折同 16G101－1 中板的负筋。这里的 d 为纵向钢筋直径，l_n 为梯板跨度，l_{sn}为踏步段水平投影长度。

2)伸入高端梯梁要求。

①当设计踏步段与平台板铰接时，平直段钢筋伸至端支座对边后弯折，且平直段长度不小于 0.35l_{ab}，弯折段长度 15d(d 为纵向钢筋直径)。

②当设计考虑充分利用钢筋的抗拉强度时，平直段伸至端支座对边后弯折，且平直段长度不小于 0.6l_{ab}，弯折段长度 15d(d 为纵向钢筋直径)。

③上部纵筋有条件时，可直接伸入平台板内锚固，从支座内边算起，总锚固长度不小于 l_a。

在具体工程中，设计应指明采用何种构造，当多数采用同种构造时，可在图注中写明，并将少数不同之处在图中注明。

(6)梯板分布筋。在下部纵筋上方、上部纵筋下方均应设置分布筋。

五、ET 型楼梯梯板配筋构造

ET 型楼梯梯板配筋构造如图 7-8 所示。

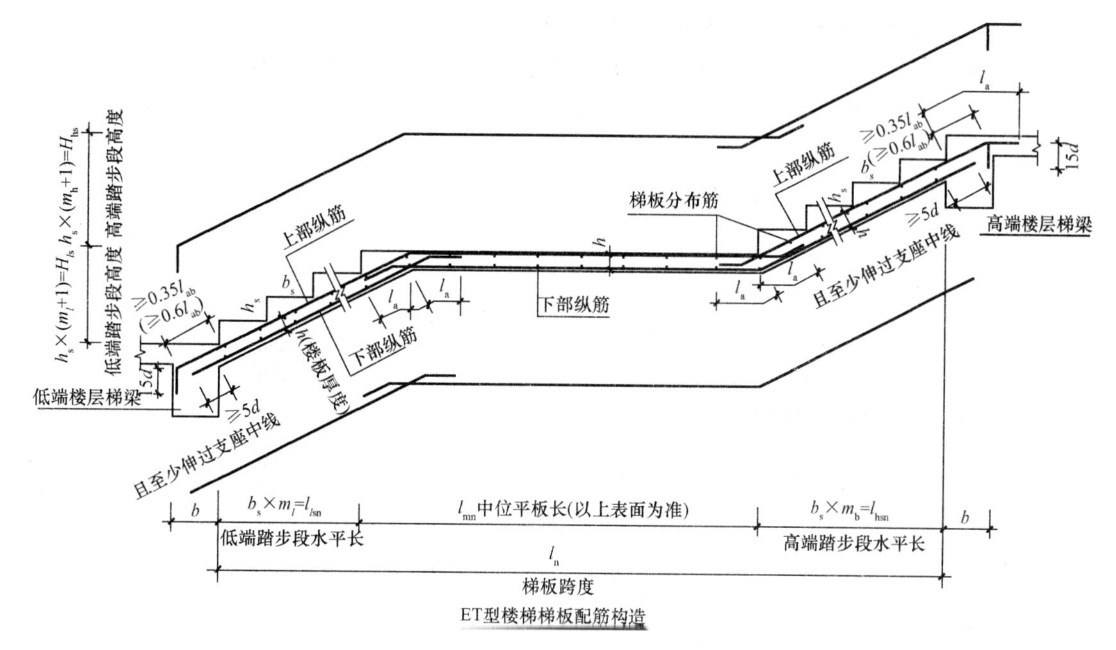

图 7-8　ET 型楼梯梯板配筋构造

ET 型楼梯梯板配筋构造：

(1)低端踏步段下部纵筋。低端踏步段下部纵筋伸入低端楼层梯梁的长度应≥5d 且至少伸过支座中线。伸入中位平板顶端后，沿平板水平弯折，伸入中位平板水平段内的总长度为 l_a。

(2)中位平板及高端踏步段下部纵筋。

1)伸入低端踏步段要求。钢筋从中位平板伸至踏步段上部纵筋下沿踏步段坡度弯折，从中位平板水平段伸出的长度应为 l_a。

2)伸入高端楼层梯梁要求。钢筋伸入高端楼层梯梁的长度应≥5d 且至少伸过支座中线。

(3)低端踏步段及中位平板上部纵筋。

1)伸入低端楼层梯梁要求。

①当设计踏步段与平台板铰接时，平直段钢筋伸至端支座对边后弯折，且平直段长度不小于 0.35l_{ab}，弯折段长度 15d(d 为纵向钢筋直径)。

②当设计考虑充分利用钢筋的抗拉强度时，平直段伸至端支座对边后弯折，且平直段长度不小于 0.6l_{ab}，弯折段长度 15d(d 为纵向钢筋直径)。

在具体工程中，设计应指明采用何种构造，当多数采用同种构造时，可在图注中写明，并将少数不同之处在图中注明。

2)伸入高端踏步段长度要求。钢筋伸至高端踏步段底部后沿踏步段坡度弯折，伸入高端踏步段内的总长度为 l_a。

(4)高端踏步段上部纵筋。

1)伸入中位平板要求。钢筋伸入中位平板底部后沿平板水平弯折，伸入中位平板的总长度为 l_a。

2)伸入高端楼层梯梁要求。

①当设计踏步段与平台板铰接时，平直段钢筋伸至端支座对边后弯折，且平直段长度不小于 0.35l_{ab}，弯折段长度 15d(d 为纵向钢筋直径)。

②当设计考虑充分利用钢筋的抗拉强度时，平直段伸至端支座对边后弯折，且平直段长度

不小于 $0.6l_{ab}$，弯折段长度 $15d$（d 为纵向钢筋直径）。

③上部纵筋有条件时，可直接伸入平台板内锚固，从支座内边算起，总锚固长度不小于 l_a。

在具体工程中，设计应指明采用何种构造，当多数采用同种构造时，可在图注中写明，并将少数不同之处在图中注明。

(5)梯板分布筋。在下部纵筋上方、上部纵筋下方均应设置分布筋。

第三节　楼梯平面施工实例

一、AT 型楼梯钢筋计算实例一

某 AT 型板式楼梯平法施工图如图 7-9 所示，已知墙厚为 240 mm，轴线居中，楼梯井宽度为 60 mm，混凝土强度等级为 C25，一类环境，混凝土结构设计使用年限为 50 年，梯梁宽度为 200 mm，试计算钢筋工程量。

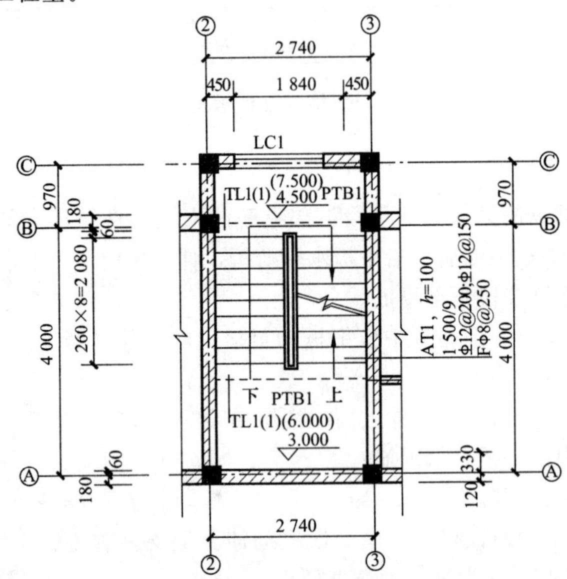

图 7-9　AT 型板式楼梯平法施工图

解：(1)计算有关参数。

梯板净跨 l_n=2 080 mm

梯板净宽 b_n=(2 740－240－60)/2=1 220(mm)

梯板厚度 h=100 mm

踏步宽度 b_s=260 mm

踏步高度 h_s=1 500/9=167(mm)

保护层厚度：根据环境类别、混凝土结构使用年限及混凝土强度等级确定板的保护层厚度为 20 mm，梁的保护层厚度为 25 mm。

斜坡系数 $k=\sqrt{260^2+167^2}/260=1.189$

锚固长度=max($5d$，$bk/2$)=max(5×12 200×1.189/2)=118.9(mm)

(2)钢筋工程量计算过程见表 7-11。

表 7-11 梯板钢筋工程量计算过程

钢筋位置	钢筋种类	钢筋计算方法(长度/m)	长度/m
梯板下部钢筋	下部纵筋 Φ12@150	长度$=k\times l_n+2\times \max(5d, bk/2)$=1.189×2.08+2×0.118 9=2.71 根数=(b_n−2×板保护层厚度)/间距+1=(1.22−2×0.02)/0.15+1=9	2.71×9=24.39
	分布钢筋 Φ8@250	长度=b_n−2×板保护层厚度+两端180°弯钩=1.22−2×0.02+12.5×0.008=1.28 根数=($k\times l_n$−间距)/间距+1=(1.189×2.08−0.25)/0.25+1=10	1.28×10=12.8
低端上部钢筋	上部纵筋 Φ12@200	长度=(l_n/4+b−梁保护层厚度)×k+15d+h−板保护层厚度=(2.08/4+0.2−0.025)×1.189+15×0.012+0.1−0.02=1.09 根数=(b_n−2×板保护层厚度)/间距+1=(1.22−2×0.02)/0.2+1=7	1.09×7=7.63
	分布钢筋 Φ8@250	长度=b_n−2×板保护层厚度+两端180°弯钩=1.22−2×0.02+12.5×0.008=1.28 根数=($k\times l_n$/4−间距/2)/间距+1=(1.189×2.08/4−0.25/2)/0.25+1=3	1.28×3=3.84
高端上部钢筋	上部纵筋 Φ12@200	长度=1.09 根数=7 (同低端上部钢筋)	1.09×7=7.63
	分布钢筋 Φ8@250	长度=1.28 根数=3 (同低端上部钢筋)	1.28×3=3.84
合计:Φ12 长度=24.39+7.63+7.63=39.65(m),质量=39.65×0.888=35(kg) Φ8 长度=12.8+3.84+3.84=20.48(m),质量=20.48×0.395=8(kg) 说明:计算钢筋根数,每个商取整数时,只入不舍。			

二、AT 型楼梯钢筋计算实例二

通过上面的计算过程分析,现在以图 7-10 的例子来展示某 C30 现浇混凝土 AT 型楼梯钢筋的计算过程。

(一)了解楼梯相关信息

该实例的注写方式为平面注写方式,可获取到以下钢筋及各尺寸信息:

(1)梯板类型及编号:楼梯间某一层平面的双跑楼梯均为 AT1,梯板厚度为 120 mm。

(2)踏步段总高度为 1 800 mm,踏步级数为 12 级。

(3)梯板支座上部纵筋:Φ10@200。

(4)梯板下部纵筋:Φ12@150。

(5)梯板分布筋:Φ8@250。

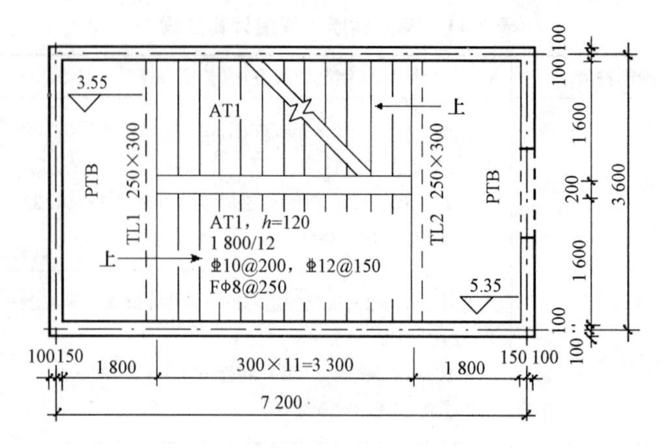

图 7-10　实例图

(6)低端梯梁：TL1　250×300；高端梯梁：TL2　250×300。

(7)梯板净跨尺寸：300×11=3 300(mm)。

(8)梯板净宽度尺寸：1 600 mm。

(9)楼层平板宽度：1 800 mm。

(10)层间平板宽度：1 800 mm。

(11)梯井宽度：200 mm。

(12)其他背景条件：混凝土强度等级为 C30、板保护层厚度为 15 mm、梁保护层厚度为 25 mm、踏步段与端支座为刚性连接。

(二)确定计算条件

根据所得信息确定本实例的计算条件，将满足计算楼梯钢筋所需的数据列出，见表 7-12。

表 7-12　AT 型楼梯实例计算条件及系数

梯板净跨度	梯板净宽度	梯板厚度	踏步宽度	踏步高度	斜坡系数
l_n	b_n	h	b_s	h_s	k
3 300 mm	1 600 mm	120 mm	300 mm	150 mm	1.118

注：1. 踏步高度 h_s 的确定：

踏步高度=踏步段总高度/踏步级数

即 $h_s=H_s/(m+1)=1\ 800/12=150$(mm)

2. 斜度系数 k 的确定：

斜度系数可以通过踏步宽度和踏步高度来进行计算：

斜度系数 $k=\sqrt{b_s^2+h_s^2}/b_s=\sqrt{300^2+150^2}/300=1.118$

本实例仅计算一跑 AT1 梯板，实际计算时，可根据工程中共有几个 AT1 相应乘以几倍。楼层平板、层间平板、梯梁、梯柱不在本实例的计算范围，应分别按板、梁、柱进行计算。

(三)踏步段下部纵筋及分布筋的计算

(1)踏步段下部纵筋计算过程及图例见表 7-13。

表 7-13　踏步段下部纵筋计算表

踏步段 下部纵筋 Φ12@150	图例	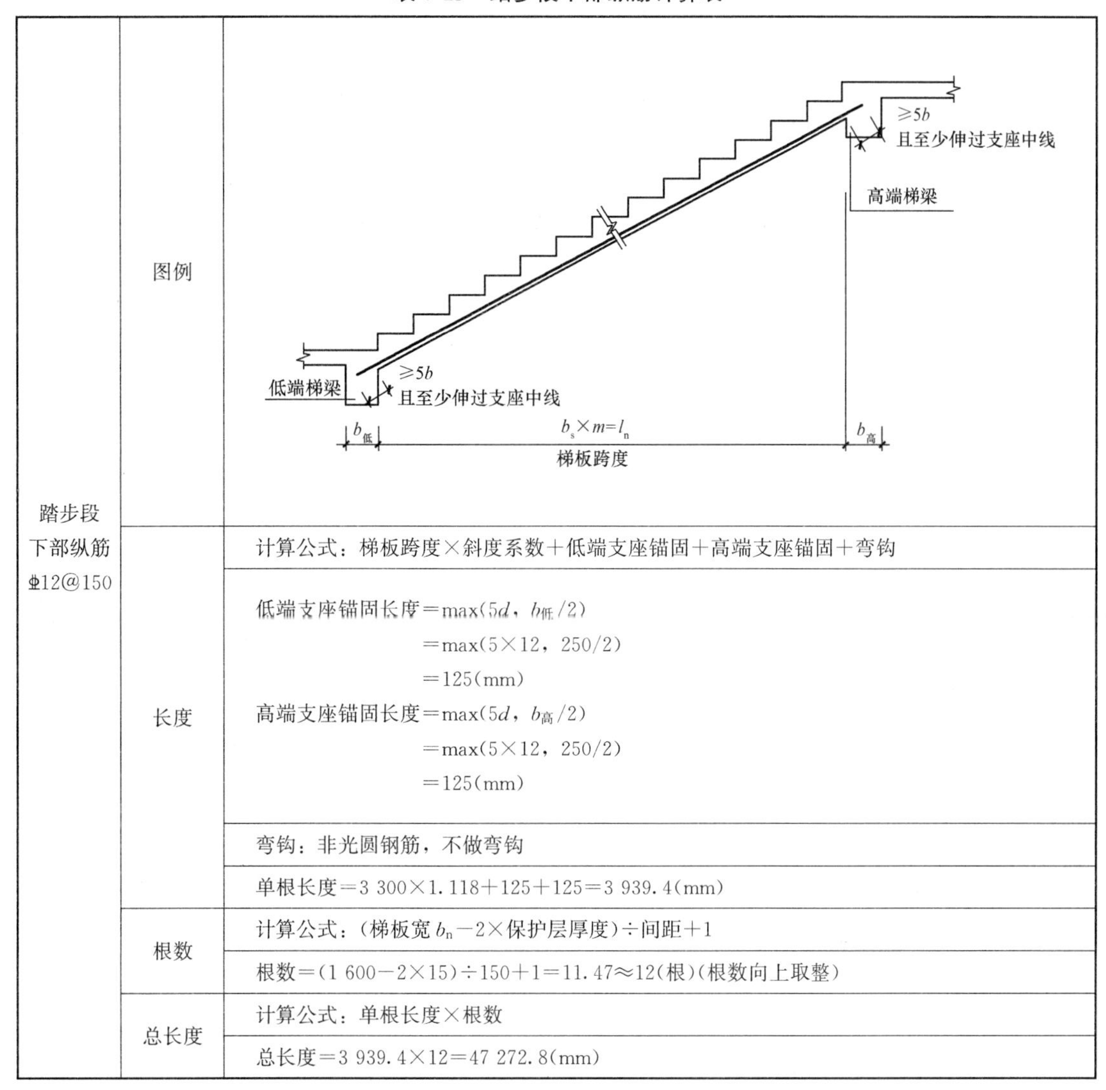
	长度	计算公式：梯板跨度×斜度系数＋低端支座锚固＋高端支座锚固＋弯钩
		低端支座锚固长度＝max(5d，$b_{低}$/2) ＝max(5×12，250/2) ＝125(mm) 高端支座锚固长度＝max(5d，$b_{高}$/2) ＝max(5×12，250/2) ＝125(mm)
		弯钩：非光圆钢筋，不做弯钩
		单根长度＝3 300×1.118＋125＋125＝3 939.4(mm)
	根数	计算公式：(梯板宽 b_n－2×保护层厚度)÷间距＋1
		根数＝(1 600－2×15)÷150＋1＝11.47≈12(根)(根数向上取整)
	总长度	计算公式：单根长度×根数
		总长度＝3 939.4×12＝47 272.8(mm)

(2)踏步段下部纵筋上分布筋计算过程及图例见表 7-14。

表 7-14　踏步段下部纵筋上分布筋计算表

踏步段 下部纵筋上 分布筋 Φ8@250	图例	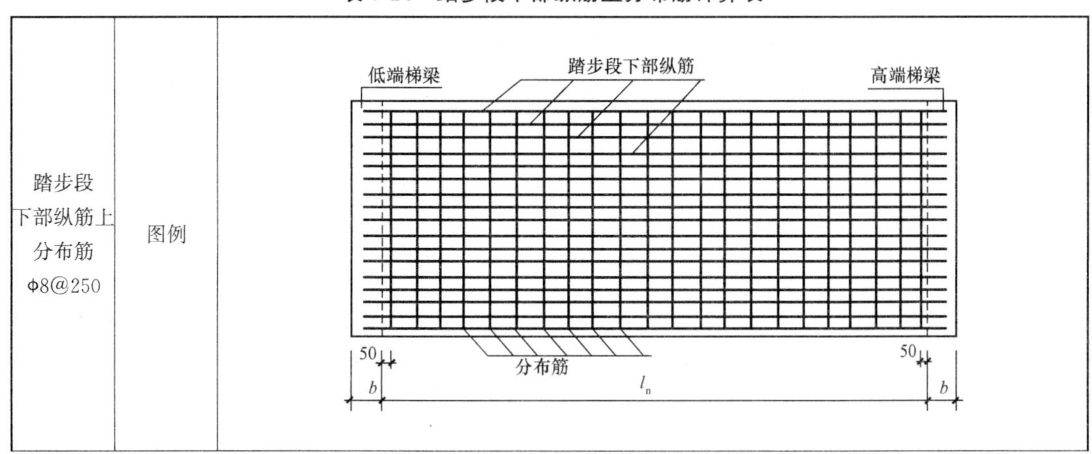

续表

踏步段下部纵筋上分布筋 Φ8@250	长度	计算公式：梯板宽 $b_n-2\times$ 保护层厚度
		弯钩：分布筋不属于受力筋，不设弯钩
		单根长度＝1 600－2×15＝1 570(mm)
	根数	计算公式：(梯板跨度×斜度系数－2×50)÷间距＋1
		根数＝(3 300×1.118－2×50)÷250＋1＝15.36≈16(根)(根数向上取整)
	总长度	计算公式：单根长度×根数
		总长度＝1 570×16＝25 120(mm)

(3)计算结果要点分析。

1)下部纵筋高低端支座锚固长度。锚入高低端梯梁的斜段长度满足 max($5d$，$b/2$)，故计算时不需乘以斜度系数，如图 7-11(a)所示。

2)下部纵筋的起步距离。板式楼梯与梁式楼梯不同，板边缘与侧边第一根钢筋的摆放如图 7-11(b)所示。

分布筋的起步距离：距离高低端梯梁边 50 mm 摆放，如图 7-11(c)所示。

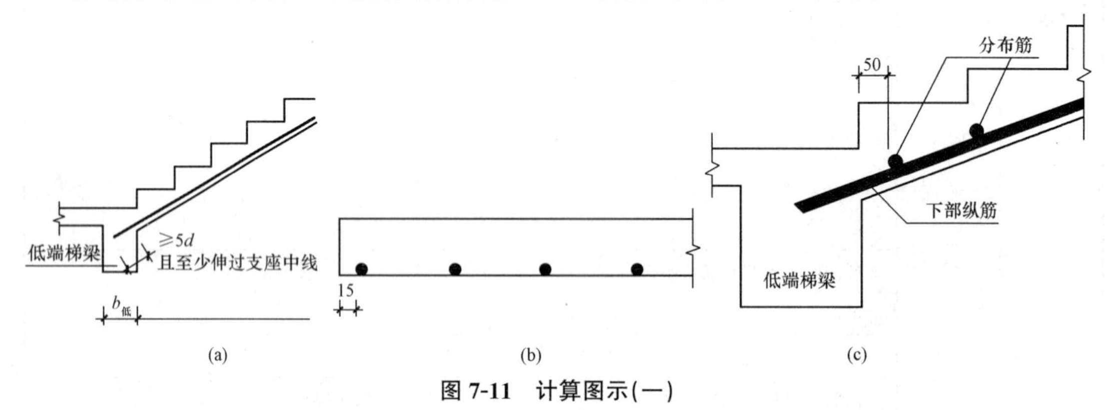

图 7-11　计算图示(一)

(a)下部纵筋高低端支座锚固长度；(b)下部纵筋的起步距离；(c)分布筋的起步距离

3)钢筋质量的计算。根据表 7-13 计算出了踏步段下部纵筋钢筋总长度，钢筋质量可待各种钢筋长度计算完成后再统一计算。

(四)踏步段低端上部纵筋及其分布筋的计算

(1)踏步段低端上部纵筋的计算过程及图例见表 7-15。

表 7-15　踏步段低端上部纵筋计算表

踏步段低端上部纵筋 Φ10@200	图例	$l_n/4$ ≥$0.35l_{ab}$ (≥$0.6l_{ab}$) $15d$ 低端梯梁边线

续表

踏步段低端上部纵筋Φ10@200	长度	计算公式：(梯板跨度/4+伸入支座水平长度)×斜度系数+15d+90°直弯钩
		伸入支座水平长度=(低端梯梁宽－梁保护层厚度) =250－25=225(mm)
		90°直弯钩=梯板厚度－板保护层厚度×2 =120－15×2=90(mm)
		单根长度=(3 300/4+225)×1.118+15×10+90=1 413.9(mm)
	根数	计算公式：(梯板宽b_n－2×保护层厚度)÷间距+1
		根数=(1 600－2×15)÷200+1=8.85≈9(根)(根数向上取整)
	总长度	计算公式：单根长度×根数
		总长度=1 413.9×9=12 725.1(mm)

(2)踏步段低端上部纵筋下分布筋的计算过程及图例见表7-16。

表7-16　踏步段低端上部纵筋下分布筋计算表

踏步段上部纵筋下分布筋Φ8@250	图例	$l_n/4$；低端梯梁；踏步板低端上部纵筋；分布筋；50；b；l_n
	长度	计算公式：梯板宽b_n－2×保护层厚度
		单根长度=1 600－2×15=1 570(mm)
	根数	计算公式：[(梯板跨度÷4－50)×斜度系数]÷间距+1
		根数=[(3 300÷4－50)×1.118]÷250+1=4.47≈5(根)(根数向上取整)
	总长度	计算公式：单根长度×根数
		总长度=1 570×5=7 850(mm)

(3)计算结果要点分析。

1)踏步段低端上部纵筋低端支座锚固长度。根据背景条件，本工程楼梯踏步段与端支座为刚性连接，故其锚入低端梯梁的平直段长度不小于0.6l_{ab}，如图7-12(a)所示，且需伸至支座对边，再向下弯折15d。验算过程如下：

①在16G101－2图集中第18页表中查出l_{ab}为35d。

②计算0.6l_{ab}=0.6×35×10=210(mm)。

③计算伸入支座对边长度：

长度=(支座宽-保护层厚度)×斜度系数=(250-25)×1.118=251.55(mm)

④可确定踏步段低端上部纵筋低端支座锚固长度应按伸至支座对边再向下弯折 15d 计算。

2)分布筋的摆放范围。

分布筋的起步距离：距低端梯梁边 50 mm 摆放，摆放范围为低端上部纵筋伸入踏步段内长度的下方，如图 7-12(b)所示。

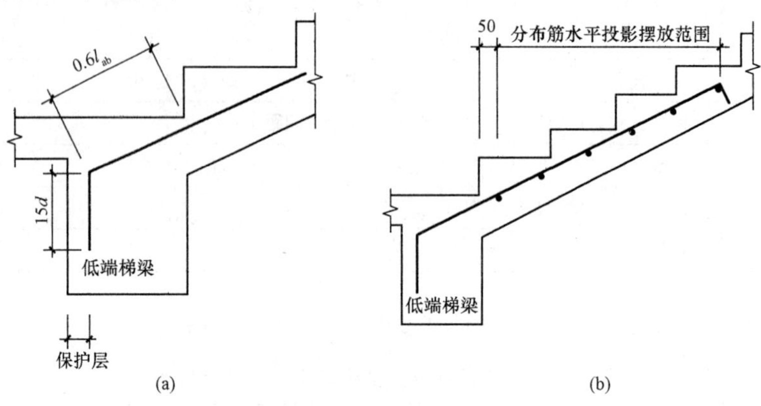

图 7-12　计算图示(二)

(a)踏步段低端上部纵筋低端支座锚固长度；(b)分布筋的起步距离

(五)踏步段高端上部纵筋及其分布筋的计算

(1)踏步段高端上部纵筋的计算过程及图例见表 7-17。

表 7-17　踏步段高端上部纵筋计算表

踏步段高端上部纵筋 Φ10@200	图例	l_a；≥0.35l_{ab} (≥0.6l_{ab})；15d；高端梯梁边线；l_n/4
	长度	计算公式：(梯板跨度/4+伸入支座水平长度)×斜度系数+15d+90°直弯钩
		伸入支座水平长度=低端梯梁宽-梁保护层厚度=250-25=225(mm)
		90°直弯钩=梯板厚度-板保护层厚度=120-15×2=90(mm)
		单根长度=(3 300/4+225)×1.118+15×10+90=1 413.9(mm)
	根数	计算公式：(梯板宽 b_n-2×保护层厚度)÷间距+1
	总长	根数=(1 600-2×15)÷200+1=8.85≈9(根)(根数向上取整)
		计算公式：单根长度×根数
		总长度=1 413.9×9=12 725.1(mm)

(2)踏步段高端上部纵筋下分布筋的计算过程及图例见表 7-18。

表 7-18　踏步段高端上部纵筋下分布筋计算表

<table>
<tr><td rowspan="7">踏步段上部纵筋下分布筋
Φ8@250</td><td>图例</td><td>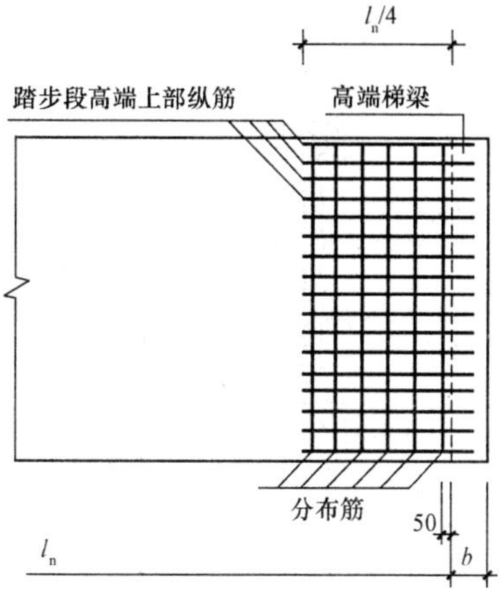
</td></tr>
<tr><td rowspan="2">长度</td><td>计算公式：梯板宽 b_n－2×保护层厚度</td></tr>
<tr><td>单根长度＝1 600－2×15＝1 570(mm)</td></tr>
<tr><td rowspan="2">根数</td><td>计算公式：[(梯板跨度÷4－50)×斜度系数]÷间距＋1</td></tr>
<tr><td>根数＝[(3 300÷4－50)×1.118]÷250＋1＝4.47≈5(根)(根数向上取整)</td></tr>
<tr><td rowspan="2">总长</td><td>计算公式：单根长度×根数</td></tr>
<tr><td>总长度＝1 570×5＝7 850(mm)</td></tr>
</table>

(3)计算结果要点分析。踏步段高端上部纵筋及其分布筋与踏步段低端上部纵筋及其分布筋的摆放范围、起步距离在计算方法上大同小异。在此针对不同之处予以说明。

踏步段高端上部纵筋高端支座锚固长度应满足以下几项：

1)锚入低端梯梁的平直段长度不小于 0.6l_{ab}；

2)需伸至支座对边，再向下弯折 15d；

3)上部纵筋有条件时，可直接伸入平台板内锚固，从支座内边算起，总锚固长度不小于 l_a。见表 7-18 图例中的虚线部分。

表 7-18 是按本案例工程为无条件伸入平台板内锚固的情况计算的，具体工程可按实际情况计算。

(六)钢筋计算表的编写

将上面所计算的内容以钢筋计算表的方式列表计算，见表 7-19。根据钢筋规格及种类以钢筋汇总表的方式列出汇总表格，见表 7-20。

表 7-19　楼梯钢筋计算表

序号	名称	规格直径	长度计算式	单根长度/mm	根数	总长度/m	理论质量/(kg·m^{-1})	总质量/kg
1	踏步段下部纵筋	Φ12	3 300×1.118＋125＋125	3 939.40	12	47.27	0.888	41.98

续表

序号	名称	规格直径	长度计算式	单根长度/mm	根数	总长度/m	理论质量/(kg·m^{-1})	总质量/kg
2	踏步段下部纵筋上分布筋	Φ8	1 600−2×15	1 570.00	16	25.12	0.395	9.92
3	踏步段低端上部纵筋	Φ10	(3 300/4+225)×1.118+15×10+90	1 413.90	9	12.73	0.617	7.85
4	踏步段低端上部纵筋下分布筋	Φ8	1 600−2×15	1 570.00	5	7.85	0.395	3.10
5	踏步段高端上部纵筋	Φ10	(3 300/4+225)×1.118+15×10+90	1 413.90	9	12.73	0.617	7.85
6	踏步段高端上部纵筋下分布筋	Φ8	1 600−2×15	1 570.00	5	7.85	0.395	3.10

表 7-20　楼梯钢筋汇总表

序号	规格直径	总长度/m	理论质量/(kg·m^{-1})	总质量/kg	汇总/t	备注
1	12	47.27	0.888	41.98	0.04	HPB300 级钢筋直径>10
2	10	25.46	0.617	15.70	0.02	HRB400 级钢筋直径≤10
3	8	40.82	0.395	16.12	0.02	HRB400 级钢筋直径≤10
合计					0.07	

上面只计算了一跑 AT1 型楼梯的钢筋，一个楼梯间可能有若干个同类型或不同类型的梯板，可把按上述方法所计算的各类型梯板钢筋数量乘以倍数。

这里只介绍了 AT 型梯板钢筋计算的方法，其余 10 种类型的计算方法和思路是一样的，依据平法图集，通过前后对照、举一反三，可计算出各种类型梯板钢筋。

本章小结

现浇混凝土板式楼梯按照支承方式和设置抗震构造的情况分为 11 种类型，本章只介绍工程中常用的现浇混凝土板式楼梯的构造要求及楼梯钢筋的计算。

习　题

1. AT～ET 型板式楼梯具有哪些特征？
2. FT、GT 型梯板支承方式有哪几种？
3. ATa、ATb 型板式楼梯具备哪些特征？
4. 简述 AT 型楼梯梯板配筋构造要点。
5. 简述 BT 型楼梯梯板配筋构造要点。
6. 简述 CT 型楼梯梯板配筋构造要点。

7. AT 型楼梯平面图的标注如图 7-13 所示，混凝土强度等级为 C25，梯板分布筋为 Φ8@280，梯梁宽度 b=200 mm，试计算楼梯钢筋算量。

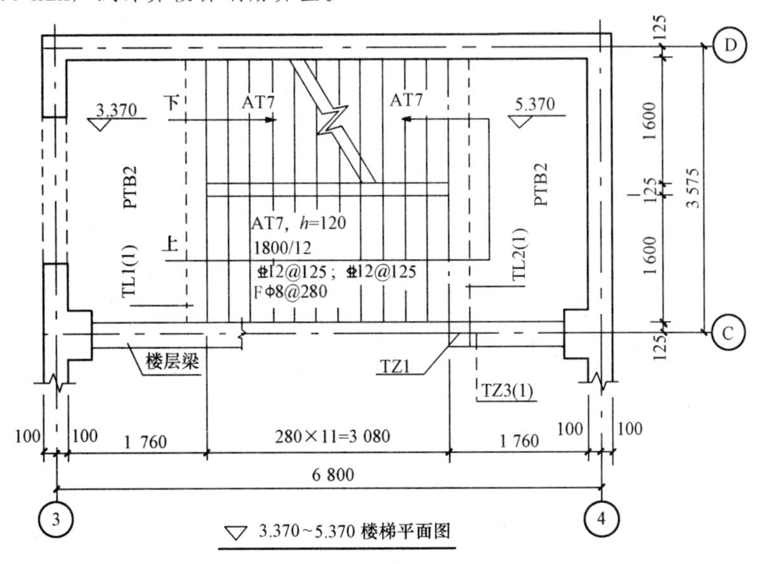

图 7-13　AT 型楼梯设计示例

参 考 文 献

[1] 中国建筑标准设计研究院 . 16G101—1 混凝土结构施工图平面整体表示方法制图规则和构造详图(现浇混凝土框架、剪力墙、梁、板)[S]. 北京：中国计划出版社，2016.

[2] 中国建筑标准设计研究院 . 16G101—2 混凝土结构施工图平面整体表示方法制图规则和构造详图(现浇混凝土板式楼梯)[S]. 北京：中国计划出版社，2016.

[3] 中国建筑标准设计研究院 . 16G101—3 混凝土结构施工图平面整体表示方法制图规则和构造详图(独立基础、条形基础、筏形基础、桩基础)[S]. 北京：中国计划出版社，2016.

[4] 中国建筑标准设计研究院 . 18G901—1 混凝土结构施工钢筋排布规则与构造详图(现浇混凝土框架、剪力墙、梁、板)[S]. 北京：中国计划出版社，2018.

[5] 中国建筑标准设计研究院 . 18G901—2 混凝土结构施工钢筋排布规则与构造详图(现浇混凝土板式楼梯)[S]. 北京：中国计划出版社，2018.

[6] 中国建筑标准设计研究院 . 18G901—3 混凝土结构施工钢筋排布规则与构造详图(独立基础、条形基础、筏形基础及桩基础)[S]. 北京：中国计划出版社，2018.

[7] 彭波 . G101 平法钢筋计算精讲[M]. 4 版 . 北京：中国电力出版社，2018.

[8] 魏国安，蔡跃东 . 平法识图与钢筋算量[M]. 2 版 . 西安：西安电子科技大学出版社，2018.